発展方程式

発展方程式

田辺広城著

岩波書店

はしがき

本書は主として線型半群の理論に基づく発展方程式論を解説したものである．Hille–吉田理論として知られる半群の理論は時間的斉次すなわち係数が時間変数に無関係な双曲型・放物型方程式の初期値問題・混合問題への一つの有力な応用をなすことは早くから知られていた．時間的非斉次方程式の半群論的取扱いでは加藤敏夫教授の論文[72]が最初の画期的成果であった．その後1960年前後から新たに放物型方程式への応用が見出されて研究が盛になり多くの文献が現われるようになった．単行本にも С. Г. Крейн[9]をはじめ幾つかの興味ある著作があり，そこへ本書を加えることに躊躇したが敢て執筆を引き受けることにした．そして内容は既存の著と重複しない部分を多くするよう努めた．発展方程式の解法には半群論的方法の他にある種の二次型式による線型汎関数の表現定理を用いるものがあり，それに関しては J. L. Lions[11], R. W. Carroll[3]等を御覧いただきたい．

本書の内容に触れると，第1章では本書で用いる関数解析の諸事項をまとめた．第2章は半群と関係深い消散作用素と作用素の分数巾とから成る．第3章は線型作用素の半群とその応用である．線型作用素の半群については多くの書物で述べ尽くされているが，本書を通じての基礎となるものであるから一応完全な形に述べた．第4章と第5章は時間的非斉次方程式の解法と双曲型・放物型方程式の初期値問題・混合問題への応用である．第5章では解の存在と一意性の他正則性・漸近行動等解の性質も若干論じた．第3章と第5章の中の応用の部分で S. Agmon, A. Douglis, L. Nirenberg, M. Schechter の楕円型境界値問題の理論が重要であるが，その証明は余りに長いので省略し，結果をそのまま用いた．ここまでは線型方程式のみが論じられるが，第6章では物理学で重要な半線型双曲型方程式と近年大いに盛になった単調作用素論に若干触れた．最後に第7章で最適制御の一端を述べて本書を終る．予備知識としては Banach, Hilbert 空間における作用素論と超関数論の初歩だけで十分である．

全体を通じて加藤敏夫教授の業績が重要な部分を占めており，同教授の永年にわたる御指導に深く感謝する．又本書を著わす機会を与えて下さった藤田宏東京大学教授にも深謝する．大阪大学の丸尾健二氏は原稿を精読され有益な助言を与えられた．同氏の他，藤栄嘉隆・山田直記・那須幹裕・八木厚志等の諸氏との共同の研究も本書を著わすのに役に立った．出版にあたっては岩波書店の荒井秀男・斉藤鋭等の諸氏にお世話になった．これらの方々にも心から謝意を表したい．

1975年3月

田　辺　広　城

記 号 表

$\boldsymbol{R}$: 実数体

$\boldsymbol{C}$: 複素数体

R^n : n 次元 Euclid 空間

$X \backslash Y$: X に属して Y に属さぬ元全体

int : 内部

$\partial\Omega$: Ω の境界

X^* : ノルム空間 X の共役空間. ただし第2章§2, 第3章§6, 第5章§4, §5, §7応用2では X 上の反線型連続汎関数の全体

T^* : T の共役作用素

$f(u)=(f,u)=\overline{(u,f)}$: $f\in X^*, u\in X$ のとき f の u における値

$Y^\perp$: ノルム空間またはその共役空間の部分集合 Y の各元と直交する元全体

$D(T)$: 作用素 T の定義域

$R(T)$: 作用素 T の値域

$G(T)$: 作用素 T のグラフ

$B(X,Y)$: ノルム空間 X からノルム空間 Y への有界線型作用素の全体

$B(X)=B(X,X)$

$\bar{B}(X,Y)$: ノルム空間 X からノルム空間 Y への有界反線型作用素の全体

$T\subset S$: 作用素 S は作用素 T の拡張

$\rho(T)$: T のレゾルベント集合

$\sigma(T)$: T のスペクトル

$\exp(tA)$: A を生成素とする半群

$G(X,M,\beta)$: Banach 空間 X における $\|T(t)\|\leqq Me^{\beta t}$ を満足する線型半群の生成素の全体

$G(X,\beta)=\bigcup_{M\geqq 1} G(X,M,\beta)$

$G(X)=\bigcup_{-\infty<\beta<\infty} G(X,\beta)$: Banach 空間 X における線型半群の全体

→・(強) または→ : 強収束

→・(弱) または⇀ : 弱収束

$D^\alpha, |\alpha|$: $D=(i^{-1}\partial/\partial x_1,\cdots,i^{-1}\partial/\partial x_n)$, $\alpha=(\alpha_1,\cdots,\alpha_n)$ のとき $D^\alpha=(i^{-1}\partial/\partial x_1)^{\alpha_1}\cdots(i^{-1}\partial/\partial x_n)^{\alpha_n}$, $|\alpha|=\alpha_1+\cdots+\alpha_n$

$W_p{}^m(\Omega)$: m 階までの超関数微分が $L^p(\Omega)$ に属する関数の全体

$\|\ \|_{p,\Omega}=\|\ \|_p$: $L^p(\Omega)$ の元としてのノルム

$\| \|_{m,p,\Omega} = \| \|_{m,p}$: $W_p{}^m(\Omega)$ の元としてのノルム(11 頁)

$H_m(\Omega) = W_2{}^m(\Omega)$

$W_p{}^{m-1/p}(\partial\Omega)$: $W_p{}^m(\Omega)\,(m>0)$ に属する関数の境界 $\partial\Omega$ への制限の全体(12 頁)

$[\ ]_{m-1/p,\partial\Omega} = [\ ]_{m-1/p}$: $W_p{}^{m-1/p}(\partial\Omega)$ の元としてのノルム(12 頁(2.1))

$C^m(\Omega)$: Ω で m 階連続微分可能な関数の全体

$C_0{}^m(\Omega)$: $C^m(\Omega)$ に属し，台がコンパクトな関数の全体

$B^m(\Omega)$: Ω で m 階までの導関数が連続有界である関数の全体(11 頁)

$|\ |_{m,\Omega} = |\ |_m$: $B^m(\Omega)$ の元としてのノルム(11 頁)

$\mathring{W}_p{}^m(\Omega)$: $W_p{}^m(\Omega)$ での $C_0{}^m(\Omega)$ の閉包

$\mathring{H}_m(\Omega) = \mathring{W}_2{}^m(\Omega)$

$C^m((a,b);X), C^m([a,b];X)$: $(a,b), [a,b]$ で定義され，Banach 空間 X の値をとる m 階連続微分可能な関数全体

$C((a,b);X) = C^0((a,b);X), C([a,b];X) = C^0([a,b];X)$

$L^p(a,b;X), 1 \leqq p < \infty$: (a,b) で定義され，Banach 空間 X の値をとる強可測，ノルムの p 乗が可積分である関数の全体

$L^\infty(a,b;X)$: (a,b) で定義され，Banach 空間 X の値をとる本質的に有界な強可測関数の全体

${}^t(u_1,\cdots,u_N)$: $(u_1,\cdots,u_N)$ の転置行列 $= \begin{pmatrix} u_1 \\ \vdots \\ u_N \end{pmatrix}$

$|A|$: $A \subset R^n$ の Lebesgue 測度

目　　次

はしがき
記号表

第1章　関数解析よりの準備

§1　Banach 空間 …… 1
§2　関数空間 …… 11
§3　Banach 空間の値をとる関数 …… 14

第2章　消散作用素・作用素の分数巾

§1　消散作用素 …… 18
§2　正則消散作用素 …… 23
§3　作用素の分数巾 …… 31

第3章　線型作用素の半群

§1　半　　群 …… 48
§2　時間的斉次発展方程式 …… 59
§3　解析的半群 …… 61
§4　半群の摂動 …… 66
§5　応用 1.　対称双曲系の初期値問題 …… 67
§6　応用 2.　正則消散作用素 …… 69
§7　楕円型境界値問題 …… 71
§8　応用 3.　放物型混合問題 …… 76

第4章　時間的非斉次方程式

§1　時間的非斉次方程式の基本解 …… 83
§2　生成素に関し許容的部分空間 …… 84

§3 生成素系の安定性 …… 87
§4 基本解の構成 …… 88
§5 非斉次方程式 …… 98
§6 応用 1. 対称双曲系の初期値問題 …… 99
§7 正定符号自己共役作用素の分数巾に関する一定理 ……101
§8 応用 2. 双曲型方程式の混合問題 ……106

第5章 放物型方程式

§1 放物型方程式 ……109
§2 $A(t)$ の定義域が t に無関係な場合 ……110
§3 $A(t)$ の定義域が t と共に変わる場合 ……120
§4 $A(t)$ が正則増大作用素の場合 ……133
§5 J. L. Lions の一定理の別証明 ……138
§6 $t\to\infty$ のときの解の行動 ……144
§7 解の正則性 ……147
第5章のあとがき ……168

第6章 非線型方程式

§1 半線型波動方程式 ……169
§2 単調作用素 ……180
§3 種々の連続性・擬単調作用素 ……184
§4 双対写像 ……185
§5 単調作用素方程式の解の存在 ……188
§6 半線型方程式 ……201

第7章 最適制御

§1 問題の設定 ……213
§2 空間分布観測 ……214
§3 最終観測 ……217

§4　時間最適制御 ……………………………………………………219

参考文献 ……………………………………………………………228
索　　引 ……………………………………………………………237

第1章　関数解析よりの準備

本章では後に必要になる関数解析の基礎的な事柄を述べる．多くは証明を述べない．詳細は N. Dunford–J. T. Schwartz[4]，K. Yosida[18]，E. Hille–R. S. Phillips[7]等を参照.

§1　Banach 空間

実数体を $\boldsymbol{R}$，複素数体を $\boldsymbol{C}$ と表わし，$\boldsymbol{R}, \boldsymbol{C}$ 上の線型空間をそれぞれ実，複素線型空間という．実線型空間 X の部分空間で定義された線型汎関数の X 全体への拡張の存在に関して Hahn-Banach の定理がある．X がノルム空間であるとき X の元のノルムを通常 $\| \ \|$ で表わす．X 全体で定義された連続線型汎関数の全体，すなわち X の共役空間を X^* で表わす．X^* は $\|f\| = \sup_{\|u\| \leq 1} |f(u)|$ をノルムとして Banach 空間である．ノルム空間上の連続線型汎関数の存在に関して Hahn-Banach の定理から直ちに導かれるものとして次の三つの定理がある.

定理 1.1　f_0 をノルム空間 X の部分空間 X_0 で定義された連続線型汎関数とすると f_0 の拡張 $f \in X^*$ が存在して

$$\|f\| = \sup_{u \in X_0, \|u\| \leq 1} |f(u)|.$$

定理 1.2　u をノルム空間 X の任意の元とすると $f(u) = \|u\|$，$\|f\| = 1$ を満足する $f \in X^*$ が存在する.

定理 1.3　Y をノルム空間 X の閉部分空間，$u_0 \in X \backslash Y$ とすると $f_0(u_0) = 1$，すべての $u \in Y$ に対して $f_0(u) = 0$ を満足する $f_0 \in X^*$ が存在する.

ノルム空間 X の任意の元 u に対し定理 1.2 によって存在が示されている X^*

の元を f_0 と書き，$f=\|u\|f_0$ とおけば

$$f(u)=\|u\|^2=\|f\|^2 \tag{1.1}$$

が成立する．

定義 1.1　ノルム空間 X の元 u に対し(1.1)を満足する $f\in X^*$ の全体を Fu と表わし，F を X から X^* への**双対写像**(duality mapping)という．

双対写像は一般に多価写像である．

注意 1.1　$u\in X$, $f\in X^*$, $f(u)=0$ のとき f と u は**直交**するという．M, N がそれぞれ X, X^* の空でない部分集合であるとき，M の各元と直交する X^* の元全体，N の各元と直交する X の元全体をそれぞれ $M^\perp$, $N^\perp$ と表わす．定理 1.2 より $(X^*)^\perp=\{0\}$ である．また定理 1.3 は X の各閉部分空間 Y に対して $Y^{\perp\perp}=Y$ が成立することを意味している．

$u\in X$, $f\in X^*$ のときしばしば

$$f(u)=(u, f) \tag{1.2}$$

と表わす．X が複素ノルム空間のとき $f\in X^*$ と $\alpha\in \boldsymbol{C}$ の積を $(\alpha f)(u)=\bar{\alpha}f(u)$ で定義することにしておく．こうすると(1.2)の記法に従えば $(u, \alpha f)=\bar{\alpha}(u, f)$ となって Hilbert 空間の場合と同様な記述となって好都合である．u がノルム空間 X の元のとき，各 $f\in X^*$ に対して $F(f)=\overline{f(u)}$ とおくと $F\in X^{**}=(X^*)^*$, $\|F\|\leqq\|u\|$ は明らかであるが，定理 1.2 により $f(u)=\|u\|$, $\|f\|=1$ を満たす $f\in X^*$ が存在するから $\|u\|=F(f)\leqq\|F\|$ となり $\|F\|=\|u\|$ が得られる．こうして u と F を同一視して X は X^{**} の部分空間と見ることができる．特に $X=X^{**}$ と見なせるとき X は**回帰的**であるという．

X, Y を共に実または複素ノルム空間とする．T を X のある部分空間 D の各元を Y に写す線型写像とする．D を T の**定義域**といい $D(T)$ と表わす．また D の T による像を T の**値域**といい $R(T)$ と表わす．線型作用素 T が連続であるための必要十分条件は

$$\|T\|\equiv\sup_{u\in D(T),\,\|u\|\leq 1}\|Tu\|<\infty$$

である．特に T が X 全体で定義され連続であるとき T を X から Y への**有界作用素**といい，その全体を $B(X, Y)$ と表わす．$B(X, Y)$ はノルム空間であるが Y が完備ならば $B(X, Y)$ は完備であり，従って Banach 空間になる．

$B(X, X)$を簡単に$B(X)$と表わす．XからXへの恒等写像をI，$\lambda \in \boldsymbol{R}$または$\boldsymbol{C}$のとき$\lambda I$を簡単に$\lambda$と表わす．線型作用素$T$の連続な逆が存在するための必要十分条件はすべての$u \in D(T)$に対して

(1.3) $$\|Tu\| \geqq \alpha \|u\|$$

を成立せしめる正の数αが存在することである．X, Yが共に実(または複素)ノルム空間のとき$X \times Y = \{[u, v] : u \in X, \ v \in Y\}$の各元$[u, v]$に対し$\|[u, v]\| = \|u\| + \|v\|$とおくと$X \times Y$は実(または複素)ノルム空間になる．$(X \times Y)^* = X^* \times Y^*$，$[u, v] \in X \times Y$，$[f, g] \in X^* \times Y^*$のとき$([u, v], [f, g]) = (u, f) + (v, g)$である．ここで記法(1.2)を用いた．$T$が$X$から$Y$への線型作用素のとき$G(T) = \{[u, Tu] : u \in D(T)\}$を$T$の**グラフ**という．$G(T)$は$X \times Y$の部分空間である．$D(T)$が$X$で稠密のとき$T$の**共役作用素**$T^*$は次のように定義される．

$D(T^*) = \{g \in Y^* : g(Tu)$は$u$の汎関数として$D(T)$で$X$のノルムに関し連続$\}$，

$g \in D(T^*)$のときすべての$u \in D(T)$に対して$g(Tu) = (T^*g)(u)$．

X, Yが共に Hilbert 空間のときは Riesz の定理により$X = X^*$，$Y = Y^*$と見なしてT^*を

$D(T^*) = \{v \in Y : (Tu, v)$は$u$に関し$D(T)$で連続$\}$

$v \in D(T^*)$のときすべての$u \in D(T)$に対して$(Tu, v) = (u, T^*v)$

によって定義するのが普通である．$T \in B(X, Y)$ならば$T^* \in B(Y^*, X^*)$，次の式が成立する：

(1.4) $$\|T^*\| = \|T\|.$$

各$[u, v] \in X \times Y$に対し$V[u, v] = [-v, u]$とおくと$V \in B(X \times Y, Y \times X)$であり，$T^*$のグラフは$G(T^*) = (VG(T))^{\perp}$と表わされる．$X$から$Y$への線型作用素$T$のグラフが$X \times Y$の閉部分空間であるとき$T$を**閉作用素**という．$T$が閉作用素であることは$D(T) \ni u_n \to u$，$Tu_n \to v$のとき$u \in D(T)$，$Tu = v$によって定義しても同じである．閉作用素の逆が存在すればそれも閉作用素である．共役作用素は常に閉作用素である．以下本節に現われる作用素はすべて線型作

用素とする．

定理1.4　X, Y は共に回帰的 Banach 空間，T を X から Y への閉作用素，その定義域 $D(T)$ は稠密とすると $D(T^*)$ も稠密，$T^{**}=T$ である．

証明　$D(T^*)$ が稠密であることを示すには定理1.3により，すべての $f\in D(T^*)$ に対し $f(v)=0$ を満たす $v\in Y$ は0のみであることを確かめればよい．$([v,0],[f,T^*f])=0$ であるから $[v,0]\in G(T^*)^{\perp}=(VG(T))^{\perp\perp}$．ここで注意1.1を用いると $[v,0]\in VG(T)$，従って $v=T0=0$．$T^{**}=T$ は明らかである．

T, S は X から Y への線型作用素，$D(T)\subset D(S)$，各 $u\in D(T)$ に対し $Tu=Su$ のとき S は T の**拡張**といい，$T\subset S$ と表わす．線型作用素 T 自身は閉作用素でなくても T を閉作用素に拡張できるとき T は**前閉作用素**という．T が前閉作用素であるための必要十分条件は $D(T)\ni u_n\to 0$, $Tu_n\to v$ ならば $v=0$ であることであり，このとき $G(T)$ の閉包はある閉作用素 $\bar{T}$ のグラフである．$\bar{T}$ を T の**最小閉拡張**という．今後 X から X への線型作用素，閉作用素，有界作用素をそれぞれ単に X における線型作用素，閉作用素，有界作用素という．

u_0 をノルム空間 X の元とする．$f_i\in X^*, i=1,\cdots,n, n=1,2,\cdots, \varepsilon>0$ に対し

$$U(u_0\,;f_1,\cdots,f_n,\varepsilon)=\{u\in X:|f_i(u-u_0)|<\varepsilon, i=1,\cdots,n\}$$

とおく．$f_1,\cdots,f_n,n,\varepsilon$ を任意に動かして得られる上の集合の全体は近傍系の公理を満足するからそれらを u_0 の近傍として X に一つの位相が導入される．それを X の**弱位相**という．定理1.2により弱位相は Hausdorff の分離の公理を満足するが第一可算公理は満足しない．弱位相と区別するためにノルムにより定義される X の位相を**強位相**という．強位相は弱位相より強い．X の点列 $\{u_n\}$ が u に弱位相で収束するとき $\{u_n\}$ は u に**弱収束**するといい，$\lim_{n\to\infty} u_n=u$（弱），$u_n\to u$（弱）等と表わす．$\{u_n\}$ が u に弱収束するための必要十分条件はすべての $f\in X^*$ に対し $\lim_{n\to\infty} f(u_n)=f(u)$ である．$\{u_n\}$ が u に強位相で収束するとき，すなわち $\|u_n-u\|\to 0$ のとき $\{u_n\}$ は u に**強収束**するといい $\lim_{n\to\infty} u_n=u$（強），$u_n\to u$（強）等と表わす．X の位相については特に断わらなければ強位相を指す．

X をノルム空間，f_0 を X^* の元とする．$u_i\in X, i=1,\cdots,n, n=1,2,\cdots,\varepsilon>0$ に対し

$$U(f_0\,;u_1,\cdots,u_n,\varepsilon)=\{f\in X^*:|(f-f_0)(u_i)|<\varepsilon,\ i=1,\cdots,n\}$$

とおく．$u_1,\cdots,u_n,n,\varepsilon$ を任意に動かして得られる上の集合の全体は近傍系の

公理を満足する．それらを f_0 の近傍として X^* に導入される位相を w^* **位相**という．w^* 位相は Hausdorff の分離の公理を満足するが第一可算公理を満足しない．X^* を Banach 空間と見れば X^* にも弱位相が導入される．X^* の w^* 位相は弱位相より弱いが X が回帰的ならば両者一致する．点列 $\{f_n\}$ が f に w^* 位相で収束するための必要十分条件は，すべての $u \in X$ に対して $f_n(u) \to f(u)$ である．

ノルム空間は有限次元でなければ有界集合は相対コンパクトでない．すなわち強位相に関しては Weierstrass-Bolzano の定理は成立しないがそれに代わるものとして次の諸定理がある．

定理 1.5 Banach 空間 X の共役空間 X^* の単位球 $\{f \in X^* : \|f\| \leqq 1\}$ は w^* 位相でコンパクトである．

X が回帰的ならば X は X^* の共役空間だからこの定理により X の単位球は弱位相でコンパクト，すなわち弱コンパクトであるが，この逆も成立する．すなわち

定理 1.6 Banach 空間 X が回帰的であるための必要十分条件は X の単位球 $\{u \in X : \|u\| \leqq 1\}$ が弱コンパクトであることである．

定理 1.7 回帰的 Banach 空間 X の単位球は弱位相に関して点列コンパクトである．すなわち $\|u_n\| \leqq 1\ (n=1, 2, \cdots)$ ならば $\{u_n\}$ のある部分列が X の単位球のある元 u に弱収束する．

$T \in B(X, Y)$ ならば定義により T は X, Y の強位相で連続であるが，X, Y の弱位相でも連続であることは容易にわかる．

K を線型空間 X の部分集合とする．K の任意の二点を結ぶ線分が K に含まれるとき K を**凸集合**という．すなわち K が凸集合であるとは $u, v \in K, 0<t<1$ のとき $(1-t)u+tv \in K$ である．Hahn-Banach の定理の重要な結果として次の **Mazur の定理**がある．

定理 1.8 K をノルム空間 X の凸閉集合，$u_0 \notin K$ とすると $\sup_{u \in K} \mathrm{Re}\, f_0(u) < \mathrm{Re} f_0(u_0)$ を満足する $f_0 \in X^*$ が存在する．

系 1 K をノルム空間 X の凸閉集合とすると $X^* \times \boldsymbol{R}$ または $X^* \times \boldsymbol{C}$ の部分集合 Φ が存在して

$$K = \{u \in X : \text{すべての}\ (f, c) \in \Phi\ \text{に対して}\ \mathrm{Re}\, f(u) \leqq c\}.$$

系 2　ノルム空間の強閉凸集合は弱閉である．特に強閉部分空間は弱閉である．

系 3　$\{u_n\}\subset X$ が u に弱収束すればある凸結合の列 $v_k=\sum_{n=k}^{\infty}\lambda_n{}^k u_n$ は u に強収束する．ここに $\lambda_n{}^k\geqq 0$，$\sum_{n=k}^{\infty}\lambda_n{}^k=1$，各 k に対し有限個の $\lambda_n{}^k$ のみが 0 でない．

系 4　T がノルム空間 X からノルム空間 Y への閉作用素とする．$D(T)\ni u_n\to u$（弱），$Tu_n\to v$（弱）ならば $u\in D(T)$，$Tu=v$ である．

定理 1.9　K はノルム空間 X の凸集合で内点を含むとする．$u_0\notin K$ ならば 0 でない $f_0\in X^*$ が存在して $\sup_{u\in K}\mathrm{Re}\,f_0(u)\leqq\mathrm{Re}\,f_0(u_0)$.

上の二つの定理とその系で X が実ノルム空間ならば Re は不要である．

Banach 空間 X は完備な距離空間である．従って Baire の定理により X の第一類集合の余集合は稠密である．このことから次の二つの重要な定理が得られる．

定理 1.10（値域定理，開写像定理）　X, Y を二つの Banach 空間，T を X から Y への閉作用素，$R(T)$ は第二類集合とすると

(i)　$R(T)=Y$,

(ii)　正の数 δ が存在して

(1.5)　　$$\{Tu : u\in D(T), \|u\|\leqq 1\}\supset\{v\in Y : \|v\|\leqq\delta\},$$

(iii)　T^{-1} が存在すればそれは連続である．

定理 1.11（一様有界性定理，Banach-Steinhaus の定理）　X を Banach 空間，Y をノルム空間，H を $B(X, Y)$ の部分集合，すべての $u\in X$ に対し $\{\|Tu\| : T\in H\}$ は有界とすると $\{\|T\| : T\in H\}$ も有界である．

定理 1.10 より直ちに次の定理が得られる．

定理 1.12（閉グラフ定理）　X, Y を Banach 空間，T を X から Y への線型作用素，$D(T)=X$ とする．このとき T が連続であるための必要十分条件は T が閉作用素であることである．

系　A が前閉作用素，B は有界作用素，$R(B)\subset D(A)$ とすると AB は有界である．

X を Banach 空間，Y をノルム空間，$\{T_n\}$ を $B(X, Y)$ の元の列とする．すべての $u\in X$ に対し $Tu=\lim_{n\to\infty}T_n u$（強）が存在すれば定理 1.11 により $T\in B(X, Y)$ である．このとき $\{T_n\}$ は T に**強収束**するという．また，このとき

$\|T\| \leqq \liminf \|T_n\|$ である.

次に T を X から Y への閉作用素とするときすべての $v \in Y$ に対して方程式 $v = Tu$ の解があるか否か，すなわち $R(T) = Y$ であるか否かの一つの判定条件として次の定理がある.

定理 1.13　X, Y を Banach 空間，T を X から Y への閉作用素，$D(T)$ は稠密とする. $R(T) = Y$ であるための必要十分条件は T^* の連続な逆が存在することである.

証明　$R(T) = Y$ とすると定理 1.10 により正の数 δ が存在して (1.5) が成立する. 従って $f \in D(T^*)$ とすると

$$\|T^*f\| = \sup_{u \in D(T), \|u\| \leqq 1} |(T^*f)(u)|$$
$$= \sup_{u \in D(T), \|u\| \leqq 1} |f(Tu)| \geqq \sup_{\|v\| \leqq \delta} |f(v)| = \delta \|f\|.$$

逆に T^* の連続な逆が存在すると仮定する. (1.5) の左辺の集合の閉包を K と表わすと $K \supset \{v \in Y : \|v\| \leqq \delta\}$ を満たす $\delta > 0$ が存在することをまず証明する. このような δ が存在しなければすべての自然数 n に対して $\|v_n\| \leqq 1/n$ を満足する $v_n \notin K$ が存在する. K は凸閉集合だから定理 1.8 により $\sup_{v \in K} \mathrm{Re}\, f_n(v) < \mathrm{Re} f_n(v_n)$ を満足する $f_n \in Y^*$ が存在する. v を K の任意の元としたとき $f_n(v)$ を極座標で表わして $f_n(v) = |f_n(v)| e^{i\theta}$ となったとすると $e^{-i\theta} v \in K$ だから

$$|f_n(v)| = \mathrm{Re}\, f_n(e^{-i\theta} v) \leqq \sup_{v \in K} \mathrm{Re}\, f_n(v)$$
$$< \mathrm{Re}\, f_n(v_n) \leqq |f_n(v_n)|.$$

従って $\sup_{v \in K} |f_n(v)| < |f_n(v_n)|$ である.

$$\|T^* f_n\| = \sup_{u \in D(T), \|u\| \leqq 1} |(T^* f_n)(u)|$$
$$= \sup_{u \in D(T), \|u\| \leqq 1} |f_n(Tu)| = \sup_{v \in K} |f_n(v)|$$
$$< |f_n(v_n)| \leqq n^{-1} \|f_n\|$$

となりこれは T^* の連続な逆が存在することに反する. 従って前述のような δ が存在する. 任意の $i = 0, 1, 2, \cdots$ に対して明らかに

(1.6)　$\{Tu : u \in D(T), \|u\| \leqq 2^{-i}\}$ の閉包 $\supset \{v \in Y : \|v\| \leqq 2^{-i}\delta\}$

が成立する. v を $\|v\| \leqq \delta$ を満足する Y の任意の元とする. $i = 0$ とした (1.6) により $\|v - Tu_1\| < 2^{-1}\delta$, $\|u_1\| \leqq 1$ を満足する $u_1 \in D(T)$ が存在する. 次に $i = 1$ とし

た(1.6)により $\|v-Tu_1-Tu_2\|<2^{-2}\delta$, $\|u_2\|\leqq 2^{-1}$ を満足する $u_2\in D(T)$ が存在する．これを繰返してすべての自然数 n に対し $\|v-\sum_{i=1}^{n}Tu_i\|\leqq 2^{-n}\delta$, $\|u_n\|\leqq 2^{1-n}$ を満足する $u_n\in D(T)$ の存在がわかる．$u=\sum_{i=1}^{\infty}u_i$ は強収束し，T が閉作用素であることから $u\in D(T)$, $v=Tu$ となる．▌

この定理で T を T^* で置き換えても同様に

定理 1.14 X, Y を Banach 空間，T を X から Y への閉作用素，$D(T)$ は稠密とする．$R(T^*)=X^*$ であるための必要十分条件は T の連続な逆が存在することである．

証明 $R(T^*)=X^*$ とすると定理 1.10 により

$$\{T^*g : g\in D(T^*), \|g\|\leqq 1\}\supset\{f\in X^* : \|f\|\leqq\delta\} \tag{1.7}$$

を成立させる $\delta>0$ が存在する．u を $D(T)$ の任意の元とする．定理 1.2 により $f(u)=\|u\|$, $\|f\|=1$ を満足する $f\in X^*$ が存在する．(1.7)により $\delta f=T^*g$, $\|g\|\leqq 1$ を満足する $g\in D(T^*)$ が存在するから

$$\delta\|u\|=\delta f(u)=(T^*g)(u)=g(Tu)\leqq\|Tu\|$$

を得る．逆に T^{-1} が存在して連続とすると，すべての $u\in D(T)$ に対し(1.3)が成立するような $\alpha>0$ が存在する．f を X^* の任意の元とするとき，$g(Tu)=f(u)$ とおくと(1.3)により

$$|g(Tu)|\leqq\|f\|\|u\|\leqq\alpha^{-1}\|f\|\|Tu\|$$

であるから g は $R(T)$ で定義された連続線型汎関数である．定理 1.1 により g を Y 全体に拡張することができて，拡張したものを再び g と表わすと $g\in D(T^*)$, $f=T^*g$ である．▌

X を Banach 空間，$T\in B(X)$, $\|T\|<1$ とすると $(I-T)^{-1}$ が存在し $B(X)$ に属することは **Neumann 級数展開** $(I-T)^{-1}=\sum_{n=0}^{\infty}T^n$ によりわかる．このことから $T\in B(X)$, T^{-1} が存在して $B(X)$ に属せば $\|S-T\|<\|T^{-1}\|^{-1}$ を満足するすべての $S\in B(X)$ に対しても $S^{-1}\in B(X)$ が存在することがわかる．さらに

定理 1.15 T は $B(X)$ の元，$T^{-1}\in B(X)$ が存在し $\|T_n-T\|\to 0$ ならば十分大きな n に対し $T_n{}^{-1}$ が存在して $B(X)$ に属し，$\|T_n{}^{-1}-T^{-1}\|\to 0$.

T を実(または複素)Banach 空間 X における閉作用素とする．$T-\lambda$ が $D(T)$ を X 全体へ1対1に写す作用素であるような $\lambda\in\boldsymbol{R}$(または $\boldsymbol{C}$)の全体を T の**レゾルベント集合**といい $\rho(T)$ と表わす．$\boldsymbol{R}\backslash\rho(T)$(または $\boldsymbol{C}\backslash\rho(T)$)を T の**スペク**

トルといい$\sigma(T)$と表わす．$\lambda\in\rho(T)$のとき$(T-\lambda)^{-1}$をTのλにおける**レゾルベント**という．定理1.12によりレゾルベントは$B(X)$の元である．$\rho(T)$は$\boldsymbol{R}$(または$\boldsymbol{C}$)の開集合，従って$\sigma(T)$は閉集合である．

$$(T-\mu)^{-1}=\sum_{n=0}^{\infty}(\mu-\lambda)^n(T-\lambda)^{-n-1}$$

は$\lambda\in\rho(T)$の近傍での$(T-\mu)^{-1}$の巾級数展開であり，Xが複素Banach空間ならば$(T-\lambda)^{-1}$は$B(X)$の値をとるλの正則関数である．(1.4)と定理1.13, 1.14から次の定理を得る．

定理1.16 TはBanach空間Xにおける閉作用素，$D(T)$は稠密とすると$\lambda\in\rho(T)$と$\bar{\lambda}\in\rho(T^*)$とは同値，$((T-\lambda)^{-1})^*=(T^*-\bar{\lambda})^{-1}$，従って$\|(T-\lambda)^{-1}\|=\|(T^*-\bar{\lambda})^{-1}\|$がすべての$\lambda\in\rho(T)$に対して成立する．

TがXにおける線型作用素，$S\in B(X)$，$TS\supset ST$のときTとSは**可換**であるという．明らかに$\lambda\in\rho(T)$のときTと$(T-\lambda)^{-1}$は可換である．

Hilbert空間Xにおける稠密に定義された線型作用素Tが$T\subset T^*$を満足するときTを**対称作用素**，特に$T=T^*$のときTを**自己共役作用素**という．複素Hilbert空間における対称作用素Tが自己共役であるための必要十分条件は実でない複素数がすべて$\rho(T)$に属することである．Tが対称作用素ならば(Tu,u)はすべての$u\in D(T)$に対して実数である．Tが自己共役，ある数mが存在してすべての$u\in D(T)$に対して$m\|u\|^2\leqq(Tu,u)$が成立するときTは**下に有界**という．特に$m>0$ととれるときTは**正定符号**，すべての$u\neq0$に対し$(Tu,u)>0$のときTは**正値**という．同様にして**上に有界**，**負定符号**，**負値作用素**も定義される．上と下に有界な自己共役作用素は有界対称である．

各実数λに対し直交射影$E(\lambda)$が対応し

(i) $E(\lambda)E(\mu)=E(\mu)E(\lambda)=E(\min(\lambda,\mu))$,

(ii) $E(\lambda+0)=\lim\limits_{\mu\to\lambda+0}E(\mu)$ (強) $=E(\lambda)$,

(iii) $E(-\infty)=\lim\limits_{\lambda\to-\infty}E(\lambda)$ (強) $=0$, $E(\infty)=\lim\limits_{\lambda\to\infty}E(\lambda)$ (強) $=I$

を満足するとき$\{E(\lambda)\}$を**単位の分解**という．このとき各u, $v\in X$に対し$(E(\lambda)u,v)$はλの有界変分関数，$\|E(\lambda)u\|^2$はλの増加関数である．Hを自己共役作用素とすると単位の分解$\{E(\lambda)\}$がただ一通りに定まり

(1.8) $$H=\int_{-\infty}^{\infty}\lambda dE(\lambda)$$

と表わされる．その意味は各 $u\in D(H), v\in X$ に対し

$$(1.9)\qquad (Hu, v) = \int_{-\infty}^{\infty} \lambda d(E(\lambda)u, v)$$

が成立することである．右辺の積分は Riemann-Stieltjes の意味のものである．

$$(1.10)\qquad D(H) = \{u\in X\colon \|Hu\|^2 = \int_{-\infty}^{\infty} \lambda^2 d\|E(\lambda)u\|^2 < \infty\}$$

である．逆に単位の分解 $\{E(\lambda)\}$ が与えられれば (1.9), (1.10) により自己共役作用素 H が定まる．各 $E(\lambda)$ は H と可換である．H が下に有界のとき $m=\inf_{\|u\|\leqq 1}(Hu,\ u)$ とおくと $\lambda<m$ で $E(\lambda)=0$, $H=\int_{m-0}^{\infty}\lambda dE(\lambda)$ である．同様に H が上に有界ならば $M=\sup_{\|u\|\leqq 1}(Hu,\ u)$ とおくと $\lambda\geqq M$ で $E(\lambda)=I$, $H=\int_{-\infty}^{M}\lambda dE(\lambda)$ である．$\phi(\lambda)$ を $-\infty<\lambda<\infty$ で連続な複素数値関数とすると

$$(1.11)\qquad (\phi(H)u, v) = \int_{-\infty}^{\infty} \phi(\lambda) d(E(\lambda)u, v),$$

$$(1.12)\qquad D(\phi(H)) = \{u\in X\colon \int_{-\infty}^{\infty} |\phi(\lambda)|^2 d\|E(\lambda)u\|^2 < \infty\}$$

により作用素 $\phi(H)$ が定義される．簡単に $\phi(H)=\int_{-\infty}^{\infty}\phi(\lambda)dE(\lambda)$ と表わす．ϕ が実数値ならば $\phi(H)$ は自己共役，ϕ が有界ならば $\phi(H)$ は有界である．H が正値のとき $\alpha>0$ に対して，$\lambda>0$ のとき $\phi(\lambda)=\lambda^\alpha$, $\lambda\leqq 0$ のとき $\phi(\lambda)=0$ ととり

$$(1.13)\qquad H^\alpha = \int_{0}^{\infty} \lambda^\alpha dE(\lambda)$$

によって H の α 乗が定義される．ふたたび (1.8) を任意の自己共役作用素として μ が実数でなければ

$$(1.14)\qquad (H-\mu)^{-1} = \int_{-\infty}^{\infty} (\lambda-\mu)^{-1} dE(\lambda)$$

である．μ が実数であっても $\mu\in\rho(H)$ ならば μ のある近傍で $E(\lambda)$ は λ に無関係で (1.14) が成立する．U が Hilbert 空間 X を X 全体に写す等距離作用素であるとき，すなわち $D(U)=R(U)=X$, すべての $u\in X$ に対して $\|Uu\|=\|u\|$ が成立するとき U を X における**ユニタリ作用素**という．$|\phi(\lambda)|\equiv 1$ ならば (1.11) で定義される作用素 $\phi(H)$ はユニタリである．

§2 関数空間

本節では特に断わらなければ関数または超関数は複素数値のものとする．Ω を n 次元 Euclid 空間 R^n の領域，$1\leqq p\leqq\infty$ とする．通常のように Ω で絶対値の p 乗が Lebesgue 可積である関数の全体を $L^p(\Omega)$ と表わす．$p=\infty$ のとき $L^p(\Omega)$ は Ω で本質的に有界な可測関数の全体である．$L^p(\Omega)$ の関数 u のノルムを $\|u\|_{p,\Omega}$ と表わす．m を自然数として Ω で定義され，その m 階までの超関数微分が $L^p(\Omega)$ に属する関数の全体を $W_p{}^m(\Omega)$，そこに属する関数 u のノルムを

$$\begin{cases} \|u\|_{m,p,\Omega} = (\sum_{|\alpha|\leqq m}\|D^\alpha u\|_{p,\Omega}{}^p)^{1/p}, & 1\leqq p<\infty, \\ \|u\|_{m,\infty,\Omega} = \max_{|\alpha|\leqq m}\|D^\alpha u\|_{\infty,\Omega} & \end{cases}$$

と表わす．ここに $\alpha=(\alpha_1,\cdots,\alpha_n)$ は n 個の非負整数の組，$|\alpha|=\alpha_1+\cdots+\alpha_n$，$D=(i^{-1}\partial/\partial x_1,\cdots,i^{-1}\partial/\partial x_n)$，$D^\alpha=(i^{-1}\partial/\partial x_1)^{\alpha_1}\cdots(i^{-1}\partial/\partial x_n)^{\alpha_n}$ である．$W_2{}^m(\Omega)$ は通常 $H_m(\Omega)$ と表わす．明らかに $W_p{}^0(\Omega)=L^p(\Omega)$ である．$W_p{}^m(\Omega)$ は Banach 空間，特に $H_m(\Omega)$ は Hilbert 空間である．Ω で m 階連続微分可能な関数全体を $C^m(\Omega)$，その中で台が Ω でコンパクトであるものの全体を $C_0{}^m(\Omega)$ と表わす．また，$C^m(\Omega)$ に属し，m 階までの各導関数が有界である関数の全体を $B^m(\Omega)$ と表わす．$B^m(\Omega)$ は

$$|u|_{m,\Omega} = \sum_{|\alpha|\leqq m}\sup_{x\in\Omega}|D^\alpha u(x)|$$

をノルムとして Banach 空間である．混同する恐れがないときは $\|u\|_{p,\Omega}$，$\|u\|_{m,p,\Omega}$，$|u|_{m,\Omega}$ を $\|u\|_p$，$\|u\|_{m,p}$，$|u|_m$ と表わす．$C_0{}^m(\Omega)$ の $W_p{}^m(\Omega)$ での閉包を $\mathring{W}_p{}^m(\Omega)$ と表わす．$\mathring{W}_2{}^m(\Omega)$ はまた $\mathring{H}_m(\Omega)$ とも記す．

上述の関数空間に関する若干の結果を述べるが Ω の境界の滑らかさなどについて一々最良の結果を目指すとは限らない．主として F. E. Browder[36] に従がう．

定義 2.1 Ω を R^n の領域とする．Ω の境界 $\partial\Omega$ の各点 x に対し x の近傍 N と N から $\{y\in R^n:|y|=(y_1{}^2+\cdots+y_n{}^2)^{1/2}<1\}$ への同相写像 Φ が存在し，$\Phi(N\cap\Omega)=\{y\in R^n:|y|<1,\ y_1>0\}$，$\Phi(N\cap\partial\Omega)=\{y\in R^n:|y|<1,\ y_1=0\}$，$\Phi$ および Φ^{-1} の各成分が m 回連続微分可能であるとき Ω は C^m **級**または**局所的に C^m 級**であるという．

有界でない領域での境界値問題を考える際，上の定義に現われる近傍 N と写像 Φ がある意味で一様にとれる必要がある．そのために

定義 2.2 Ω を R^n の領域とする．R^n の開集合の族 $\{N_k\}$ と N_k から $\{y \in R^n: |y|<1\}$ への同相写像 Φ_k の族と整数 $R>0$ が存在して次の条件が満たされるとき Ω は**一様に C^m 級**であるという．

(i)　$N_k'=\Phi_k^{-1}(\{y:|y|<1/2\})$ とおくと $\bigcup_k N_k'$ は $\partial\Omega$ の R^{-1} 近傍を含む．

(ii)　すべての k に対し $\Phi_k(N_k\cap\Omega)=\{y:|y|<1,\ y_1>0\}$，$\Phi_k(N_k\cap\partial\Omega)=\{y:|y|<1,\ y_1=0\}$．

(iii)　$\{N_k\}$ のうちの異なる $R+1$ 個の共通部分は空集合である．

(iv)　$\Psi_k=\Phi_k^{-1}$ とおくと Φ_k, Ψ_k は共に C^m 級写像，Φ_{jk}, Ψ_{jk} をそれぞれ Φ_k, Ψ_k の第 j 成分とすると x, y, k に無関係な数 M が存在して

$$|D^\beta\Phi_{jk}(x)| \leqq M, \qquad |D^\beta\Psi_{jk}(y)| \leqq M, \qquad \Phi_{1,k}(x) \leqq M\,\mathrm{dist}(x,\partial\Omega)$$

がすべての $x\in N_k$，$|y|<1$，$|\beta|\leqq m$ に対して成立する．

明らかに Ω が局所的に C^m 級，$\partial\Omega$ が有界ならば Ω は一様に C^m 級である．$m>0, \Omega$ は C^m 級領域，$u\in W_p{}^m(\Omega)$ とすると u の $\partial\Omega$ への制限 $u|_{\partial\Omega}$ が定義され，特に $C^m(\bar{\Omega})$ に属する関数に対しては，これは通常の意味での u の $\partial\Omega$ への制限と一致する．Ω が一様に C^m 級であるときこのようにして得られる $\partial\Omega$ 上の関数の全体を $W_p{}^{m-1/p}(\partial\Omega)$ と表わす．$g\in W_p{}^{m-1/p}(\partial\Omega)$ に対して

$$[g]_{m-1/p,\partial\Omega}=[g]_{m-1/p}=\inf\|u\|_{m,p,\Omega} \tag{2.1}$$

とおく．ただし下限は $u|_{\partial\Omega}=g$ を満足する $u\in W_p{}^m(\Omega)$ 全体にわたるものである．(2.1)はノルムの条件を満足し，$W_p{}^{m-1/p}(\partial\Omega)$ はこのノルムで Banach 空間である．明らかに $u\in W_p{}^m(\Omega)$，$|\alpha|<m$ ならば $(D^\alpha u)|_{\partial\Omega}\in W_p{}^{m-|\alpha|-1/p}(\partial\Omega)$ である．さまざまな m と p に対する $W_p{}^m(\Omega)$ およびその他の関数空間の間に包含関係が成立することが **Соболев の埋め込み定理**として知られている．ここでは後に必要になるものだけを述べておく．

予備定理 2.1 Ω を R^n の中の一様に C^m 級の領域とする．j は非負整数，p, r は $(1,\infty)$ に属する実数を表わす．

(i)　$0\leqq j\leqq m$，$p^{-1}-(m-j)n^{-1}\leqq r^{-1}\leqq p^{-1}$ のとき $W_p{}^m(\Omega)\subset W_r{}^j(\Omega)$ であり，ある数 C が存在して

$$\|u\|_{j,r}\leqq C\|u\|_{m,p}{}^{\lambda}\|u\|_p{}^{1-\lambda}$$

が成立する．ただし $\lambda=nm^{-1}(p^{-1}-r^{-1}+jn^{-1})$ である．

(ii) $p^{-1}<(m-j)n^{-1}$ のとき $W_p{}^m(\Omega)\subset B^j(\Omega)\cap C^j(\bar{\Omega})$ であり，ある数 C が存在してすべての $u\in W_p{}^m(\Omega)$ に対して

$$|u|_j \leqq C\|u\|_{m,p}{}^{\mu}\|u\|_p{}^{1-\mu}$$

が成立する．ただし $\mu=nm^{-1}p^{-1}+jm^{-1}$ である．

(i)で特に $r=p$ とすると $0\leqq j<m$ のとき

$$\|u\|_{j,p} \leqq C\|u\|_{m,p}{}^{j/m}\|u\|_p{}^{(m-j)/m} \tag{2.2}$$

がすべての $u\in W_p{}^m(\Omega)$ に対して成立する．この不等式を**補間不等式**という．

注意 2.1 Ω が有界ならば限定円錐条件と呼ばれるもっと弱い条件下で予備定理 2.1 の結論，従って補間不等式が成立する(S. Agmon[1] 参照)．

予備定理 2.2(F. Rellich) Ω は R^n の有界な C^m 級領域，$0\leqq j<m$，$1<p<\infty$ とすると $W_p{}^m(\Omega)$ の有界集合は $W_p{}^j(\Omega)$ で相対コンパクトである．

注意 2.2 Ω が任意の有界な領域であっても $\mathring{H}_m(\Omega)$ の有界集合は $H_j(\Omega)$ の中で相対コンパクトである(S. Agmon[1] 参照)．

予備定理 2.3(Hausdorff-Young の不等式) $f\in L^p(R^n)$，$g\in L^1(R^n)$，$1\leqq p\leqq\infty$ のとき f と g の合成積

$$(f*g)(x) = \int_{R^n} f(x-y)g(y)dy$$

はほとんどすべての x に対し定義され $f*g\in L^p(R^n)$，さらに次の不等式が成立する：

$$\|f*g\|_p \leqq \|f\|_p\|g\|_1.$$

証明は溝畑茂[17]40 頁参照.

予備定理 2.4 $u\in L^p(R^n)$，$1\leqq p<\infty$ とすると

$$\lim_{|h|\to 0}\int_{R^n}|u(x+h)-u(x)|^p dx = 0.$$

証明 $u\in C_0^\infty(R^n)$ ならば明らかである．一般の場合は u を $C_0^\infty(R^n)$ に属する関数で近づければよい．

滑らかでない関数を十分滑らかな関数で近似する手段として軟化子がある．φ をすべての $x\in R^n$ に対して $\varphi(x)\geqq 0$, $\int_{R^n}\varphi(x)dx=1$ を満足し，$C_0^\infty(R^n)$ に属する関数とする．各 $\delta>0$ に対し $\varphi_\delta(x)=\delta^{-n}\varphi(x/\delta)$ とおく．$u\in L_{\mathrm{loc}}{}^1(R^n)$，すなわち R^n の各コンパクト集合上で u が絶対可積のとき

$$(\varphi_\delta * u)(x) = \int_{R^n} \varphi_\delta(x-y)u(y)dy$$

とおき，作用素 $\varphi_\delta *$ を**軟化子**(mollifier)という．$u \in C(R^n)$ ならば $\delta \to 0$ のとき $\varphi_\delta * u$ は広義一様に u に収束し，また各 $u \in L^p(R^n)$，$1 \leqq p < \infty$ ならば $\varphi_\delta * u$ は u に $L^p(R^n)$ で強収束する．さらに次のことが成立する．

予備定理 2.5　$1 \leqq p < \infty$ とする．$a \in B^1(R^n)$，$u \in L^p(R^n)$ に対し

$$C_\delta u = \varphi_\delta * (a\partial u/\partial x_j) - a(\varphi_\delta * \partial u/\partial x_j) = [\varphi_\delta *, a\partial/\partial x_j]u$$

とおく．ただし微分 $\partial/\partial x_j$ は超関数の意味のものである．このとき

(i)　$C_\delta u \in L^p(R^n)$，δ, u に無関係な数 C があって $\|C_\delta u\|_p \leqq C\|u\|_p$,

(ii)　$\delta \to 0$ のとき $C_\delta u$ は $L^p(R^n)$ で 0 に強収束する．

証明は溝畑茂[17]288-290頁にある．

§3　Banach 空間の値をとる関数

X を Banach 空間，u を $a \leqq t \leqq b$ で定義され X の値をとる関数とする．t_0 を $[a, b]$ の点，$t \to t_0$ のとき $u(t) \to u(t_0)$ (強) ならば u は t_0 で**強連続**，$u(t) \to u(t_0)$ (弱) ならば u は t_0 で**弱連続**という．同様にして**強微分可能**，**弱微分可能**も定義される．u が $[a, b]$ で強連続ならば Riemann 積分 $\int_a^b u(t)dt$ は実数値関数の場合とまったく同様に定義される．

予備定理 3.1　T は X における閉作用素，u は $[a, b]$ で定義され，各 $t \in [a, b]$ に対し $u(t) \in D(T)$，u，Tu 共に $[a, b]$ で強連続ならば $\int_a^b u(t)dt \in D(T)$，次の式が成立する．

$$T\int_a^b u(t)dt = \int_a^b Tu(t)dt.$$

証明は両辺の積分を近似和で近似し，T が閉作用素であることを用いれば直ちにできる．

X, Y を二つの Banach 空間とする．$T(t)$ を $a \leqq t \leqq b$ で定義され $B(X, Y)$ の値をとる関数とする．$t_0 \in [a, b]$，各 $u \in X$ に対し $\lim_{t \to t_0} T(t)u = T(t_0)u$ (強) が成立するとき $T(t)$ は t_0 で**強連続**という．また $\lim_{t \to t_0}\|T(t) - T(t_0)\| = 0$ のとき $T(t)$ は t_0 で**ノルム連続**という．同様にして**強微分可能**，**ノルム微分可能**も定義される．

定理 1.11 より次の定理を得る.

定理 3.1　$T(t)$ が $a \leqq t \leqq b$ で強連続な $B(X, Y)$ の値をとる関数ならば $\|T(t)\|$ は有界である.

区間 (a, b), $[a, b]$ で m 回強連続微分可能な X の値をとる関数の全体をそれぞれ $C^m((a, b); X)$, $C^m([a, b]; X)$ と表わす. $[a, b]$ が有限区間ならば $C^m([a, b]; X)$ は $\sum_{k=0}^{m} \max_{a \leqq t \leqq b} \|d^k u(t)/dt^k\|$ をノルムとして Banach 空間をなす. $C^0((a, b); X)$, $C^0([a, b]; X)$ を簡単に $C((a, b); X)$, $C([a, b]; X)$ と表わす.

定義 3.1　$u(t)$ を $a \leqq t \leqq b$ で定義され X の値をとる関数とする. 区間 $[a, b]$ が互に共通点のない有限個の可測集合 $A_1, \cdots, A_n$ の和として表わされ, 各 A_i の上で $u(t)$ が一定の値をとるとき $u(t)$ を**階段関数**という. 階段関数列 $\{u_n(t)\}$ を選んでほとんど至る所 $u(t) = \lim_{n \to \infty} u_n(t)$ (強) と表わされる関数 u を**強可測関数**という. また任意の $f \in X^*$ に対して $f(u(t))$ が実数値または複素数値可測関数であるとき $u(t)$ は**弱可測**であるという.

強可測ならば明らかに弱可測であるが u が弱可測かつ**可分値的** (separably valued), すなわちある可分な部分空間 Y があって, ほとんどすべての t に対して $u(t) \in Y$ ならば, u は強可測であることが知られている. 弱連続ならば強可測であることは定理 1.8 系 2 により容易にわかる. $u(t)$ が可測集合 A_i で値 u_i をとる階段関数であるとき $u(t)$ の積分を $\int_a^b u(t)dt = \sum_{i=1}^{n} u_i |A_i|$ と定義する. ここに $|A_i|$ は A_i の Lebesgue 測度である. この値が $\{A_i\}$ のとり方に無関係であることは明らかである.

定義 3.2　$u(t)$ が強可測であり $\|u(t)\|$ が Lebesgue 可積な実数値関数であるとき $u(t)$ は **Bochner 可積**という. このとき階段関数列 $\{u_n(t)\}$ を適当に選んでほとんど至る所 $u(t) = \lim_{n \to \infty} u_n(t)$ (強) かつ

$$\lim_{n \to \infty} \int_a^b u_n(t)dt \tag{3.1}$$

が存在するようにできる. (3.1) の値は近似列 $\{u_n(t)\}$ のとり方に無関係であり, これを $u(t)$ の **Bochner 積分**といい $\int_a^b u(t)dt$ と表わす.

注意 3.1　可測関数, Bochner 積分は一般の測度空間で定義された関数に対しても定義される.

$a \leqq t \leqq b$ でほとんど至る所定義され X の値をとる強可測, $\|u(\cdot)\| \in L^p(a, b)$ で

ある関数 u の全体を $L^p(a,b;X)$ と表わす．$L^p(a,b;X)$ は

$$\begin{cases} \left(\int_a^b \|u(t)\|^p dt\right)^{1/p}, & 1 \leqq p < \infty \\ \operatorname*{ess\,sup}_{a<t<b} \|u(t)\|, & p = \infty \end{cases}$$

をノルムとして Banach 空間になる．

予備定理 3.2 $u \in L^1(a,b;X)$ とすると (a,b) のほとんどすべての点 t に対して

$$\lim_{h\to 0} h^{-1}\int_0^h \|u(t+s)-u(t)\|ds = 0. \tag{3.2}$$

証明 この予備定理は実数値関数に対しては知られている．証明は実数値関数の場合と同様であるが念のため述べておく．u は可分値的であるから可分な部分空間 Y が存在してほとんどすべての $t\in(a,b)$ に対し $u(t)\in Y$ である．$\{u_n\}$ を Y の中で稠密な可算集合とする．$\|u(t)-u_n\|$ は可積だから

$$F_n(t) = \int_a^t \|u(s)-u_n\|ds$$

とおけば零集合 e_n を除いて $F_n'(t)=\|u(t)-u_n\|$ である．$e=\bigcup_{n=1}^{\infty} e_n$ は零集合であり，各 $t\in(a,b)\backslash e$, $n=1,2,\cdots$ に対し $F_n'(t)=\|u(t)-u_n\|$. v を Y の任意の元とする．$h>0$ とすると各 $t\in(a,b)\backslash e$ に対し

$$h^{-1}\int_t^{t+h}\|u(s)-u_n\|ds-\|u_n-v\| \leqq h^{-1}\int_t^{t+h}\|u(s)-v\|ds$$

$$\leqq h^{-1}\int_t^{t+h}\|u(s)-u_n\|ds+\|u_n-v\|$$

だから $h\to 0$ とすると

$$\|u(t)-u_n\|-\|u_n-v\| \leqq \liminf_{h\to+0} h^{-1}\int_t^{t+h}\|u(s)-v\|ds$$

$$\leqq \limsup_{h\to+0} h^{-1}\int_t^{t+h}\|u(s)-v\|ds \leqq \|u(t)-u_n\|+\|u_n-v\|.$$

v に収束する $\{u_n\}$ の部分列を選べるから

$$\lim_{h\to+0} h^{-1}\int_t^{t+h}\|u(s)-v\|ds = \|u(t)-v\|.$$

$h\to -0$ の場合も同様である．最後に $v=u(t)$ ととれば(3.2)を得る．▌

定義 3.3 (3.2)が成立する t を u の **Lebesgue 点**という．

$\Omega\subset R^n$，$f\in L^1(\Omega)$のときも同様にしてほとんどすべての $x\in\Omega$ に対して

$$\lim_{h\to 0}\frac{1}{V_n h^n}\int_{|y-x|<h}|f(y)-f(x)|dy=0 \tag{3.3}$$

が成立する．ここで V_n は n 次元単位球の体積である．(3.3)が成立するような x を f の Lebesgue 点という．

第2章　消散作用素・作用素の分数巾

§1　消散作用素

1. Hilbert 空間における消散作用素

定義 1.1　A は Hilbert 空間 X における線型作用素，その定義域は稠密とする．すべての $u \in D(A)$ に対し $\mathrm{Re}(Au, u) \leqq 0$ が満たされるとき A を**消散**(dissipative)**作用素**という．すべての $u \in D(A)$ に対し $\mathrm{Re}(Au, u) \geqq 0$ が成立するとき，すなわち $-A$ が消散作用素であるとき A を**増大**(accretive)**作用素**という．消散作用素 A の拡張となっている消散作用素を A の**消散拡張**という．A の消散拡張が A のみであるとき A を**極大消散作用素**という．同じように**増大拡張**，**極大増大作用素**も定義される．

命題 1.1　稠密に定義された作用素 A が消散作用素であるための必要十分条件はすべての $u \in D(A)$ に対して

$$\|(A+1)u\| \leqq \|(A-1)u\|$$

が成立することである．

証明は容易だから略す．

命題 1.2　A を稠密に定義された線型作用素とすると次の三条件は互に同値である．

(i)　A は消散作用素である．

(ii)　すべての $u \in D(A)$，$\mathrm{Re}\,\lambda > 0$ を満たすすべての λ に対し $\|(A-\lambda)u\| \geqq \mathrm{Re}\,\lambda \|u\|$.

(iii)　すべての $u \in D(A)$，$\lambda > 0$ に対し $\|(A-\lambda)u\| \geqq \lambda\|u\|$.

証明　(i) を仮定する．$u \in D(A)$，$\mathrm{Re}\,\lambda > 0$ とすると

$$\mathrm{Re}((A-\lambda)u, u) = \mathrm{Re}(Au, u) - \mathrm{Re}\,\lambda\|u\|^2 \leqq -\mathrm{Re}\,\lambda\|u\|^2.$$

故に

$$\|(A-\lambda)u\|\|u\| \geqq -\mathrm{Re}((A-\lambda)u, u) \geqq \mathrm{Re}\,\lambda\|u\|^2.$$

これより(ii)が出る．(ii)から(iii)が出るのは明らかである．(iii)を仮定する．各 $u\in D(A), \lambda>0$ に対し

$$\|Au\|^2-2\lambda\,\mathrm{Re}(Au, u) = \|(A-\lambda)u\|^2-\lambda^2\|u\|^2 \geqq 0$$

だから $2\lambda\,\mathrm{Re}(Au, u)\leqq\|Au\|^2$．$\lambda>0$ は任意だから $\mathrm{Re}(Au, u)\leqq 0$ が得られる．▌

注意 1.1 A が消散作用素でさらに閉作用素ならば(ii)により $\mathrm{Re}\,\lambda>0$ を満たすすべての λ に対し $R(A-\lambda)$ は閉部分空間である．

定理 1.1 消散作用素には閉拡張が存在する．消散作用素の最小閉拡張は消散作用素である．従って極大消散作用素は閉作用素である．

証明 $u_n\in D(A)$, $u_n\to 0$, $Au_n\to v$ とすると，すべての $u\in D(A)$，複素数 α に対して $\mathrm{Re}(A(u+\alpha u_n), u+\alpha u_n)\leqq 0$．ここで $n\to\infty$ として $\mathrm{Re}(Au, u)+\mathrm{Re}\,\alpha(v, u)\leqq 0$．$\alpha$ は任意だから $(v, u)=0$．これより $v=0$ を得る．残りの部分は明らかである．▌

命題 1.3 A は消散作用素，$\mathrm{Re}\,\lambda>0$ を満足するある λ に対して $R(A-\lambda)=X$ ならば A は極大消散である．

証明 $\tilde{A}$ を A の消散拡張とする．u を $D(\tilde{A})$ の任意の元として $(\tilde{A}-\lambda)u=v$ とおく．仮定により $v=(A-\lambda)w$ を満たす $w\in D(A)$ がある．$(\tilde{A}-\lambda)u=(\tilde{A}-\lambda)w$ と命題 1.2 より $u=w\in D(A)$ となる．故に $\tilde{A}=A$．▌

定理 1.2 任意の消散作用素に極大消散拡張がある．

証明 A を消散作用素とする．定理 1.1 により A は閉作用素と仮定して，A の極大消散拡張が存在することを示せばよい．$\mathrm{Re}\,\lambda>0$ として $N=R(A-\lambda)^\perp$ とおく．$v\in N$ とすると，各 $u\in D(A)$ に対して $((A-\lambda)u, v)=0$ だから $v\in D(A^*)$, $A^*v=\bar{\lambda}v$．もしも $v\in D(A)\cap N$ ならば $((A-\lambda)v, v)=0$ であり，これより $0\geqq\mathrm{Re}(Av, v)=\mathrm{Re}\,\lambda\|v\|^2$ となり $v=0$，従って $D(A)\cap N=\{0\}$．

$$\begin{cases} \tilde{D} = \{u+v : u\in D(A), v\in N\}, \\ u\in D(A), v\in N \text{ に対し } \tilde{A}(u+v) = Au-\bar{\lambda}v \end{cases}$$

とおくと $\tilde{A}$ は $\tilde{D}$ で定義され線型，$\tilde{A}\supset A$ であるが $u\in D(A), v\in N$ のとき

$$\begin{aligned}\mathrm{Re}(\tilde{A}(u+v), u+v) &= \mathrm{Re}(Au-\bar{\lambda}v, u+v) \\ &= \mathrm{Re}(Au, u)+\mathrm{Re}(Au, v)-\mathrm{Re}\,\bar{\lambda}(v, u)-\mathrm{Re}\,\lambda\|v\|^2\end{aligned}$$

$$= \mathrm{Re}(Au, u) + \mathrm{Re}(u, A^*v - \bar{\lambda}v) - \mathrm{Re}\,\lambda\|v\|^2$$
$$= \mathrm{Re}(Au, u) - \mathrm{Re}\,\lambda\|v\|^2 \leqq 0.$$

故に $\tilde{A}$ は A の消散拡張である．$\tilde{A}$ が極大消散であることを示す．そのためには命題 1.3 により $R(\tilde{A}-\lambda)=X$ を示せばよい．A は消散閉作用素だから注意 1.1 により $R(A-\lambda)$ は閉部分空間である．故に w を X の任意の元とすると $w=(A-\lambda)u+v$ となるような $u\in D(A)$，$v\in N$ が存在する．$v_1=-(\lambda+\bar{\lambda})^{-1}v$ とおくと $v_1\in N$,

$$w = (A-\lambda)u-(\lambda+\bar{\lambda})v_1 = (\tilde{A}-\lambda)(u+v_1)\in R(\tilde{A}-\lambda).$$

命題 1.4 A を消散作用素とすると次の三条件は同値である．

(i) A は極大消散である．

(ii) $\mathrm{Re}\,\lambda>0$ を満たすすべての λ に対し $R(A-\lambda)=X$.

(iii) $\mathrm{Re}\,\lambda>0$ を満たすある λ に対し $R(A-\lambda)=X$.

証明 (i)⇒(ii)．A が極大消散ならば定理 1.1 により A は閉作用素，従って注意 1.1 により $\mathrm{Re}\,\lambda>0$ のとき $R(A-\lambda)$ は閉部分空間である．$R(A-\lambda)\neq X$ とすると $N=R(A-\lambda)^{\perp}$ は 0 でない元を含み，前定理の証明の中で作られた作用素 $\tilde{A}$ は A の真の消散拡張となり矛盾である．

(ii)⇒(iii) は自明である．(iii)⇒(i) は命題 1.3 である．

定理 1.3 A を稠密に定義された線型作用素とする．A が極大消散であるための必要十分条件は A が閉作用素，そのレゾルベント集合 $\rho(A)$ は半平面 $\{\lambda: \mathrm{Re}\,\lambda>0\}$ を含み，そこで $\|(A-\lambda)^{-1}\|\leqq(\mathrm{Re}\,\lambda)^{-1}$ が成立することである．

証明 命題 1.2, 1.4 より直ちにわかる．▌

定理 1.4 A を閉消散作用素とする．A が極大消散であるための必要十分条件は A^* が消散作用素であることで，このとき A^* も極大消散である．

証明 第1章定理 1.4 により $D(A^*)$ は稠密である．A が極大消散ならば第1章定理 1.16 と定理 1.3 により A^* も極大消散である．逆に A^* が消散作用素とすると命題 1.2 により A^*-1 の連続な逆が存在する．故に第1章定理 1.13 により $R(A-1)=X$．これと命題 1.3 により A は極大消散である．第1章定理 1.13 を用いなくても次のようにして $R(A-1)=X$ を示すこともできる．$v\in R(A-1)^{\perp}$ とすると $v\in D(A^*)$，$A^*v=v$ である．故に $\|v\|^2=\mathrm{Re}(A^*v, v)\leqq 0$. これより $v=0$. ▌

2. Banach空間における消散作用素

Hilbert空間における消散作用素のBanach空間への一般化を述べる．主としてG. Lumer–R. S. Phillips[118]による．Xは複素Banach空間としてXにおける双対写像(第1章定義1.1)をFと表わす．すなわち各$u\in X$, $f\in Fu\subset X^*$に対し

$$\|u\|^2 = \|f\|^2 = (u,f). \tag{1.1}$$

定義1.2 AをXにおける線型作用素とする．すべての$u\in D(A)$に対し$\mathrm{Re}(Au,f)\leqq 0$を満足する$f\in Fu$が存在するときAを**消散作用素**，$-A$が消散作用素のときAを**増大作用素**という．

定義1.1では$D(A)$は稠密と仮定しここでは仮定していないが特に深い意味があるのではない．XがHilbert空間ならば，Rieszの定理により$X=X^*$としておけばFuはuのみから成るから，定義1.2による消散作用素はHilbert空間における消散作用素のBanach空間への一般化である．前節の定理1.3, 1.4に相当することを証明する際，Hilbert空間のように内積が定義されていないのでその代りとして次の予備定理を用いる．これはT. Kato[80]により証明されたもので非線型半群論で重要なものである．

予備定理1.1 $u, v\in X$とする．すべての$\alpha>0$に対し$\|u\|\leqq\|u+\alpha v\|$が成立するための必要十分条件は$\mathrm{Re}(v,f)\geqq 0$を満たす$f\in Fu$が存在することである．

証明 $u=0$ならば自明であるから$u\neq 0$とする．$f\in Fu, \mathrm{Re}(v,f)\geqq 0$ならば各$\alpha>0$に対し

$$\begin{aligned}\|u\|^2 = (u,f) = \mathrm{Re}(u,f) &\leqq \mathrm{Re}(u+\alpha v,f)\\ &\leqq \|u+\alpha v\|\|f\| = \|u+\alpha v\|\|u\|.\end{aligned}$$

従って$\|u\|\leqq\|u+\alpha v\|$となる．逆にすべての$\alpha>0$に対し$\|u\|\leqq\|u+\alpha v\|$とする．$f_\alpha\in F(u+\alpha v)$, $g_\alpha=f_\alpha/\|f_\alpha\|$とすると$\|g_\alpha\|=1$,

$$\begin{aligned}\|u\| \leqq \|u+\alpha v\| = (u+\alpha v, g_\alpha) &= \mathrm{Re}(u, g_\alpha)+\alpha\,\mathrm{Re}(v, g_\alpha)\\ &\leqq \|u\|+\alpha\,\mathrm{Re}(v, g_\alpha)\end{aligned}$$

だから

$$\mathrm{Re}(u, g_\alpha) \geqq \|u\|-\alpha\|v\|, \tag{1.2}$$

$$\mathrm{Re}(v, g_\alpha) \geqq 0. \tag{1.3}$$

第1章定理1.5によりX^*の単位球はw*位相でコンパクトだから，ある$g\in X^*$

が存在し，$\|g\|\leqq 1$, w* 位相に関する g の任意の近傍 V，任意の $\alpha>0$ に対し $g_\beta\in V$ を満たす $\beta\in(0,\alpha)$ が存在する．特に任意の $\varepsilon>0, \alpha>0$ に対し $|(u, g_\beta-g)|<\varepsilon$，$0<\beta<\alpha$ を満たす β が存在するから(1.2)により

$$\begin{aligned}\mathrm{Re}(u,g) &= \mathrm{Re}(u,g_\beta)+\mathrm{Re}(u,g-g_\beta)\\ &\geqq \|u\|-\beta\|v\|-\varepsilon \geqq \|u\|-\alpha\|v\|-\varepsilon.\end{aligned}$$

これより $\mathrm{Re}(u,g)\geqq\|u\|$ を得る．同様にして(1.3)より $\mathrm{Re}(v,g)\geqq 0$ となる．他方 $\mathrm{Re}(u,g)\leqq|(u,g)|\leqq\|u\|$ だから $(u,g)=\|u\|$．故に $f=\|u\|g$ とおくと $f\in Fu$, $\mathrm{Re}(v,f)\geqq 0$ が成立する．▌

命題 1.5　線型作用素 A に対し次の三条件は同値である．

(i)　A は消散作用素である．

(ii)　すべての $u\in D(A)$，$\mathrm{Re}\,\lambda>0$ を満たすすべての λ に対し $\|(A-\lambda)u\|\geqq \mathrm{Re}\,\lambda\|u\|$.

(iii)　すべての $u\in D(A)$，すべての $\lambda>0$ に対し $\|(A-\lambda)u\|\geqq\lambda\|u\|$.

証明　(i)⇒(ii)．A は消散作用素とする．$u\in D(A)$，$\mathrm{Re}\,\lambda>0$ とする．$\mathrm{Re}(Au,f)\leqq 0$ を満たす $f\in Fu$ をとると

$$\mathrm{Re}((A-\lambda)u,f) = \mathrm{Re}(Au,f)-\mathrm{Re}\,\lambda(u,f) \leqq -\mathrm{Re}\,\lambda\|u\|^2$$

であるから

$$\|(A-\lambda)u\|\|u\| = \|(A-\lambda)u\|\|f\| \geqq -\mathrm{Re}((A-\lambda)u,f) \geqq \mathrm{Re}\,\lambda\|u\|^2.$$

これより $\|(A-\lambda)u\|\geqq\mathrm{Re}\,\lambda\|u\|$ を得る．

(ii)⇒(iii)は自明である．(iii)を仮定するとすべての $\alpha>0$ に対し $\|u\|\leqq\|u-\alpha Au\|$ が成立するから予備定理 1.1 により，$f\in Fu$ が存在し $\mathrm{Re}(Au,f)\leqq 0$．故に A は消散作用素である．▌

この命題により A が閉消散作用素，$\mathrm{Re}\,\lambda>0$ ならば $R(A-\lambda)$ は閉部分空間である．

定理 1.5　A は閉消散作用素とする．$\mathrm{Re}\,\lambda>0$ を満たすある λ に対して $R(A-\lambda)=X$ ならば $\mathrm{Re}\,\lambda>0$ を満たすすべての λ に対し $R(A-\lambda)=X$ である．このとき，さらに $D(A)$ が稠密とすればすべての $u\in D(A)$，すべての $f\in Fu$ に対し $\mathrm{Re}(Au,f)\leqq 0$ である．

証明　$\mathrm{Re}\,\lambda>0$，$R(A-\lambda)=X$ とする．$|\mu-\lambda|<\mathrm{Re}\,\lambda$ のとき命題 1.5 により $\|(\mu-\lambda)(A-\lambda)^{-1}\|<1$ であるから

$$A-\mu=\{I-(\mu-\lambda)(A-\lambda)^{-1}\}(A-\lambda)$$

の値域は X と一致する．λ をこのような μ で置き換えて同様なことを行ない，さらにそれを繰返してゆけば右半平面 $\mathrm{Re}\,\lambda>0$ のすべての λ に対し，$R(A-\lambda)=X$ が成立することがわかる．このとき，さらに $D(A)$ が稠密と仮定する．すべての $\alpha>0$ に対し $(1-\alpha A)^{-1}=\alpha^{-1}(\alpha^{-1}-A)^{-1}\in B(X)$．命題 1.5 により $\|(1-\alpha A)^{-1}\|\leqq 1$．従って $u\in D(A)$ ならば $\alpha\to 0$ のとき

$$\|(1-\alpha A)^{-1}u-u\|=\|\alpha(1-\alpha A)^{-1}Au\|\leqq\alpha\|Au\|\to 0.$$

$D(A)$ は稠密だからすべての $u\in X$ に対し $(1-\alpha A)^{-1}u\to u$ （強）である．$u\in D(A)$，$f\in Fu$ とすると

$$\begin{aligned}\mathrm{Re}((1-\alpha A)^{-1}Au,f)&=\alpha^{-1}\mathrm{Re}((1-\alpha A)^{-1}u-u,f)\\&\leqq\alpha^{-1}\|(1-\alpha A)^{-1}u\|\|f\|-\alpha^{-1}\|u\|^2\leqq 0.\end{aligned}$$

$\alpha\to 0$ として $\mathrm{Re}(Au,f)\leqq 0$ を得る．▌

定理 1.6　A を閉作用素，$D(A)$ は稠密とする．A, A^* が共に消散作用素であるための必要十分条件は半平面 $\{\lambda:\mathrm{Re}\,\lambda>0\}$ が $\rho(A)$ に含まれ，そこで $\|(A-\lambda)^{-1}\|\leqq 1/\mathrm{Re}\,\lambda$ が成立することである．

証明　A, A^* が共に消散作用素とすると命題 1.5 により $\mathrm{Re}\,\lambda>0$ のときすべての $u\in D(A)$，$f\in D(A^*)$ に対して $\|(A-\lambda)u\|\geqq\mathrm{Re}\,\lambda\|u\|$，$\|(A^*-\bar{\lambda})f\|\geqq\mathrm{Re}\,\lambda\|f\|$ が成立する．第 1 章定理 1.13 により $\lambda\in\rho(A)$ となり，さらに $\|(A-\lambda)^{-1}\|\leqq 1/\mathrm{Re}\,\lambda$ が成立する．逆は命題 1.5 と第 1 章定理 1.16 より明らかである．▌

§2　正則消散作用素

X を複素 Hilbert 空間，その内積，ノルムをそれぞれ $(\,,\,)$，$|\;|$ で表わす．V はもう一つの Hilbert 空間，その内積，ノルムをそれぞれ $(\!(\,,\,)\!)$，$\|\;\|$ で表わす．V は X の中に稠密な部分空間として埋め込まれ，V の位相は X の位相より強いとする．従ってある数 M_0 が存在して $|u|\leqq M_0\|u\|$ がすべての $u\in V$ に対して成立する．$a(u,v)$ を $V\times V$ で定義された**二次型式**とする．すなわち各 $u,v\in V$ に複素数 $a(u,v)$ が対応し，$a(u,v)$ は u に関し線型，v に関しては反線型とする：

$$\begin{aligned}a(u_1+u_2,v)&=a(u_1,v)+a(u_2,v),\\a(u,v_1+v_2)&=a(u,v_1)+a(u,v_2),\end{aligned}$$

$$a(\lambda u, v) = \lambda a(u, v), \qquad a(u, \lambda v) = \bar{\lambda} a(u, v).$$

$a(u, v)$は有界，すなわちある数Mが存在して

$$|a(u, v)| \leqq M\|u\|\|v\| \tag{2.1}$$

がすべての$u, v \in V$に対して成立するとする．さらに正の数δと実数kが存在してすべての$u \in V$に対して次の不等式が成立すると仮定する．

$$\operatorname{Re} a(u, u) \geqq \delta\|u\|^2 - k|u|^2. \tag{2.2}$$

この不等式を**Gårding の不等式**という．$a(u, v)$により次のようにして作用素Aを定義する：

$$\begin{cases} u \in V \text{とする．} X \text{の元} f \text{が存在し} a(u, v) = (f, v) \text{がす} \\ \text{べての} v \text{に対して成立するとき} u \in D(A),\ Au = f. \end{cases} \tag{2.3}$$

$a(u, v)$はvの汎関数と考えるとVの位相に関して連続であるが，特にXから入れたVの位相でも連続であるとすると，$a(u, v)$はX全体に連続汎関数として拡張され，従って Riesz の定理によりXの元fが存在し，すべての$v \in V$に対し$a(u, v) = (f, v)$が成立する．このとき$u \in D(A)$，$Au = f$と表わすのである．このような作用素Aを研究するにはそれを次のように拡張するとしばしば便利である．V, Xで定義された反線型連続汎関数全体を本節ではそれぞれV^*，X^*と表わす．すなわち各$u, v \in V$あるいはX，複素数λに対し$l(u+v) = l(u) + l(v)$，$l(\lambda u) = \bar{\lambda} l(u)$を満足するそれぞれ$V, X$で連続な汎関数$l$の全体がそれぞれ$V^*, X^*$である．$V^*$あるいは$X^*$の元に対しても連続線型汎関数に対すると同様ノルムが定義される．すなわち$l \in V^*$またはX^*のとき，V^*またはX^*の元としてのlのノルムはそれぞれ

$$\|l\|_* = \sup_{\|v\| \leqq 1} |l(v)|, \qquad |l|_* = \sup_{|f| \leqq 1} |l(f)|.$$

$l \in X^*$のVへの制限を$l|_V$と表わすと

$$|(l|_V)(v)| = |l(v)| \leqq |l|_* |v| \leqq |l|_* M_0 \|v\|. \tag{2.4}$$

故に$l|_V \in V^*$である．さらにVがXで稠密であることから対応$l \to l|_V$は1対1である．従ってlと$l|_V$を同一視して$X^* \subset V^*$と考えることができる．(2.4)により$\|l|_V\|_* \leqq M_0 |l|_*$だから$X^*$の位相は$V^*$の位相より強い．$X$に Riesz の定理を適用して$X^* = X$と考えると結局$V \subset X \subset V^*$と考えることができる．そして埋め込み$V \to X$，$X \to V^*$は共に連続である．$V$が$V^*$で稠密なことは次のよ

うにしてわかる．$v \in V$ がすべての u に対し $(u, v)=0$ を満足すれば $u=v$ として $v=0$，従って V が回帰的なことと第1章定理1.3により V は V^* で稠密であることがわかる．従って X も V^* で稠密である．$l \in V^*$ のとき l の v における値 $l(v)$ を (l, v) とも表わす．特に $l=f \in X$ ならば $X \subset V^*$ の意味よりこれは f と v の X での内積と一致するからこの表わし方に不都合はない．今後は V^* の元をも f, g 等で表わし，$\overline{(f, v)}$ を (v, f) と表わすこともある．$u \in V$ を固定し $a(u, v)$ を v の汎関数と考えると，これは(2.1)により V^* の元である．従ってある元 $f \in V^*$ によって $a(u, v)=(f, v)$ と表わせる．この f は u で決まるから，これを $\tilde{A}u=f$ と表わす．すなわち $\tilde{A}$ は

(2.5)　　すべての $u, v \in V$ に対し $a(u, v)=(\tilde{A}u, v)$

により定義される作用素である．$\tilde{A}$ は(2.3)により定義された A の拡張であることは明らかである．詳しくは

(2.6)　　$D(A)=\{u \in V : \tilde{A}u \in X\}.$

次に **Lax-Milgram の定理**として知られている次の予備定理を証明する．これは楕円型方程式の Dirichlet 問題の解法に有用であることが認められ注目されたものである．

予備定理 2.1　H は Hilbert 空間，その内積，ノルムをそれぞれ $(,),\| \|$ と表わす．$B[u, v]$ は $H \times H$ で定義された二次型式で正の数 C, c が存在して

(2.7)　　$|B[u, v]| \leqq C\|u\|\|v\|,$

(2.8)　　$|B[u, u]| \geqq c\|u\|^2$

がすべての $u, v \in H$ に対して成立すると仮定する．$F \in H^*$，すなわち F は H 上の連続な反線型汎関数ならば，ある元 u が存在してすべての $v \in H$ に対し $F(v)=B[u, v]$ が成立する．かかる u は F によりただ一つ定まる．

証明　(2.7)により u を固定すると $B[u, v]$ は v の汎関数として反線型連続，故に $w \in H$ が存在して $B[u, v]=(w, v)$ がすべての $v \in H$ に対して成立する．w は u によりただ一つ定まるから $w=Su$ とおくと，S は H からそれ自身への線型写像である．(2.7)により

$$|(Su, v)|=|B[u, v]| \leqq C\|u\|\|v\|.$$

従って $\|Su\| \leqq C\|u\|$ となり S は有界である．また(2.8)により

$$c\|u\|^2 \leqq |B[u, u]|=|(Su, u)| \leqq \|Su\|\|u\|$$

であるから $c\|u\| \leqq \|Su\|$ となり S の連続な逆がある．故に $R(S)$ は H の閉部分空間である．$v \in R(S)^{\perp}$ とするとすべての $u \in H$ に対し $(Su, v)=0$．特に $u=v$ として $B[v, v]=(Sv, v)=0$．これと (2.8) から $v=0$．故に $R(S)=H$ となる．$F \in H^*$ とすると Riesz の定理により $w \in H$ が存在してすべての v に対し $F(v)=(w, v)$．$w=Su$ を満足する u が存在するから

$$F(v) = (Su, v) = B[u, v]$$

がすべての $v \in H$ に対して成立する．このような u がただ一つであることは明らかである．▌

本論に戻り，まず(2.2)が $k=0$ として成立することを仮定する．すなわち

$$\text{(2.9)} \qquad \operatorname{Re} a(u, u) \geqq \delta \|u\|^2.$$

$f \in V^*$ とすると，(2.1)と(2.9)とから予備定理2.1が適用でき，$u \in V$ が存在してすべての $v \in V$ に対し $(f, v)=a(u, v)$ が成立する．すなわち $f=\tilde{A}u$．従って $R(\tilde{A})=V^*$．これと(2.6)とから $R(A)=X$ も出る．(2.1)と(2.9)から

$$\text{(2.10)} \qquad \delta\|u\| \leqq \|\tilde{A}u\|_* \leqq M\|u\|$$

も容易にわかる．従って $\tilde{A}$ は V から V^* への同型写像である．また A^{-1} も存在し X での有界作用素である．従って A は閉作用素で $0 \in \rho(A)$．

$a^*(u, v)=\overline{a(v, u)}$ により定義される二次型式 $a^*(u, v)$ を $a(u, v)$ の**共役な二次型式**という．$a(u, v)$ が(2.1), (2.2)あるいは(2.9)を満足すれば $a^*(u, v)$ も同様である．$A', \tilde{A}'$ を $a^*(u, v)$ によりそれぞれ(2.3), (2.5)と同様に定義される作用素とする．すなわち

$$\text{(2.11)} \qquad \begin{cases} u \in V,\ f \in X \text{ が存在し } a^*(u, v) = (f, v) \text{ がすべての} \\ v \in V \text{ に対して成立するとき } u \in D(A'),\ A'u = f, \end{cases}$$

$$\text{(2.12)} \qquad \text{すべての } u, v \in V \text{ に対し } a^*(u, v) = (\tilde{A}'u, v).$$

ふたたび(2.9)が満たされると仮定する．このとき $A, \tilde{A}$ と同様 $A', \tilde{A}'$ に対しても $R(A')=X$, $R(\tilde{A}')=V^*$ が成立する．

予備定理 2.2　$D(A)$ は V で稠密，従って X でも稠密である．

証明　$f \in V^*$，すべての $v \in D(A)$ に対し $(f, v)=0$ ならば $f=0$ であることを示せばよい．$R(\tilde{A}')=V^*$ であるから $u \in V$ が存在して $f=\tilde{A}'u$．$v \in D(A)$ ならば

$$(Av, u) = a(v, u) = \overline{a^*(u, v)} = \overline{(\tilde{A}'u, v)} = \overline{(f, v)} = 0.$$

これと $R(A)=X$ とから $u=0$，従って $f=0$．▌

すべての $u\in D(A)$ に対して $\mathrm{Re}(Au,u)=\mathrm{Re}\,a(u,u)\geqq\delta\|u\|^2\geqq 0$ であるから A は増大作用素である.

定義 2.1　(2.1), (2.9) を満足する二次型式により (2.3) で定義される作用素を**正則増大作用素**という. $-A$ が正則増大作用素のとき A は**正則消散作用素**という.

予備定理 2.3　$A'=A^*$ ($=X$ での作用素と見た A の共役作用素).

証明　$u\in D(A)$, $v\in D(A')$ とすると

$$(Au,v)=a(u,v)=\overline{a^*(v,u)}=\overline{(A'v,u)}=(u,A'v).$$

これは $A'\subset A^*$ を示している. $u\in D(A^*)$ として $A^*u=f$ とおく. $R(A')=X$ であるから $f=A'w$ を満足する $w\in D(A')$ が存在する. $A'\subset A^*$ より $f=A^*w$. $0\in\rho(A)$ だから $0\in\rho(A^*)$. 故に $u=w\in D(A')$. 故に $A'=A^*$. ▌

A と同様 A' も増大作用素である. 従って定理 1.4 と予備定理 2.3 により次の定理を得る.

定理 2.1　正則増大作用素は極大増大作用素である.

次に一般の場合に戻って (2.1), (2.2) が満たされるとする. $k<0$ ならば (2.9) が満たされることは明らかである. $k>0$ の場合

$$a_k(u,v)=a(u,v)+k(u,v)$$

とおくと $a_k(u,v)$ は (2.9) を満足する. また M を $M+kM_0{}^2$ と置き換えると $a_k(u,v)$ は (2.1) をも満足する. $a_k(u,v)$ により定まる作用素を A_k, $\tilde{A}_k$ と記す. 明らかに $A_k=A+k$, $\tilde{A}_k=\tilde{A}+k$ である. また $a_k(u,v)$ の共役二次型式は $a_k{}^*(u,v)=a^*(u,v)+k(u,v)$ である. $a_k{}^*(u,v)$ により定まる作用素を A'_k, $\tilde{A}'_k$ とすると予備定理 2.2 により $D(A)=D(A_k)$ は V で, 従って X で稠密である. また予備定理 2.3 により $A'_k=A_k{}^*$, 従って $A'=A^*$ が成立する. かくて次の定理が得られた.

定理 2.2　$a(u,v)$ は (2.1), (2.2) を満足する $V\times V$ 上の二次型式, A を (2.3) で定義される作用素とすると $D(A)$ は V で, 従って X で稠密, $0\in\rho(A+k)$ である. $\tilde{A}$ を (2.5) で定義される作用素とすると $\tilde{A}+k$ は V から V^* への同型写像である. $a^*(u,v)$ を $a(u,v)$ の共役な二次型式, A' を (2.11) で定義される作用素とすると X における作用素 A の共役作用素 A^* は A' と一致する. $A+k$ は正則増大作用素である.

今後は A と $\tilde{A}$ を共に A と表わす．また $\tilde{A}'$ をも A^* と表わす．従って任意の $u,v\in V$ に対して

$$a(u,v)=(Au,v), \qquad a^*(u,v)=(A^*u,v)$$

である．このようにしても特に混乱は起きない．

すべての $u,v\in V$ に対し $a^*(u,v)=a(u,v)$ が成立するとき $a(u,v)$ を対称二次型式という．このとき定理2.2により X における作用素 A は自己共役である．また各 $u\in V$ に対し $a(u,u)$ は実数であることは明らかである．(2.2)によりすべての $u\in D(A)$ に対し

$$(Au,u)=a(u,u)\geqq -k|u|^2$$

であるから A は下に有界，特に(2.9)が満たされるときは A は正定符号である．

定理2.3　$a(u,v)$ は(2.1), (2.9)を満足する対称二次型式とすると A は正定符号自己共役，$D(A^{1/2})=V$,

(2.13)　$$a(u,v)=(A^{1/2}u, A^{1/2}v), \qquad u,v\in V.$$

証明　仮定により各 $u\in D(A)$ に対し

(2.14)　$$\delta\|u\|^2\leqq a(u,u)=(Au,u)=|A^{1/2}u|^2.$$

u を $D(A^{1/2})$ の任意の元とする．各自然数 n に対し $u_n=(1+n^{-1}A)^{-1}u$ とおくと $u_n\in D(A)$, スペクトル分解を使って $n\to\infty$ のとき X で $u_n\to u$, $A^{1/2}u_n=(1+n^{-1}A)^{-1}A^{1/2}u\to A^{1/2}u$ がわかる．u_n-u_m に(2.14)を適用し $\{u_n\}$ が V で Cauchy 列であることがわかる．X で $u_n\to u$ であるから V で $u_n\to u$, 従って $D(A^{1/2})\subset V$, u_n に(2.14)を適用し $n\to\infty$ として $\delta\|u\|^2\leqq|A^{1/2}u|^2$ を得る．他方 $u\in V$ とすると予備定理2.2により $D(A)$ の元の列 $\{u_j\}$ が存在して，$\|u_j-u\|\to 0$.

$$|A^{1/2}(u_j-u_k)|^2=a(u_j-u_k,u_j-u_k)\leqq M\|u_j-u_k\|^2$$

により $\{A^{1/2}u_j\}$ は X で Cauchy 列をなす．$A^{1/2}$ は閉作用素だから $u\in D(A^{1/2})$, かくて $D(A^{1/2})=V$ がわかった．(2.13)は容易に確かめられる．

注意2.1　$k>0$ のときは $a(u,v)$ を $a(u,v)+k(u,v)$, A を $A+k$ で置き換えれば定理2.3の結論が成立する．

例1　Ω は R^n の中の領域，各 $i,j=1,\cdots,n$ に対して a_{ij} は実数値関数，$a_{ij}=a_{ji}\in B^1(\bar{\Omega})$, $\{a_{ij}(x)\}$ は Ω で一様に正定符号，すなわち正の数 δ が存在して

(2.15)　$$\sum_{i,j=1}^n a_{ij}(x)\xi_i\xi_j\geqq\delta|\xi|^2$$

がすべての $x\in\bar{\Omega}$, 実ベクトル ξ に対して成立するとする．$b_i\in L^\infty(\Omega)$, $c\in L^\infty(\Omega)$ とする．$\beta_i=\sum_{j=1}^n \partial a_{ij}/\partial x_j+b_i$ とおくと $\beta_i\in L^\infty(\Omega)$ である．各 $u,v\in H_1(\Omega)$ に対し

$$(2.16)\qquad a(u,v)=\int_\Omega\left\{\sum_{i,j=1}^n a_{ij}\frac{\partial u}{\partial x_i}\overline{\frac{\partial v}{\partial x_j}}+\sum_{i=1}^n\beta_i\frac{\partial u}{\partial x_i}\bar{v}+cu\bar{v}\right\}dx$$

とおく．$\{a_{ij}\}$ は実対称であるから (2.15) によりすべての複素ベクトル $\zeta=(\zeta_1,\cdots,\zeta_n)$ に対して

$$(2.17)\qquad \sum_{i,j=1}^n a_{ij}(x)\zeta_i\bar{\zeta}_j\geqq\delta|\zeta|^2$$

が成立する．また仮定により，ある数 K が存在してほとんど至る所 $|\beta_i(x)|\leqq K$, $|c(x)|\leqq K$ が成立する．従って

$$\begin{aligned}\mathrm{Re}\,a(u,u)&\geqq\int_\Omega\delta\sum_{i=1}^n\left|\frac{\partial u}{\partial x_i}\right|^2dx-K\int_\Omega\sum_{i=1}^n\left|\frac{\partial u}{\partial x_i}\right||u|dx-K\int_\Omega|u|^2dx\\&\geqq\delta\int_\Omega\sum_{i=1}^n\left|\frac{\partial u}{\partial x_i}\right|^2dx-K\int_\Omega\sum_{i=1}^n\left(\frac{\varepsilon}{2}\left|\frac{\partial u}{\partial x_i}\right|^2+\frac{1}{2\varepsilon}|u|^2\right)dx-K\int_\Omega|u|^2dx\\&=\left(\delta-\frac{\varepsilon}{2}K\right)\sum_{i=1}^n\int_\Omega\left|\frac{\partial u}{\partial x_i}\right|^2dx-\left(\frac{nK}{2\varepsilon}+K\right)\int_\Omega|u|^2dx.\end{aligned}$$

$\varepsilon=\delta K^{-1}$ ととると

$$\begin{aligned}\mathrm{Re}\,a(u,u)&\geqq\frac{\delta}{2}\sum_{i=1}^n\int_\Omega\left|\frac{\partial u}{\partial x_i}\right|^2dx-\left(\frac{nK^2}{2\delta}+K\right)\int_\Omega|u|^2dx\\&=\frac{\delta}{2}\|u\|_1{}^2-\left(\frac{nK^2}{2\delta}+K+\frac{\delta}{2}\right)\|u\|^2.\end{aligned}$$

故に V が $\mathring{H}_1(\Omega)$ を含む $H_1(\Omega)$ の任意の閉部分空間ならば，$X=L^2(\Omega)$ として $a(u,v)$ は (2.1) と (2.2) を満足することがわかる．

$$\mathcal{A}=-\sum_{i,j=1}^n a_{ij}(x)\frac{\partial^2}{\partial x_i\partial x_j}+\sum_{i=1}^n b_i(x)\frac{\partial}{\partial x_i}+c(x)$$

とおくと $\mathcal{A}$ は楕円型である．

$V=\mathring{H}_1(\Omega)$ の場合　$Au=f$ とする．$\partial\Omega, u$ が滑らかとして形式的に部分積分を行なうと $a(u,v)=(f,v)$ より $(\mathcal{A}u,v)=(f,v)$ を得る．$v\in\mathring{H}_1(\Omega)$ は任意だから

$$(2.18)\qquad \Omega \text{ で } \mathcal{A}u=f,$$

$$(2.19)\qquad \partial\Omega \text{ で } u=0$$

を得る．故に u は Dirichlet 問題 (2.18), (2.19) の広義の解である．

$V=H_1(\Omega)$ の場合　Ω が C^1 級，$Au=f$ として形式的な計算をすると

$$a(u,v)=\int_{\partial\Omega}\sum_{i,j=1}^{n}a_{ij}\nu_j\frac{\partial u}{\partial x_i}\bar{v}d\sigma+(\mathscr{A}u,v)=(f,v). \tag{2.20}$$

ここに $\nu=(\nu_1,\cdots,\nu_n)$ は $\partial\Omega$ の外向き法線ベクトル，$d\sigma$ は $\partial\Omega$ の面積要素である．まず $v\in C_0^\infty(\Omega)$ とすると $(\mathscr{A}u,v)=(f,v)$ となるから(2.18)を得る．これを(2.20)に代入すると

$$\int_{\partial\Omega}\sum_{i,j=1}^{n}a_{ij}\nu_j\partial u/\partial x_i\cdot\bar{v}d\sigma=0.$$

$v\in H_1(\Omega)$ は任意だから

$$\partial\Omega \quad で \quad \sum_{i,j=1}^{n}a_{ij}\nu_j\partial u/\partial x_i=0. \tag{2.21}$$

故に u は Neumann 問題(2.18), (2.21)の広義の解である．

Ω が一様に C^2 級ならば楕円型方程式の解の滑らかさにより，$V=\mathring{H}_1(\Omega)$ の場合は $D(A)=H_2(\Omega)\cap\mathring{H}_1(\Omega)$，$V=H_1(\Omega)$ の場合は $D(A)$ が(2.21)を満足する $u\in H_2(\Omega)$ の全体と一致することが知られている．

その他 Γ を $\partial\Omega$ の部分集合，$V=\{u\in H_1(\Omega):\Gamma$ で $u=0\}$ とすると上と同様な計算で $Au=f$ を満たす u は Ω で $\mathscr{A}u=f, \Gamma$ で $u=0$, $\partial\Omega-\Gamma$ で $\sum_{i,j=1}^{n}a_{ij}\nu_j\partial u/\partial x_i=0$ の広義の解であることがわかる．また h を $\partial\Omega$ 上の連続有界な関数，(2.16)の右辺に $\int_{\partial\Omega}hu\bar{v}d\sigma$ を加えたものを $a(u,v)$ とすると

$$\left|\int_{\partial\Omega}h|u|^2d\sigma\right|\leqq\varepsilon\|u\|_1{}^2+C_\varepsilon\|u\|^2$$

が任意の $\varepsilon>0$ に対して成立することが知られている(たとえば溝畑[17]176頁定理3.16)から，この場合も $a(u,v)$ は $V=H_1(\Omega)$ として(2.1), (2.2)を満足し $Au=f$ の解 u は

$$\Omega \quad で \quad \mathscr{A}u=f, \qquad \partial\Omega \quad で \quad \sum_{i,j=1}^{n}a_{ij}\nu_j\partial u/\partial x_j+hu=0$$

の広義の解である．

c が実数値関数，各 $i=1,\cdots,n$ に対して $\beta_i\equiv0$ ならば(2.16)で定義される $a(u,v)$ は対称である．また h が実数値ならばそれに $\int_{\partial\Omega}hu\bar{v}d\sigma$ を加えたものも対称である．従ってこのときは対応する $L^2(\Omega)$ での作用素 A はすべて自己共役，下に有界である．

例2　Ω は R^n の有界領域，$|\alpha|=|\beta|=m$ のとき $a_{\alpha\beta}\in C(\bar{\Omega})$，$|\alpha|\leqq m$，$|\beta|\leqq m$,

$|\alpha|+|\beta|<2m$ のとき $a_{\alpha\beta}\in L^\infty(\Omega)$ として各 $u, v\in \mathring{H}_m(\Omega)$ に対して

$$a(u,v)=\int_\Omega \sum_{|\alpha|,|\beta|\leqq m} a_{\alpha\beta}D^\alpha u\overline{D^\beta v}dx$$

とおく．ただし，$D=(-i\partial/\partial x_1, \cdots, -i\partial/\partial x_n)$ である．各 $x\in\bar{\Omega}$，実ベクトル $\xi\neq 0$ に対し

$$\mathrm{Re}\sum_{|\alpha|=|\beta|=m} a_{\alpha\beta}(x)\xi^\alpha\xi^\beta>0$$

ならば $X=L^2(\Omega)$，$V=\mathring{H}_m(\Omega)$ として $a(u,v)$ は Gårding の不等式を満足することは楕円型方程式論でよく知られたことである(S. Agmon[1]，溝畑茂[17])．また Ω が C^{2m} 級，$a_{\alpha\beta}\in C^{|\beta|}(\bar{\Omega})$ ならば，$D(A)=H_{2m}(\Omega)\cap\mathring{H}_m(\Omega)$ であることも楕円型方程式の解の滑らかさの一結果として知られている．$a_{\alpha\beta}(x)=\overline{a_{\beta\alpha}(x)}$ ならば $a(u,v)$ は対称，従って A は下に有界な自己共役作用素である．

§3　作用素の分数巾

本節では X は複素 Banach 空間を表わす．

定義 3.1　A は X で稠密に定義された閉作用素，$0<\omega<\pi$，$M\geqq 1$ が存在し $\rho(A)\supset\{\lambda:|\arg\lambda|>\omega\}$，$\lambda<0$ で $\|\lambda(A-\lambda)^{-1}\|\leqq M$，すべての $\varepsilon>0$ に対し $|\arg\lambda|>\omega+\varepsilon$ で $\|\lambda(A-\lambda)^{-1}\|\leqq M_\varepsilon$ が成立するような数 M_ε が存在するとき A は(ω, M)型であるという．

定理 1.3 により A が Hilbert 空間における極大増大作用素ならば A は $(\pi/2, 1)$型であるが，この逆が正しいことは次のようにしてわかる．A は$(\pi/2, 1)$型，$\mathrm{Re}\,\lambda>0$ とする．μ を十分大きくとって $|\lambda-\mu|<\mu$ となるようにすると

$$\|(A+\lambda)^{-1}\|=\|\sum_{n=0}^\infty(\mu-\lambda)^n(A+\mu)^{-n-1}\|$$

$$\leqq\sum_{n=0}^\infty|\mu-\lambda|^n\mu^{-n-1}=(\mu-|\mu-\lambda|)^{-1}.$$

ここで $\mu\to\infty$ とすると $\|(A+\lambda)^{-1}\|\leqq(\mathrm{Re}\,\lambda)^{-1}$ を得る．同様にして A は Banach 空間における閉作用素，$D(A)$ は稠密とすると，A, A^* が共に増大作用素であるための必要十分条件は A が$(\pi/2, 1)$型であることである．

A を(ω, M)型作用素として各 $\alpha>0$ に対し A^α を定義することを考える．主として T. Kato [74], [76]に従って述べる．

予備定理 3.1　A を (ω, M) 型作用素とする．$\lambda>0$ のとき $(1+\lambda^{-1}A)^{-1}\in B(X)$，$\lambda\to\infty$ のとき $(1+\lambda^{-1}A)^{-1}\to I$ (強)．

証明　$(1+\lambda^{-1}A)^{-1}\in B(X)$ は仮定から明らかである．

$$\|(1+\lambda^{-1}A)^{-1}\| = \|(-\lambda)(A-(-\lambda))^{-1}\| \leqq M. \tag{3.1}$$

故に $u\in D(A)$ ならば $\lambda\to\infty$ のとき

$$\begin{aligned}\|(1+\lambda^{-1}A)^{-1}u-u\| &= \|(1+\lambda^{-1}A)^{-1}\{u-(1+\lambda^{-1}A)u\}\| \\ &= \|(1+\lambda^{-1}A)^{-1}\lambda^{-1}Au\| \leqq \lambda^{-1}M\|Au\| \to 0.\end{aligned}$$

$D(A)$ が稠密であることと，(3.1)によりすべての $u\in X$ に対して $(1+\lambda^{-1}A)^{-1}u\to u$ (強)．▌

系　A が (ω, M) 型ならばすべての自然数 n に対し $D(A^n)$ は稠密である．

証明　u を X の任意の元とする．$u_\lambda=(1+\lambda^{-1}A)^{-n}u\in D(A^n)$，$\lambda\to\infty$ のとき予備定理により $u_\lambda\to u$ (強)．▌

1.　A の有界な逆が存在する場合

このとき0のある近傍 U が存在して

$$\rho(A)\supset S\equiv\{\lambda:|\arg\lambda|>\omega\}\cup U.$$

従って正の数 a と角 $\omega<\varphi<\pi$ をとって，二つの半直線 $\arg(\lambda-a)=\pm\varphi$ からなる路 Γ が S に含まれるようにすることができる．各 $\alpha>0$ に対し

$$A^{-\alpha} = \frac{1}{2\pi i}\int_\Gamma \lambda^{-\alpha}(A-\lambda)^{-1}d\lambda \tag{3.2}$$

とおく．積分は Γ に沿って $\infty e^{-i\varphi}$ から $\infty e^{i\varphi}$ まで行なう．また $\lambda^{-\alpha}$ は $\lambda>0$ のとき正の値をとるように定める．仮定より $A^{-\alpha}$ は有界作用素である．被積分関数は S から実軸の正でない部分を取り去った領域で正則であるから積分の値は a,φ のとり方に無関係である．$\alpha=n$ が自然数のとき λ^{-n} は原点以外で正則であるから，(3.2)の積分は原点の囲りの小さい滑らかな閉曲線に変えることができる．$\lambda=0$ の近くでは，$(A-\lambda)^{-1}$ は正則だから，留数の原理により，(3.2)の右辺の積分の値は通常の意味の A^{-n} に等しい．従って(3.2)による $A^{-\alpha}$ の定義は不都合でないことがわかる．α,β を二つの正の数とする．$0<a'<a$，$\omega<\varphi<\varphi'<\pi$，

$$\Gamma=\{\lambda:\arg(\lambda-a)=\pm\varphi\}\subset S,\qquad \Gamma'=\{\lambda:\arg(\lambda-a')=\pm\varphi'\}\subset S$$

とすると $\Gamma\cap\Gamma'$ は空集合である．

$$A^{-\alpha}=\frac{1}{2\pi i}\int_{\Gamma}\lambda^{-\alpha}(A-\lambda)^{-1}d\lambda,\qquad A^{-\beta}=\frac{1}{2\pi i}\int_{\Gamma'}\mu^{-\beta}(A-\mu)^{-1}d\mu$$

と表わして

$$\begin{aligned}A^{-\alpha}A^{-\beta}&=\left(\frac{1}{2\pi i}\right)^2\int_{\Gamma}\int_{\Gamma'}\lambda^{-\alpha}\mu^{-\beta}(A-\lambda)^{-1}(A-\mu)^{-1}d\mu d\lambda\\&=\left(\frac{1}{2\pi i}\right)^2\int_{\Gamma}\int_{\Gamma'}\lambda^{-\alpha}\mu^{-\beta}(\lambda-\mu)^{-1}\{(A-\lambda)^{-1}-(A-\mu)^{-1}\}d\mu d\lambda\\&=\frac{1}{2\pi i}\int_{\Gamma}\lambda^{-\alpha}(A-\lambda)^{-1}\left\{\frac{1}{2\pi i}\int_{\Gamma'}\frac{\mu^{-\beta}}{\lambda-\mu}d\mu\right\}d\lambda\\&\quad-\frac{1}{2\pi i}\int_{\Gamma'}\mu^{-\beta}(A-\mu)^{-1}\left\{\frac{1}{2\pi i}\int_{\Gamma}\frac{\lambda^{-\alpha}}{\lambda-\mu}d\lambda\right\}d\mu.\end{aligned}\tag{3.3}$$

$R>0$ に対し

$$\Gamma'_R=\{\mu\in\Gamma':|\mu-a'|\leqq R\}\cup\{\mu:|\mu-a'|=R,\ |\arg(\mu-a')|<\varphi'\}$$

とおくと Γ_R' は閉曲線，その向きは時計方向にとる．各 $\lambda\in\Gamma$ に対し R が十分大きければ

$$\frac{1}{2\pi i}\int_{\Gamma'_R}\frac{\mu^{-\beta}}{\lambda-\mu}d\mu=\lambda^{-\beta}.$$

故に

$$\frac{1}{2\pi i}\int_{\Gamma'}\frac{\mu^{-\beta}}{\lambda-\mu}d\mu=\lim_{R\to\infty}\frac{1}{2\pi i}\int_{\Gamma'_R}\frac{\mu^{-\beta}}{\lambda-\mu}d\mu=\lambda^{-\beta}.$$

同様に

$$\Gamma_R=\{\lambda\in\Gamma:|\lambda-a|\leqq R\}\cup\{\lambda:|\lambda-a|=R,|\arg(\lambda-a)|<\varphi\}$$

とおくと各 $\mu\in\Gamma'$ に対し λ の関数 $\lambda^{-\alpha}/(\lambda-\mu)$ は Γ_R で囲まれる閉集合で正則だから

$$\frac{1}{2\pi i}\int_{\Gamma}\frac{\lambda^{-\alpha}}{\lambda-\mu}d\lambda=\lim_{R\to\infty}\frac{1}{2\pi i}\int_{\Gamma_R}\frac{\lambda^{-\alpha}}{\lambda-\mu}d\lambda=0.$$

これを(3.3)に代入して

$$A^{-\alpha}A^{-\beta}=A^{-\alpha-\beta}\tag{3.4}$$

を得る．$\alpha=n$ が自然数ならば A^{-n} の逆 A^n がある．α が自然数でないとき $A^{-\alpha}u=0$ ならば，α より大きい自然数 n に対し(3.4)より

$$A^{-n}u=A^{-(n-\alpha)}A^{-\alpha}u=0.$$

故に $u=0$ となり $A^{-\alpha}$ の逆が存在する．

定義 3.2 A が(ω, M)型作用素，$0\in\rho(A)$のとき各 $\alpha\geqq 0$ に対し作用素 A^α を次のように定義する．

$$A^\alpha = \begin{cases} (A^{-\alpha})^{-1}, & \alpha > 0 \text{ のとき}, \\ I, & \alpha = 0 \text{ のとき}. \end{cases}$$

命題 3.1 (i) A^α は閉作用素，その定義域は稠密である．

(ii) $0<\alpha<\beta$ ならば $D(A^\alpha)\supset D(A^\beta)$.

(iii) 各 $\alpha>0, \beta>0$ に対して $A^{\alpha+\beta}=A^\alpha A^\beta=A^\beta A^\alpha$.

証明 A^α は有界作用素の逆だから閉作用素である．また $0<\alpha<\beta, u\in D(A^\beta)$ ならば(3.4)により

$$u = A^{-\beta}A^\beta u = A^{-\alpha-(\beta-\alpha)}A^\beta u = A^{-\alpha}A^{-(\beta-\alpha)}A^\beta u \in D(A^\alpha).$$

n を α より大きい自然数とすると予備定理 3.1 の系により $D(A^n)$ は稠密，従って $D(A^\alpha)$ も稠密である．次に $\alpha>0, \beta>0$ として $u\in D(A^\alpha A^\beta)$ とする．すなわち $u\in D(A^\beta)$，$A^\beta u\in D(A^\alpha)$. $v=A^\alpha A^\beta u$ とおくと，$A^\beta u=A^{-\alpha}v$，$u=A^{-\beta}A^{-\alpha}v=A^{-\alpha-\beta}v$. 故に $u\in D(A^{\alpha+\beta})$，$A^{\alpha+\beta}u=v$. 他方 $u\in D(A^{\alpha+\beta})$ とする．$A^{\alpha+\beta}u=v$ とおくと $u=A^{-\alpha-\beta}v=A^{-\beta}A^{-\alpha}v$ だから $u\in D(A^\alpha A^\beta)$．従って $A^{\alpha+\beta}=A^\alpha A^\beta$. ▌

予備定理 3.2 $0<\alpha<1$ とすると各 $\lambda\leqq 0$ は $\rho(A^\alpha)$ に属し

$$(A^\alpha-\lambda)^{-1} = \frac{1}{2\pi i}\int_\Gamma \frac{1}{\mu^\alpha-\lambda}(A-\mu)^{-1}d\mu. \tag{3.5}$$

ここに Γ は(3.2)におけると同様な積分路である．

証明 (3.5)の右辺で定義される作用素を B とする．$\mu\in\Gamma$ のとき $\mu^\alpha-\lambda\neq 0$ だから B は有界作用素である．(3.4)の証明と同様にして

$$A^{\alpha-1}B = BA^{\alpha-1} = \frac{1}{2\pi i}\int_\Gamma \frac{\mu^{\alpha-1}}{\mu^\alpha-\lambda}(A-\mu)^{-1}d\mu \tag{3.6}$$

がわかる．

$$\frac{\mu^{\alpha-1}}{\mu^\alpha-\lambda} = \frac{1}{\mu}+\frac{\lambda}{\mu(\mu^\alpha-\lambda)}$$

により

$$\begin{aligned} A^{\alpha-1}B &= BA^{\alpha-1} \\ &= \frac{1}{2\pi i}\int_\Gamma \mu^{-1}(A-\mu)^{-1}d\mu + \frac{1}{2\pi i}\int_\Gamma \frac{\lambda}{\mu(\mu^\alpha-\lambda)}(A-\mu)^{-1}d\mu. \end{aligned}$$

この式の右辺第一項は A^{-1}, 第二項は(3.4)の証明と同様にして $\lambda A^{-1}B=\lambda BA^{-1}$

に等しい．従って

$$A^{\alpha-1}B = BA^{\alpha-1} = A^{-1}(1+\lambda B) = (1+\lambda B)A^{-1}.$$

これより $u\in D(A)$ ならば $BA^{\alpha}u=BA^{\alpha-1}Au=(1+\lambda B)u$，すなわち

$$B(A^{\alpha}-\lambda)u = u. \tag{3.7}$$

次に $u\in D(A^{\alpha})$ のとき各 $\mu>0$ に対し $u_{\mu}=(1+\mu^{-1}A)^{-1}u$ とおくと $u_{\mu}\in D(A)$．明らかに $A^{-\alpha}$ と $(1+\mu^{-1}A)^{-1}$ は可換だから $A^{\alpha}u_{\mu}=(1+\mu^{-1}A)^{-1}A^{\alpha}u$．予備定理3.1により $\mu\to\infty$ のとき $u_{\mu}\to u$，$A^{\alpha}u_{\mu}\to A^{\alpha}u$ である．従って u_{μ} に(3.7)を適用し，$\mu\to\infty$ とすれば(3.7)がすべての $u\in D(A^{\alpha})$ に対して成立することがわかる．他方 B と $A^{-\alpha}$ は可換だから各 $u\in D(A^{\alpha})$ に対して(3.7)により

$$Bu = BA^{-\alpha}A^{\alpha}u = A^{-\alpha}BA^{\alpha}u = A^{-\alpha}(\lambda Bu+u).$$

B と $A^{-\alpha}$ は有界だからこれより $B=A^{-\alpha}(\lambda B+1)$．従って $R(B)\subset D(A^{\alpha})$，$A^{\alpha}B=\lambda B+1$．すなわち $(A^{\alpha}-\lambda)B=I$．これと(3.7)から $B=(A^{\alpha}-\lambda)^{-1}$ を得る．▮

(3.5)で $a\to 0$，$\varphi\to\pi$ とすると

$$(A^{\alpha}-\lambda)^{-1} = \frac{\sin\pi\alpha}{\pi}\int_0^{\infty}\frac{\mu^{\alpha}(A+\mu)^{-1}}{\mu^{2\alpha}-2\lambda\mu^{\alpha}\cos\pi\alpha+\lambda^2}d\mu \tag{3.8}$$

が各 $\lambda\leqq 0$ に対して成立することがわかる．特に $\lambda=0$ とすると

$$A^{-\alpha} = \frac{\sin\pi\alpha}{\pi}\int_0^{\infty}\mu^{-\alpha}(A+\mu)^{-1}d\mu. \tag{3.9}$$

命題 3.2　$0<\alpha<1$ のとき A^{α} は $(\alpha\omega, M)$ 型である．

証明　まず(3.8)の右辺は $\pi\alpha<|\arg\lambda|\leqq\pi$ まで解析接続されることが次のようにしてわかる．$\lambda<0$ のとき

$$(A^{\alpha}-\lambda)^{-1} = \frac{\sin\pi\alpha}{\pi}\int_0^{\infty}\frac{\mu^{\alpha}(A+\mu)^{-1}}{(\mu^{\alpha}e^{-\pi\alpha i}-\lambda)(\mu^{\alpha}e^{\pi\alpha i}-\lambda)}d\mu \tag{3.10}$$

と書く．$\lambda=|\lambda|e^{i\theta}$，$\pi\alpha<\theta\leqq\pi$ のとき(3.10)の右辺のノルムは

$$\begin{aligned}&\frac{\sin\pi\alpha}{\pi}\int_0^{\infty}\frac{M\mu^{\alpha-1}d\mu}{|\mu^{\alpha}e^{-\pi\alpha i}-|\lambda|e^{i\theta}||\mu^{\alpha}e^{\pi\alpha i}-|\lambda|e^{i\theta}|}\\ &=\frac{\sin\pi\alpha}{\pi}\frac{M}{|\lambda|}\int_0^{\infty}\frac{s^{\alpha-1}ds}{|s^{\alpha}e^{-\pi\alpha i}-e^{i\theta}||s^{\alpha}e^{\pi\alpha i}-e^{i\theta}|}\end{aligned} \tag{3.11}$$

を越えない．(3.11)の右辺の積分は明らかに収束する．また $\lambda<0$ のときは(3.8)と

$$\frac{\sin\pi\alpha}{\pi}\int_0^{\infty}\frac{\mu^{\alpha-1}}{\mu^{2\alpha}-2\lambda\mu^{\alpha}\cos\pi\alpha+\lambda^2}d\mu = -\frac{1}{\lambda} \tag{3.12}$$

から容易に $\|(A^\alpha-\lambda)^{-1}\|\leqq M/|\lambda|$ となるから，A^α は $(\pi\alpha, M)$ 型であることがわかった．次に ε を $\min((\pi-\omega)\alpha, 2\pi(1-\alpha))$ より小さい任意の正の数，

$$\kappa=\min(\pi-\omega-\varepsilon/\alpha, 2\pi(1-\alpha)/\alpha-\varepsilon/\alpha)$$

とおくと $0<\kappa<\pi-\omega$，$(\pi-\kappa)\alpha\geqq\alpha\omega+\varepsilon$，$(\pi+\kappa)\alpha\leqq 2\pi-(\pi\alpha+\varepsilon)$ である．また $\omega+\varepsilon/\alpha<\pi-\kappa<\pi$ だから $r>0$ のとき，$-re^{-i\kappa}=re^{i(\pi-\kappa)}\in\rho(A)$，$\|(A+re^{-i\kappa})^{-1}\|\leqq M_{\varepsilon/\alpha}/r$ である．従って λ を角領域 $\pi\alpha<\arg\lambda<\pi\alpha+\varepsilon$ に入れておくと(3.10)の右辺の積分路を $re^{-i\kappa}$，$0<r<\infty$ に変形することができて

$$(3.13)\quad (A^\alpha-\lambda)^{-1}=\frac{\sin\pi\alpha}{\pi e^{i(\alpha+1)\kappa}}\int_0^\infty\frac{r^\alpha(A+re^{-i\kappa})^{-1}dr}{(r^\alpha e^{-i(\pi+\kappa)\alpha}-\lambda)(r^\alpha e^{i(\pi-\kappa)\alpha}-\lambda)}.$$

このようにすると(3.13)の右辺の積分は $(\pi-\kappa)\alpha<\arg\lambda<\pi\alpha+\varepsilon$ まで解析接続できる．さらに $\lambda=|\lambda|e^{i\theta}$，$(\pi-\kappa)\alpha<\theta<\pi\alpha+\varepsilon$ とすると(3.13)右辺のノルムは(3.11)と同様な計算によって

$$\frac{\sin\pi\alpha}{\pi}\frac{M_{\varepsilon/\alpha}}{|\lambda|}\int_0^\infty\frac{s^{\alpha-1}ds}{|s^\alpha e^{-i(\pi+\kappa)\alpha}-e^{i\theta}||s^\alpha e^{i(\pi-\kappa)\alpha}-e^{i\theta}|}=\frac{M_\varepsilon'}{|\lambda|}$$

でおさえられる．$\pi-\omega\leqq 2\pi(1-\alpha)/\alpha$ ならば $(\pi-\kappa)\alpha=\alpha\omega+\varepsilon$ である．また，$\pi-\omega>2\pi(1-\alpha)/\alpha$ ならば同様な操作を繰返し $(A^\alpha-\lambda)^{-1}$ は $\alpha\omega<\arg\lambda\leqq\pi$ まで解析接続できることがわかる．同様にして $-\alpha\omega>\arg\lambda\geqq-\pi$ にも解析接続される．また上と同様な計算により A^α が $(\alpha\omega, M)$ 型であることもわかる．▌

予備定理 3.3　各 $0\leqq\alpha\leqq 1$ に対し M と α にのみ関係する数 C_α が存在しすべての $\mu>0$ に対し

$$\|A^\alpha(A+\mu)^{-1}\|\leqq C_\alpha\mu^{\alpha-1}.$$

証明　$\alpha=0,1$ のときは仮定より直ちに得られる．$0<\alpha<1$ のとき

$$\begin{aligned}
&\|A^\alpha(A+\mu)^{-1}\|=\|A^{\alpha-1}A(A+\mu)^{-1}\|\\
&=\frac{\sin\pi\alpha}{\pi}\left\|\int_0^\infty\lambda^{\alpha-1}(A+\lambda)^{-1}A(A+\mu)^{-1}d\lambda\right\|\\
&\leqq\frac{\sin\pi\alpha}{\pi}\left\{\int_0^\mu\lambda^{\alpha-1}\|A(A+\lambda)^{-1}\|\|(A+\mu)^{-1}\|d\lambda\right.\\
&\qquad\left.+\int_\mu^\infty\lambda^{\alpha-1}\|(A+\lambda)^{-1}\|\|A(A+\mu)^{-1}\|d\lambda\right\}\\
&\leqq\frac{\sin\pi\alpha}{\pi}M(M+1)\left(\mu^{-1}\int_0^\mu\lambda^{\alpha-1}d\lambda+\int_\mu^\infty\lambda^{\alpha-2}d\lambda\right)
\end{aligned}$$

$$=\frac{\sin\pi\alpha}{\pi}M(M+1)\frac{\mu^{\alpha-1}}{\alpha(1-\alpha)}.\qquad\blacksquare$$

命題 3.3　$0\leqq\alpha<\beta\leqq 1$ のとき M,α,β にのみ関係する数 $c_{\alpha,\beta}$ が存在してすべての $u\in D(A^\beta)$ に対し

$$\|A^\alpha u\|\leqq c_{\alpha,\beta}\|A^\beta u\|^{\alpha/\beta}\|u\|^{1-\alpha/\beta}. \tag{3.14}$$

証明　命題 3.1(ii)により $u\in D(A^\beta)$ ならば $u\in D(A^\alpha)$ であることに注意しておく．$\alpha=0$ の場合は明らかだから $\alpha>0$ とする．$u\in D(A)$ のとき

$$\begin{aligned}\|A^\alpha u\|=\|A^{\alpha-1}Au\|&=\left\|\frac{\sin\pi\alpha}{\pi}\int_0^\infty\mu^{\alpha-1}(A+\mu)^{-1}Aud\mu\right\|\\&\leqq\frac{\sin\pi\alpha}{\pi}\left\{\int_0^\delta\mu^{\alpha-1}\|A(A+\mu)^{-1}u\|d\mu\right.\\&\qquad\left.+\int_\delta^\infty\mu^{\alpha-1}\|A^{1-\beta}(A+\mu)^{-1}A^\beta u\|d\mu\right\}.\end{aligned}$$

予備定理 3.3 により

$$\begin{aligned}&\leqq\frac{\sin\pi\alpha}{\pi}\left\{(M+1)\|u\|\int_0^\delta\mu^{\alpha-1}d\mu+C_{1-\beta}\|A^\beta u\|\int_\delta^\infty\mu^{\alpha-\beta-1}d\mu\right\}\\&=\frac{\sin\pi\alpha}{\pi}\left\{(M+1)\|u\|\frac{\delta^\alpha}{\alpha}+C_{1-\beta}\|A^\beta u\|\frac{\delta^{\alpha-\beta}}{\beta-\alpha}\right\}.\end{aligned}$$

ここで $\delta=\{C_{1-\beta}\|A^\beta u\|/((M+1)\|u\|)\}^{1/\beta}$ とおいて(3.14)が $u\in D(A)$ に対し成立することがわかった．$u\in D(A^\beta)$ のときは予備定理 3.2 の証明でしたように u を $D(A)$ の元で近づければよい．$\blacksquare$

注意 3.1　(3.14)は **moment の不等式**といわれ，実際にはもっと一般に任意の $\alpha<\beta<\gamma$ に対し $u\in D(A^\gamma)$ ならば

$$\|A^\beta u\|\leqq c(\alpha,\beta,\gamma)\|A^\gamma u\|^{(\beta-\alpha)/(\gamma-\alpha)}\|A^\alpha u\|^{(\gamma-\beta)/(\gamma-\alpha)}$$

が成立することが証明できる．詳細は С. Г. Крейн[9], 142 頁参照.

系　A が (ω,M) 型，$0<\alpha<1$ ならばすべての $\varepsilon>0$ に対し $\omega+\varepsilon\leqq|\arg\lambda|\leqq\pi$ で

$$\|A^\alpha(A-\lambda)^{-1}\|\leqq c_{\alpha,1}(M_\varepsilon+1)^\alpha M_\varepsilon^{1-\alpha}|\lambda|^{\alpha-1}. \tag{3.15}$$

ここで $c_{\alpha,1}$ は命題の数 $c_{\alpha,\beta}$ の $\beta=1$ における値である．

証明　すべての $u\in X$ に対し

$$\|A^\alpha(A-\lambda)^{-1}u\|\leqq c_{\alpha,1}\|A(A-\lambda)^{-1}u\|^\alpha\|(A-\lambda)^{-1}u\|^{1-\alpha}.$$

これより直ちに(3.15)が得られる．

2. 一般の場合

前項では(ω, M)型作用素Aに対して$0\in\rho(A)$を仮定したが，これを仮定しないでAの分数巾を定義することを考える．本項では常に$0<\alpha<1$とする．もしA^αが定義されたならばそのレゾルベントは(3.8)によって表わされることを期待して各$\lambda<0$に対し作用素

$$(3.16)\qquad I(\lambda)=\frac{\sin\pi\alpha}{\pi}\int_0^\infty\frac{\mu^\alpha(A+\mu)^{-1}}{\mu^{2\alpha}-2\lambda\mu^\alpha\cos\pi\alpha+\lambda^2}d\mu$$

を考える．$I(\lambda)$が有界作用素であることは容易にわかる．δを任意の正の数とすると$A_\delta=A+\delta$も(ω, M)型であることは容易にわかる．$0\in\rho(A_\delta)$であるから$A_\delta{}^\alpha$は定義されており，そのレゾルベントは(3.8)により

$$(A_\delta{}^\alpha-\lambda)^{-1}=\frac{\sin\pi\alpha}{\pi}\int_0^\infty\frac{\mu^\alpha(A+\delta+\mu)^{-1}}{\mu^{2\alpha}-2\lambda\mu^\alpha\cos\pi\alpha+\lambda^2}d\mu$$

と表わされる．すべての$\lambda<0$に対し

$$\begin{aligned}
&\|I(\lambda)-(A_\delta{}^\alpha-\lambda)^{-1}\|\\
&=\left\|\frac{\sin\pi\alpha}{\pi}\int_0^\infty\frac{\mu^\alpha\{(A+\mu)^{-1}-(A+\delta+\mu)^{-1}\}}{\mu^{2\alpha}-2\lambda\mu^\alpha\cos\pi\alpha+\lambda^2}d\mu\right\|\\
&\leqq\frac{\sin\pi\alpha}{\pi}\int_0^\eta\frac{\mu^\alpha\{\|(A+\mu)^{-1}\|+\|(A+\delta+\mu)^{-1}\|\}}{\mu^{2\alpha}-2\lambda\mu^\alpha\cos\pi\alpha+\lambda^2}d\mu\\
&\quad+\frac{\sin\pi\alpha}{\pi}\delta\int_\eta^\infty\frac{\mu^\alpha\|(A+\mu)^{-1}(A+\delta+\mu)^{-1}\|}{\mu^{2\alpha}-2\lambda\mu^\alpha\cos\pi\alpha+\lambda^2}d\mu\\
&\leqq\frac{\sin\pi\alpha}{\pi}2M\int_0^\eta\frac{\mu^{\alpha-1}}{\mu^{2\alpha}-2\lambda\mu^\alpha\cos\pi\alpha+\lambda^2}d\mu\\
&\quad+\frac{\sin\pi\alpha}{\pi}M^2\delta\int_\eta^\infty\frac{\mu^{\alpha-2}}{\mu^{2\alpha}-2\lambda\mu^\alpha\cos\pi\alpha+\lambda^2}d\mu
\end{aligned}$$

であり，このことから容易に次のことがわかる．

$$(3.17)\qquad \lim_{\delta\to0}(A_\delta{}^\alpha-\lambda)^{-1}=I(\lambda).$$

$(A_\delta{}^\alpha-\lambda)^{-1}$はレゾルベント方程式を満足するから$I(\lambda)$も同様である：

$$(3.18)\qquad I(\lambda)-I(\mu)=(\lambda-\mu)I(\lambda)I(\mu).$$

定義 3.3　ある集合$\Omega\subset\boldsymbol{C}$で定義された有界作用素値関数$I(\lambda)$が$\Omega$でレゾルベント方程式(3.18)を満足するとき$I(\lambda)$を$\Omega$における**擬レゾルベント**という．

予備定理 3.4　$I(\lambda)$がΩにおける擬レゾルベントであるときその値域$R(I(\lambda))$,

零集合 $N(I(\lambda))$ は λ に無関係である．$N(I(\lambda))$ が 0 のみからなるとき閉作用素 T が存在し，$\rho(T)\supset\Omega$，$I(\lambda)=(T-\lambda)^{-1}$ がすべての $\lambda\in\Omega$ に対して成立する．

証明　初めの部分は容易だから略す．$N(I(\lambda))$ が 0 だけからなるとき $T=I(\lambda)^{-1}+\lambda$ は閉作用素，(3.18) よりこれが λ に無関係であることは容易にわかる．∎

(3.16) で定義された $I(\lambda)$ は $(-\infty,0)$ における擬レゾルベントである．次に $N(I(\lambda))$ が 0 のみからなることを示す．(3.12) により

$$\|\lambda I(\lambda)u+u\| = \left\|\frac{\lambda\sin\pi\alpha}{\pi}\int_0^\infty\frac{\mu^{\alpha-1}\{\mu(A+\mu)^{-1}u-u\}}{\mu^{2\alpha}-2\mu^\alpha\lambda\cos\pi\alpha+\lambda^2}d\mu\right\|$$
$$\leqq |\lambda|\frac{\sin\pi\alpha}{\pi}\int_0^N\frac{\mu^{\alpha-1}}{\mu^{2\alpha}-2\mu^\alpha\lambda\cos\pi\alpha+\lambda^2}d\mu(M+1)\|u\|$$
$$+|\lambda|\frac{\sin\pi\alpha}{\pi}\int_N^\infty\frac{\mu^{\alpha-1}}{\mu^{2\alpha}-2\mu^\alpha\lambda\cos\pi\alpha+\lambda^2}\|\mu(A+\mu)^{-1}u-u\|d\mu.$$

ε を任意の正の数とすると，予備定理 3.1 により N が十分大きければ $\mu>N$ のとき $\|\mu(A+\mu)^{-1}u-u\|<\varepsilon$．従って上の不等式の右辺第 2 項は ε を越えない．N をこのように固定して $\lambda\to-\infty$ とすると第一項は 0 に収束する．故に

(3.19)
$$\lim_{\lambda\to-\infty}\|\lambda I(\lambda)u+u\| = 0.$$

ある λ に対し $I(\lambda)u=0$ とすると (3.18) によりすべての λ に対し $I(\lambda)u=0$ となり，(3.19) から $u=0$ を得る．従って予備定理 3.4 により $I(\lambda)$ はある閉作用素のレゾルベントである．そこで

(3.20)
$$I(\lambda) = (A^\alpha-\lambda)^{-1}, \qquad \lambda<0$$

によって A^α を定義する．各 u に対し $-\lambda I(\lambda)u\in D(A^\alpha)$ は明らかであり，これと (3.19) とから $D(A^\alpha)$ は稠密であることがわかる．定義から (3.8) が成立し，命題 3.2 の証明を繰返して A^α が $(\alpha\omega, M)$ 型であることもわかる．次に $A_\delta{}^\alpha$ と A^α との関係を見る．

予備定理 3.5　すべての $\delta>0$ に対し $D((A+\delta)^\alpha)=D(A^\alpha)$，各 $u\in D(A^\alpha)$ に対し

(3.21)
$$\|(A+\delta)^\alpha u-A^\alpha u\| \leqq c\delta^\alpha\|u\|.$$

ここに c は M と α のみで決まる数である．

証明　$u\in D(A)$ のとき

$$A_\delta{}^\alpha u = A_\delta{}^{\alpha-1}A_\delta u = \frac{\sin\pi\alpha}{\pi}\int_0^\infty \mu^{\alpha-1}(A_\delta+\mu)^{-1}A_\delta u d\mu.$$

$0<\eta<\delta$ として $A_\eta{}^\alpha u$ も同様に表わして

$$A_\delta{}^\alpha u - A_\eta{}^\alpha u = \frac{\sin\pi\alpha}{\pi}\left[\int_0^\varepsilon \mu^{\alpha-1}\{(A_\delta+\mu)^{-1}A_\delta u-(A_\eta+\mu)^{-1}A_\eta u\}d\mu\right.$$

$$\left.+(\delta-\eta)\int_\varepsilon^\infty \mu^\alpha(A_\delta+\mu)^{-1}(A_\eta+\mu)^{-1}ud\mu\right],$$

$$\|(A_\delta+\mu)^{-1}A_\delta u\| \leqq (M+1)\|u\|, \qquad \|(A_\varepsilon+\mu)^{-1}\| \leqq M/\mu$$

であるから

$$\|A_\delta{}^\alpha u - A_\eta{}^\alpha u\| \leqq \frac{\sin\pi\alpha}{\pi}\left\{2(M+1)\frac{\varepsilon^\alpha}{\alpha}+M^2(\delta-\eta)\frac{\varepsilon^{\alpha-1}}{1-\alpha}\right\}\|u\|.$$

$\varepsilon=(\delta-\eta)M^2/(2(M+1))$ と選んで

$$\|A_\delta{}^\alpha u - A_\eta{}^\alpha u\| \leqq c(\delta-\eta)^\alpha\|u\|,$$

$$c = \frac{\sin\pi\alpha}{\pi}\frac{1}{\alpha(1-\alpha)}\frac{M^{2\alpha}}{(2(M+1))^{\alpha-1}}.$$

故に $\lim_{\delta\to0} A_\delta{}^\alpha u=Bu$ が存在し

$$\|A_\delta{}^\alpha u - Bu\| \leqq c\delta^\alpha\|u\|$$

がすべての $u\in D(A)$ に対して成立する．これより B の最小閉拡張 $\bar{B}$ が存在し，$D(\bar{B})=D(A_\delta{}^\alpha)$，すべての $u\in D(\bar{B})$ に対し

(3. 22)
$$\|A_\delta{}^\alpha u - \bar{B}u\| \leqq c\delta^\alpha\|u\|$$

が成立する．$\lambda<0$ のとき (3. 22) より

$$\|(\bar{B}-A_\delta{}^\alpha)(A_\delta{}^\alpha-\lambda)^{-1}\| \leqq c\delta^\alpha M/|\lambda|.$$

従って δ が十分小さければ

$$\bar{B}-\lambda = \{1+(\bar{B}-A_\delta{}^\alpha)(A_\delta{}^\alpha-\lambda)^{-1}\}(A_\delta{}^\alpha-\lambda)$$

の有界な逆が存在し

(3. 23)
$$(\bar{B}-\lambda)^{-1} = \lim_{\delta\to0}(A_\delta{}^\alpha-\lambda)^{-1}.$$

(3. 17), (3. 23) と A^α の定義によって $\bar{B}=A^\alpha$ を得る．▌

定理 3.1　A を (ω, M) 型作用素とすると各 $0<\alpha<1$ に対して (3. 16) と (3. 20) によって $(\alpha\omega, M)$ 型作用素 A^α が定義される．$0<\alpha<\beta\leqq1$ のとき $D(A^\alpha)\supset D(A^\beta)$，$\alpha>0$, $\beta>0$, $\alpha+\beta\leqq1$ のときすべての $u\in D(A^{\alpha+\beta})$ に対して $u\in D(A^\alpha A^\beta)$，$A^\alpha A^\beta u=A^{\alpha+\beta}u$ が成立する．各 $0\leqq\alpha<\beta\leqq1$ に対して正の数 $c_{\alpha,\beta}$ が存在し

$$\|A^\alpha u\| \leqq c_{\alpha,\beta}\|A^\beta u\|^{\alpha/\beta}\|u\|^{1-\alpha/\beta} \tag{3.24}$$

がすべての $u\in D(A^\beta)$ に対して成立する．

証明　$0<\alpha<\beta\leqq 1$ とすると命題3.1(ii)と予備定理3.5により各 $\delta>0$ に対して $D(A^\alpha)=D((A+\delta)^\alpha)\supset D((A+\delta)^\beta)=D(A^\beta)$．次に $\alpha>0$，$\beta>0$，$\alpha+\beta\leqq 1$ とする．$u\in D(A^{\alpha+\beta})$ とすると命題3.1(iii)と予備定理3.5により $\delta>0$ のとき $u\in D(A_\delta{}^{\alpha+\beta})=D(A_\delta{}^\alpha A_\delta{}^\beta)$．故に $A_\delta{}^\beta u\in D(A_\delta{}^\alpha)=D(A^\alpha)$．(3.21)により $\delta\to 0$ のとき $A_\delta{}^\beta u\to A^\beta u$，$A_\delta{}^\alpha A_\delta{}^\beta u=A_\delta{}^{\alpha+\beta}u\to A^{\alpha+\beta}u$，

$$\|A^\alpha A_\delta{}^\beta u-A_\delta{}^\alpha A_\delta{}^\beta u\| \leqq c\delta^\alpha\|A_\delta{}^\beta u\| \to 0.$$

従って $A^\alpha A_\delta{}^\beta u\to A^{\alpha+\beta}u$．$A^\alpha$ は閉作用素だから $A^\beta u\in D(A^\alpha)$，$A^\alpha A^\beta u=A^{\alpha+\beta}u$ を得る．最後に $0\leqq\alpha<\beta\leqq 1$ とすると命題3.3により A を A_δ で置き換えて(3.24)がすべての $u\in D(A^\beta)=D(A_\delta{}^\beta)$ に対して成立する．$\delta\to 0$ として所要の結果を得る．▌

3. Heinz-加藤の定理

本項では X は Hilbert 空間とする．A が X における正値作用素，そのスペクトル分解を

$$A=\int_0^\infty \lambda dE(\lambda) \tag{3.25}$$

とする．$\delta>0$ ならば $A+\delta$ は正定符号であるからその分数巾は(3.2)と第1章(1.14)により

$$\begin{aligned}(A+\delta)^{-\alpha}&=\frac{1}{2\pi i}\int_\Gamma \lambda^{-\alpha}(A+\delta-\lambda)^{-1}d\lambda\\ &=\frac{1}{2\pi i}\int_\Gamma \lambda^{-\alpha}\int_0^\infty \frac{1}{\mu+\delta-\lambda}dE(\mu)d\lambda\\ &=\int_0^\infty\frac{1}{2\pi i}\int_\Gamma\frac{\lambda^{-\alpha}}{\mu+\delta-\lambda}d\lambda dE(\mu)=\int_0^\infty(\mu+\delta)^{-\alpha}dE(\mu).\end{aligned}$$

従って

$$(A+\delta)^\alpha=\int_0^\infty(\mu+\delta)^\alpha dE(\mu) \tag{3.26}$$

となり $A+\delta$ の分数巾はスペクトル分解を用いて通常の方法で定義されるものと一致する．さらにこのことは A それ自身の分数巾についても同様であることは(3.26)で $\delta\to 0$ とすれば予備定理3.5により容易にわかる．故に

定理 3.2　A が正値自己共役作用素ならば A^{α} はスペクトル分解を用いて第1章(1.13)で定義されるものと一致する.

またこのときは(3.24)が $c_{\alpha,\beta}=1$ で成立することは Hölder の不等式により

$$\|A^{\alpha}u\|^2 = \int_0^{\infty} \lambda^{2\alpha} d\|E(\lambda)u\|^2$$

$$\leqq \left\{\int_0^{\infty} \lambda^{2\beta} d\|E(\lambda)u\|^2\right\}^{\alpha/\beta} \left\{\int_0^{\infty} d\|E(\lambda)u\|^2\right\}^{1-\alpha/\beta}$$

$$= \|A^{\beta}u\|^{2\alpha/\beta} \|u\|^{2(1-\alpha/\beta)}$$

となることからわかる.

定理 3.3(E. Heinz[68])　X_1, X_2 を二つの Hilbert 空間, A, B はそれぞれ X_1, X_2 における自己共役正値作用素, T は X_1 から X_2 への有界作用素で $D(A)$ を $D(B)$ に写し, ある数 M が存在して各 $u \in D(A)$ に対し

(3.27)　$$\|BTu\| \leqq M\|Au\|$$

が成立するとする. このとき各 $0<\alpha<1$ に対し $D(A^{\alpha})$ の T による像は $D(B^{\alpha})$ に含まれ, すべての $u \in D(A^{\alpha})$ に対し

(3.28)　$$\|B^{\alpha}Tu\| \leqq M^{\alpha}\|T\|^{1-\alpha}\|A^{\alpha}u\|$$

が成立する.

証明　まず A は正定符号と仮定する. $u \in D(A^{\alpha})$, $v \in D(B)$ とすると $A^z u$ は $\mathrm{Re}\, z<\alpha$ で正則, $\mathrm{Re}\, z \leqq \alpha$ で連続, $B^{\alpha-z}v$ は $\alpha-1<\mathrm{Re}\, z<\alpha$ で正則, $\alpha-1 \leqq \mathrm{Re}\, z \leqq \alpha$ で連続である. 従って $f(z)=(TA^z u, B^{\alpha-\bar{z}}v)$ は $\alpha-1<\mathrm{Re}\, z<\alpha$ で正則, $\alpha-1 \leqq \mathrm{Re}\, z \leqq \alpha$ で連続である. 次に $\mathrm{Re}\, z=\alpha-1$ および $\mathrm{Re}\, z=\alpha$ で $|f(z)|$ を評価する. y が実数のとき $A^{\alpha-1+iy}u=A^{-1}A^{\alpha+iy}u \in D(A)$, 従って $TA^{\alpha-1+iy} \in D(B)$ であるから

$$|f(\alpha-1+iy)| = |(TA^{\alpha-1+iy}u, B^{1+iy}v)|$$
$$= |(BTA^{\alpha-1+iy}u, B^{iy}v)| \leqq \|BTA^{\alpha-1+iy}u\|\|B^{iy}v\|$$

(3.27)と A^{iy}, B^{iy} がユニタリであることから

$$\leqq M\|A^{\alpha+iy}u\|\|B^{iy}v\| = M\|A^{\alpha}u\|\|v\|.$$

同様にして

$$|f(\alpha+iy)| = |(TA^{\alpha+iy}u, B^{iy}v)|$$
$$\leqq \|TA^{\alpha+iy}u\|\|B^{iy}v\| \leqq \|T\|\|A^{\alpha}u\|\|v\|.$$

従って関数論における三線定理によって

$$
\begin{aligned}
&|(Tu, B^{\alpha}v)| = |f(0)| \\
(3.29)\qquad &\leqq \{\sup_y |f(\alpha-1+iy)|\}^{\alpha}\{\sup_y |f(\alpha+iy)|\}^{1-\alpha} \\
&\leqq M^{\alpha}\|T\|^{1-\alpha}\|A^{\alpha}u\|\,\|v\|.
\end{aligned}
$$

従って $Tu\in D(B^{\alpha})$, (3.28)が成立することがわかる．A が単に正値の場合，$\varepsilon>0$ とすると $\|Au\|\leqq\|(A+\varepsilon)u\|$ であるから A を $A+\varepsilon$ で置き換えて仮定が満たされる．従って T は $D(A^{\alpha})=D((A+\varepsilon)^{\alpha})$ を $D(B^{\alpha})$ に写し，各 $u\in D(A^{\alpha})$ に対し

$$\|B^{\alpha}Tu\| \leqq M^{\alpha}\|T\|^{1-\alpha}\|(A+\varepsilon)^{\alpha}u\|$$

が成立する．ここで $\varepsilon\to 0$ とすれば(3.28)が得られる．▌

系　A, B は Hilbert 空間 X での正値自己共役作用素，$D(A)\subset D(B)$ とすればすべての $0<\alpha<1$ に対し $D(A^{\alpha})\subset D(B^{\alpha})$ である．さらにある数 M があってすべての $u\in D(A)$ に対し $\|Bu\|\leqq M\|Au\|$ が成立すれば $\|B^{\alpha}u\|\leqq M^{\alpha}\|A^{\alpha}u\|$ が任意の $u\in D(A^{\alpha})$ に対して成立する．

証明　仮定と第1章定理1.12系により $B(A+1)^{-1}\in B(X)$ である．$X_1=X_2=X$, $T=I$, A を $A+1$ で置き換えて定理の仮定が満たされる．故に $D(A^{\alpha})=D((A+1)^{\alpha})\subset D(B^{\alpha})$. 後半は $X_1=X_2=X$, $T=I$ として定理を適用すればよい．▌

定理3.3は応用上重要なものであり Banach 空間で定義された作用素へも拡張されることが望ましいがまだできていない．ただし A, B が(ω, M)型，$D(A)\subset D(B)$ ならば $0<\alpha<\beta\leqq 1$ のときは $D(A^{\beta})\subset D(B^{\alpha})$ となることはわかっている(С. Г. Крейн[9]，第1章予備定理7.3)．

A, B が Hilbert 空間での極大増大作用素のときは本節のはじめに述べたように A, B は$(\pi/2, 1)$型であるが，このときは T. Kato[77], [78]による定理3.3の次の一般化がある．

定理 3.4　X_1, X_2 は Hilbert 空間，A, B はそれぞれ X_1, X_2 で定義された極大増大作用素，T は X_1 から X_2 への有界作用素とする．T は $D(A)$ を $D(B)$ に写し，ある数 M があってすべての $u\in D(A)$ に対し

$$\|BTu\| \leqq M\|Au\| \qquad (3.30)$$

が成立するとする．このとき各 $0\leqq\alpha\leqq 1$ に対し T は $D(A^{\alpha})$ を $D(B^{\alpha})$ に写し

$$\|B^{\alpha}Tu\| \leqq e^{\pi\sqrt{\alpha(1-\alpha)}}M^{\alpha}\|T\|^{1-\alpha}\|A^{\alpha}u\| \qquad (3.31)$$

が各 $u \in D(A^\alpha)$ に対して成立する.

[77]に従ってこの定理の証明を述べるが[78]ではこれよりやや困難な証明で(3.31)が $\pi\sqrt{\alpha(1-\alpha)}$ をそれより小さい $\pi^2\alpha(1-\alpha)/2$ で置き換えて成立することを示してある.

予備定理 3.6 A は極大増大作用素, $\delta>0$ が存在し各 $u \in D(A)$ に対し $\mathrm{Re}(Au, u) \geqq \delta\|u\|^2$ とすると $0<\alpha<1$, $u \in D(A^\alpha)$ のとき

$$\mathrm{Re}(A^\alpha u, u) \geqq \delta^\alpha\|u\|^2. \tag{3.32}$$

証明 仮定から $\mu>0$ のとき $\|(A+\mu)^{-1}\| \leqq (\mu+\delta)^{-1}$ となる. 従って

$$\begin{aligned}\mathrm{Re}(A(A+\mu)^{-1}u, u) &= \|u\|^2 - \mu\,\mathrm{Re}((\mu+A)^{-1}u, u)\\ &\geqq \|u\|^2 - \mu(\mu+\delta)^{-1}\|u\|^2 = \delta(\mu+\delta)^{-1}\|u\|^2.\end{aligned}$$

故に $u \in D(A)$ のとき

$$\begin{aligned}\mathrm{Re}(A^\alpha u, u) = \mathrm{Re}(A^{\alpha-1}Au, u) &= \frac{\sin\pi\alpha}{\pi}\int_0^\infty \mu^{\alpha-1}\,\mathrm{Re}((A+\mu)^{-1}Au, u)d\mu\\ &\geqq \frac{\sin\pi\alpha}{\pi}\int_0^\infty \mu^{\alpha-1}\delta(\mu+\delta)^{-1}\|u\|^2 d\mu = \delta^\alpha\|u\|^2.\end{aligned}$$

一般の $u \in D(A^\alpha)$ に対しては予備定理3.2の証明と同様, $D(A)$ の元の列で近づければよい. ▌

予備定理 3.7 A は増大作用素, A^{-1} が存在すれば A^{-1} も増大作用素である. 特に A は有界, ある $\delta>0$ が存在してすべての u に対し $\mathrm{Re}(Au, u) \geqq \delta\|u\|^2$ ならば $\mathrm{Re}(A^{-1}u, u) \geqq \delta\|A\|^{-2}\|u\|^2$ が成立する.

証明 すべての $u \in D(A)$ に対し

$$\mathrm{Re}(A^{-1}u, u) = \mathrm{Re}(A^{-1}u, AA^{-1}u) \geqq 0$$

だから A^{-1} は増大作用素である. 後半は

$$\mathrm{Re}(A^{-1}u, AA^{-1}u) \geqq \delta\|A^{-1}u\|^2 \geqq \delta\|A\|^{-2}\|u\|^2$$

よりわかる. ▌

A は有界な増大作用素, $\delta>0$ が存在してすべての u に対し $\mathrm{Re}(Au, u) \geqq \delta\|u\|^2$ とする. このとき第1章定理1.13により $\sigma(A)$ は $\{\lambda : \mathrm{Re}\,\lambda \geqq \delta, |\lambda| \leqq \|A\|\}$ に含まれる. $\sigma(A)$ を内部に囲み, 実軸の正でない部分と接触しない滑らかな閉曲線 Γ を一つとる. すべての複素数 α に対し

$$A^\alpha = \frac{-1}{2\pi i}\int_\Gamma \lambda^\alpha(A-\lambda)^{-1}d\lambda$$

とおく．ここで積分は反時計方向に行なう．すべての α に対し A^α は有界，$A^{\alpha+\beta}=A^\alpha A^\beta$，さらに A^α は α の整関数である．また $\alpha>0$ ならばこれは定義3.2によるものと一致する．Γ を実軸に関し対称にとって $A^{*\alpha}=A^{\bar{\alpha}*}$ が成立することもわかる．

予備定理 3.8　A は有界な増大作用素，$\delta>0$ が存在してすべての u に対し $\mathrm{Re}(Au,u)\geqq\delta\|u\|^2$ とすると $|\mathrm{Re}\,\alpha|\leqq 1/2$ で

$$\|A^{*\alpha}A^{-\alpha}\|\leqq\left(1+\left|\tan\frac{\pi\alpha}{2}\right|\right)\left(1-\left|\tan\frac{\pi\alpha}{2}\right|\right)^{-1} \tag{3.33}$$

が成立する．また $i\eta$ が純虚数のとき次の不等式が成立する．

$$\|A^{i\eta}\|\leqq e^{\pi|\eta|/2}. \tag{3.34}$$

証明　$H_\alpha=(A^\alpha+A^{*\alpha})/2$，$K_\alpha=(A^\alpha-A^{*\alpha})/2i$ とおく．各 u に対し

$$\|H_\alpha u\|^2-\|K_\alpha u\|^2=\mathrm{Re}(A^\alpha u,A^{*\alpha}u)=\mathrm{Re}(A^{\alpha+\bar{\alpha}}u,u). \tag{3.35}$$

$\mathrm{Re}\,\alpha=\xi$ とおく．$0\leqq\xi\leqq 1/2$ のとき $A^{2\xi}$ は $(\pi\xi,1)$ 型だから増大作用素，従って(3.35)より $\|K_\alpha u\|\leqq\|H_\alpha u\|$．また予備定理3.7により A^{-1} も増大だから $-1/2\leqq\xi\leqq 0$ のときも $A^{2\xi}$ は増大作用素，(3.35)より $\|K_\alpha u\|\leqq\|H_\alpha u\|$．故に $|\mathrm{Re}\,\alpha|\leqq 1/2$ で

$$\|K_\alpha u\|\leqq\|H_\alpha u\| \tag{3.36}$$

が成立する．また予備定理3.6と(3.35)により $0\leqq\xi\leqq 1/2$ のとき

$$\|H_\alpha u\|^2\geqq\mathrm{Re}(A^{2\xi}u,u)\geqq\delta^{2\xi}\|u\|^2.$$

$-1/2\leqq\xi\leqq 0$ のときは(3.35)と予備定理3.6, 3.7により

$$\|H_\alpha u\|^2\geqq\mathrm{Re}(A^{2\xi}u,u)\geqq(\delta\|A\|^{-2})^{-2\xi}\|u\|^2.$$

従って $|\mathrm{Re}\,\alpha|\leqq 1/2$ のとき H_α の連続な逆がある．特に α が実数のとき H_α は対称だから $H_\alpha{}^{-1}$ は有界作用素である．H_α は α に関しノルム位相で連続だから $|\mathrm{Re}\,\alpha|\leqq 1/2$ であるすべての α に対しても $H_\alpha{}^{-1}$ は有界，H_α が正則だから $H_\alpha{}^{-1}$ も α の正則関数である．従って(3.36)により

$$|\mathrm{Re}\,\alpha|\leqq 1/2\quad\text{で}\ K_\alpha H_\alpha{}^{-1}\ \text{は正則}\quad\|K_\alpha H_\alpha{}^{-1}\|\leqq 1. \tag{3.37}$$

$T(\alpha)=K_\alpha H_\alpha{}^{-1}/\tan(\pi\alpha/2)$ とおく．$|\mathrm{Re}\,\alpha|\leqq 1/2$ で $\tan(\pi\alpha/2)$ は正則，0 が唯一の零点，$|\mathrm{Re}\,\alpha|=1/2$ で $|\tan(\pi\alpha/2)|=1$，$\mathrm{Im}\,\alpha\to\pm\infty$ のとき $\lim\tan(\pi\alpha/2)=\pm i$ であるから(3.37)より $T(\alpha)$ は $|\mathrm{Re}\,\alpha|\leqq 1/2$ で正則，$|\mathrm{Re}\,\alpha|=1/2$ で $\|T(\alpha)\|\leqq 1$，$\mathrm{Im}\,\alpha\to\pm\infty$ のとき $\limsup\|T(\alpha)\|\leqq 1$ である．故に最大値の原理により $|\mathrm{Re}\,\alpha|\leqq 1/2$

で $\|T(\alpha)\|\leqq 1$. 従って $\|K_\alpha u\|\leqq|\tan(\pi\alpha/2)|\|H_\alpha u\|$. これより直ちに

$$(1-|\tan(\pi\alpha/2)|)\|A^{*\alpha}u\| \leqq (1+|\tan(\pi\alpha/2)|)\|A^\alpha u\|.$$

これは(3.33)と同値である. $\alpha=-i\eta$ が純虚数のとき(3.33)より $\|A^{i\eta}\|^2=\|A^{*-i\eta}A^{i\eta}\|\leqq e^{\pi|\eta|}$. これで(3.34)も示された. ▌

予備定理 3.9 X_1, X_2 は Hilbert 空間, A, B はそれぞれ X_1, X_2 で有界な増大作用素, T は X_1 から X_2 への有界作用素とすると $0\leqq\xi\leqq 1$ で

$$\|B^\xi TA^\xi\| \leqq e^{\pi\sqrt{\xi(1-\xi)}}\|T\|^{1-\xi}\|BTA\|^\xi. \tag{3.38}$$

証明　予備定理 3.5 から $\mathrm{Re}(Au,u)\geqq\delta\|u\|^2$, $\mathrm{Re}(Bu,u)\geqq\delta\|u\|^2$ が成り立つ $\delta>0$ が存在する場合のみ証明する. k をある正の数, $F(\alpha)=e^{k\alpha(\alpha-1)}B^\alpha TA^\alpha$ とおくと F は α の整関数. $\alpha=\xi+i\eta$ と書く. 予備定理 3.8 により $0\leqq\xi=\mathrm{Re}\,\alpha\leqq 1$ で

$$\begin{aligned}\|F(\alpha)\| &\leqq e^{k\xi(\xi-1)-k\eta^2}\|B^\xi B^{i\eta}TA^\xi A^{i\eta}\| \\ &\leqq e^{k\xi(\xi-1)-k\eta^2+\pi|\eta|}\|B^\xi TA^\xi\|.\end{aligned}$$

故に $F(\alpha)$ は $0\leqq\mathrm{Re}\,\alpha\leqq 1$ で一様に有界である. 特に $\alpha=i\eta$, $\alpha=1+i\eta$ のときは同様の計算で

$$\|F(i\eta)\| \leqq e^{\pi^2/4k}\|T\|, \qquad \|F(1+i\eta)\| \leqq e^{\pi^2/4k}\|BTA\|.$$

故に三線定理により $0\leqq\xi\leqq 1$ のとき

$$\|F(\xi)\| \leqq e^{\pi^2/4k}\|T\|^{1-\xi}\|BTA\|^\xi.$$

従って

$$\|B^\xi TA^\xi\| \leqq e^{\pi^2/4k+k\xi(1-\xi)}\|T\|^{1-\xi}\|BTA\|^\xi.$$

$k=\pi/2\sqrt{\xi(1-\xi)}$ として(3.38)を得る.

定理 3.4 の証明　(i) A, B が有界, $\mathrm{Re}(Au,u)\geqq\delta\|u\|^2$, $\delta>0$ の場合. このとき予備定理 3.7 により A^{-1} も増大作用素だから予備定理 3.9 で A を A^{-1} で置き換えて $0\leqq\alpha\leqq 1$ に対し

$$\|B^\alpha TA^{-\alpha}\| \leqq e^{\pi\sqrt{\alpha(1-\alpha)}}\|T\|^{1-\alpha}\|BTA^{-1}\|^\alpha \leqq e^{\pi\sqrt{\alpha(1-\alpha)}}M^\alpha\|T\|^{1-\alpha}.$$

これより(3.31)を得る.

(ii) A, B が有界の場合. $\varepsilon>0$ とすると

$$\|(A+\varepsilon)u\|^2 = \|Au\|^2+2\varepsilon\,\mathrm{Re}(Au,u)+\varepsilon^2\|u\|^2 \geqq \|Au\|^2$$

に注意して $\|BTu\|\leqq M\|Au\|\leqq M\|(A+\varepsilon)u\|$. 故に(i)より

$$\|B^\alpha Tu\| \leqq e^{\pi\sqrt{\alpha(1-\alpha)}}\|T\|^{1-\alpha}M^\alpha\|(A+\varepsilon)^\alpha u\|.$$

$\varepsilon\to 0$ として予備定理 3.5 により(3.31)を得る.

(iii)　A, B は有界とは限らぬが $\delta>0$ が存在して $\mathrm{Re}(Au, u) \geqq \delta\|u\|^2$, $\mathrm{Re}(Bu, u) \geqq \delta\|u\|^2$ である場合．予備定理3.7により A^{-1}, B^{-1} は増大作用素であるが有界だから極大増大，A^{*-1}, B^{*-1} も同様である．

$$|(A^{*-1}T^*v, u)| = |(v, TA^{-1}u)| = |(B^{*-1}v, BTA^{-1}u)| \leqq M\|B^{*-1}v\|\,\|u\|$$

だから $\|A^{*-1}T^*v\| \leqq M\|B^{*-1}v\|$．故に(ii)で A, B, T を B^{*-1}, A^{*-1}, T^* で置き換えて

$$\|A^{*-\alpha}T^*v\| \leqq e^{\pi\sqrt{\alpha(1-\alpha)}}\|T\|^{1-\alpha}M^\alpha\|B^{*-\alpha}v\|.$$

故に $u \in D(A^\alpha)$ とするとすべての $v \in D(B^{*\alpha})$ に対し

$$\begin{aligned}|(Tu, B^{*\alpha}v)| &= |(A^\alpha u, A^{*-\alpha}T^*B^{*\alpha}v)| \\ &\leqq \|A^\alpha u\|\|A^{*-\alpha}T^*B^{*\alpha}v\| \leqq \|A^\alpha u\|e^{\pi\sqrt{\alpha(1-\alpha)}}\|T\|^{1-\alpha}M^\alpha\|v\|.\end{aligned}$$

故に $Tu \in D(B^\alpha)$, (3.31)が成立する．

(iv)　一般の場合．$\varepsilon>0$ とするとすべての $u \in D(A)$ に対し

$$\begin{aligned}\|(B+\varepsilon^2)Tu\| &\leqq M\|Au\| + \varepsilon^2\|T\|\,\|u\| \\ &\leqq (M^2+\varepsilon^2\|T\|^2)^{1/2}(\|Au\|^2+\varepsilon^2\|u\|^2)^{1/2}.\end{aligned}$$

故に(iii)で A, B, M を $A+\varepsilon$, $B+\varepsilon^2$, $(M^2+\varepsilon^2\|T\|^2)^{1/2}$ で置き換えれば $T\cdot D(A^\xi) \subset D(B^\xi)$，および(3.31)で相応の置き換えを行なった式が成立する．そこで $\varepsilon \to 0$ として証明を完結する．▍

第3章　線型作用素の半群

§1 半　　群

本節では C_0 半群の基礎的なことを述べる．半群については既に多くの書物に解説されているからここでは簡潔に述べる．本章では常に複素 Banach 空間で考える．

定義 1.1 $T(t)$ は各 $0 \leqq t < \infty$ に対し Banach 空間 X における有界線型作用素とする．次の条件が満足されるとき $\{T(t)\}$ を有界作用素の C_0 **半群**または略して**半群**という．

(I) すべての $t \geqq 0$, $s \geqq 0$ に対し $T(t+s) = T(t)T(s) = T(s)T(t)$, $T(0) = I$;

(II) $T(t)$ は $0 \leqq t < \infty$ で t に関して強連続である．すなわち，すべての $u \in X$, $s \in [0, \infty)$ に対し $\lim_{t \to s} T(t)u = T(s)u$ (強)．特に $T(t)$ が $-\infty < t < \infty$ で定義され，そこで(I), (II)を満足するとき $\{T(t)\}$ を有界作用素の C_0 **群**または略して**群**という．$\{T(t)\}$ が群ならば(II)より $T(-t) = T(t)^{-1}$ である．

注意 1.1 第1章定理 3.1 により $\{T(t)\}$ が C_0 半群ならば $t \to 0$ のとき $\|T(t)\|$ は有界であるが，半群にはこの他この条件が満たされないもの等いろいろのものがある．それについては E. Hille–R. S. Phillips[7], I. Miyadera–S. Oharu–N. Okazawa[133], N. Okazawa[140], J. L. Lions[109], T. Ushijima[166], [167] およびそれらに引用されている文献を参照せられたい．本書では C_0 半群のみを扱い，C_0 半群を単に半群という．

例 1 $X = B^0([0, \infty))$ または $X = L^p(0, \infty)(1 \leqq p < \infty)$, 各 $u \in X$ に対し $(T(t)u)(x) = u(x+t)$ とおくと第1章予備定理 2.4 により $\{T(t)\}$ は半群である．

例 2 $X = B^0((-\infty, \infty))$ または $X = L^p(-\infty, \infty)(1 \leqq p < \infty)$, 各 $u \in X$ に対し $(T(t)u)(x) = u(x+t)$ とおくと $\{T(t)\}$ は群である．

例 3 $X=L^p(R^n)$, $1\leqq p<\infty$, 各 $t>0$, $x\in R^n$ に対し

$$G(t,x)=(2\sqrt{\pi t})^{-n}\exp(-|x|^2/4t)$$

とおく．各 $u\in X$ に対し

$$(T(t)u)(x)=\int_{R^n}G(t,x-y)u(y)dy$$

とおくと第1章予備定理2.3により $\|T(t)\|\leqq 1$. $G(t,x)$ は熱伝導方程式 $\partial/\partial t-\Delta$ の基本解であり

$$G(t+s,x)=\int_{R^n}G(t,x-y)G(s,y)dy$$

を満足する．これより $T(t+s)=T(t)T(s)$ は直ちに得られる．$\int_{-\infty}^{\infty}e^{-x^2}dx=\sqrt{\pi}$ と簡単な変数変換により

$$\begin{aligned}&|(T(t)u)(x)-u(x)|\\&=\pi^{-n/2}\left|\int\exp(-|y|^2)(u(x-2\sqrt{t}\,y)-u(x))dy\right|\\&\leqq\pi^{-n/2}\int\exp\left(-\frac{|y|^2}{p'}\right)\exp\left(-\frac{|y|^2}{p}\right)|u(x-2\sqrt{t}\,y)-u(x)|^pdy.\end{aligned}$$

ただし $p'=p(p-1)^{-1}\leqq\infty$ である．Hölder の不等式を用いて

$$\leqq\pi^{-(2p)^{-1}n}\left\{\int\exp(-|y|^2)|u(x-2\sqrt{t}\,y)-u(x)|^pdy\right\}^{1/p}.$$

従って Fubini の定理により

$$\begin{aligned}&\int_{R^n}|(T(t)u)(x)-u(x)|^pdx\\&\qquad\leqq\pi^{-n/2}\int\exp(-|y|^2)\int|u(x-2\sqrt{t}\,y)-u(x)|^pdxdy\end{aligned}$$

を得る．これと第1章予備定理2.4により $\lim_{t\to 0}\|T(t)u-u\|=0$ が出る．各 $s\in(0,\infty)$ に対し $\lim_{t\to s}\|T(t)u-T(s)u\|=0$ も容易にわかる．

例 4 X は Hilbert 空間，$H=\int_{-\infty}^{a}\lambda dE(\lambda)$ は上に有界な自己共役作用素とすると $T(t)=\int_{-\infty}^{a}e^{\lambda t}dE(\lambda)$ は半群である．(I), (II) は第1章§2で述べたスペクトル分解に関する基礎的な事実からわかる．

例 5 X は Hilbert 空間，$H=\int_{-\infty}^{\infty}\lambda dE(\lambda)$ は自己共役作用素とするとユニタリ作用素の族 $T(t)=\int_{-\infty}^{\infty}e^{i\lambda t}dE(\lambda)$ は群をなす．

定理 1.1　$\{T(t)\}$ が半群とすると実数 $M\geqq 1$, β が存在し，すべての $t\geqq 0$ に対し

$$\|T(t)\| \leqq Me^{\beta t}. \tag{1.1}$$

証明　注意1.1により $\|T(t)\|$ は $0\leqq t\leqq 1$ で有界である．各 $t>0$ に対し $[t]$ で t の整数部分を表わせば

$$\begin{aligned}\|T(t)\| &= \|T([t]+t-[t])\| = \|T([t])T(t-[t])\| \\ &= \|T(1)^{[t]}T(t-[t])\| \leqq \|T(1)\|^{[t]}\|T(t-[t])\|.\end{aligned} \tag{1.2}$$

$\|T(1)\|=e^{\beta}$ により β を定める．$\beta\geqq 0$ のとき $M=\sup_{0\leqq t\leqq 1}\|T(t)\|$ とおけば(1.2)より $\|T(t)\|\leqq Me^{\beta[t]}\leqq Me^{\beta t}$．$\beta<0$ のとき $M=e^{-\beta}\sup_{0\leqq t\leqq 1}\|T(t)\|$ とおけば(1.2)より $\|T(t)\|\leqq Me^{\beta(1+[t])}\leqq Me^{\beta t}$．∎

注意 1.2　定理の結論を示すだけならば β を $\|T(1)\|\leqq e^{\beta}$, $\beta\geqq 0$ を満足する数としてもっと早く証明を終ることができるが $\beta<0$ に対して(1.1)が成立する場合もあるのでわざわざ上のような証明を選んだ．また(1.1)で $t=0$ とするとわかるように $M<1$ は不可能である．

定理 1.2　$\{T(t)\}$ を半群とする．$\lim_{h\to+0}h^{-1}(T(h)-I)u$ (弱) が存在する u の全体を D と表わす．各 $u\in D$ に対しこの弱極限を Au と表わす．D は X で稠密な部分空間，各 $u\in D$ に対し

$$Au = \lim_{h\to+0}h^{-1}(T(h)u-u)\ (\text{強}). \tag{1.3}$$

$u\in D$ とすると各 $t\geqq 0$ に対し $T(t)u\in D$, $T(t)u$ は $t\geqq 0$ で強微分可能で次の式が成立する．

$$(d/dt)T(t)u = AT(t)u = T(t)Au. \tag{1.4}$$

証明　u を X の任意の元とする．$\delta>0$ に対し

$$u_\delta = \delta^{-1}\int_0^\delta T(s)uds$$

とおく．

$$\begin{aligned}T(h)u_\delta &= \delta^{-1}\int_0^\delta T(h)T(s)uds \\ &= \delta^{-1}\int_0^\delta T(h+s)uds = \delta^{-1}\int_h^{h+\delta}T(s)uds.\end{aligned}$$

故に $h\to+0$ のとき

$$h^{-1}(T(h)-I)u_\delta = \delta^{-1}\left\{h^{-1}\int_\delta^{h+\delta} T(s)uds - h^{-1}\int_0^h T(s)uds\right\}$$
$$\to \delta^{-1}\{T(\delta)u-u\} \text{ (強)}.$$

故に $u_\delta \in D$. また $\delta\to 0$ のとき $u_\delta \to u$ であるから D は稠密であることがわかる. 有界作用素は弱位相でも連続だから $u\in D$ ならば

$$\lim_{h\to+0} h^{-1}(T(h)-I)T(t)u \text{ (弱)}$$
$$= \lim_{h\to+0} T(t)h^{-1}(T(h)-I)u \text{ (弱)} = T(t)Au.$$

従って $T(t)u\in D$, $AT(t)u=T(t)Au$. D^+ で右微分を表わすと

$$D^+T(t)u = \lim_{h\to+0} h^{-1}(T(t+h)-T(t))u \text{ (弱)}$$
$$= T(t)\lim_{h\to+0} h^{-1}(T(h)-I)u \text{ (弱)} = T(t)Au.$$

故に各 $f\in X^*$ に対し

$$D^+f(T(t)u) = f(D^+T(t)u) = f(T(t)Au)$$

は存在し連続である. 故に

$$f(T(t)u-u) = f(T(t)u)-f(u) = \int_0^t D^+f(T(s)u)ds$$
$$= \int_0^t f(T(s)Au)ds = f\left(\int_0^t T(s)Auds\right).$$

従って

$$T(t)u-u = \int_0^t T(s)Auds \tag{1.5}$$

が得られる. $T(s)Au$ は強連続だからこれより $T(t)u$ は強微分可能, (1.3), (1.4)を得る. ▌

定義 1.2 前定理の作用素 A を半群 $\{T(t)\}$ の**生成素**という. また A は半群 $\{T(t)\}$ を**生成する**という.

半群 $\{T(t)\}$ の生成素が A であることを明示する際は $T(t)=\exp(tA)$ と表わす. そのわけは(1.4)と $T(0)=I$ である.

定理 1.3 半群 $\{T(t)\}$ の生成素 A は閉作用素である. M と β を(1.1)が成立するような数とすると半平面 $\{\lambda:\mathrm{Re}\,\lambda>\beta\}$ は $\rho(A)$ に含まれ, そこで

$$(A-\lambda)^{-1} = -\int_0^\infty e^{-\lambda t}T(t)dt, \tag{1.6}$$

$$\|(A-\lambda)^{-n}\| \leqq M(\operatorname{Re}\lambda-\beta)^{-n}, \qquad n=1,2,\cdots \tag{1.7}$$

が成立する.

注意 1.3 特に $M=1$ のときは $n=1$ に対する(1.7)からすべての $n=1,2,\cdots$ に対する(1.7)が導かれる.

定理 1.3 の証明 (i) A の定義域は前定理の D である. $u_n \in D(A)$, $u_n \to u$, $Au_n \to v$ とすると, u_n に(1.5)を適用して

$$T(t)u_n - u_n = \int_0^t T(t)Au_n ds.$$

$n\to\infty$ として

$$T(t)u-u = \int_0^t T(s)vds$$

を得るがこれより直ちに $u\in D(A)$, $Au=v$ を得る. 従って A は閉作用素である.

(ii) $\operatorname{Re}\lambda>\beta$ のとき $R(A-\lambda)$ は稠密であることを示す. そのためには第1章定理 1.3 により $f\in X^*$ を $R(A-\lambda)$ と直交する元として $f=0$ を示せばよい. u を $D(A)$ の任意の元とすると $f((A-\lambda)u)=0$ だから $f(Au)=\lambda f(u)$. 前定理より

$$(d/dt)f(T(t)u) = f(AT(t)u) = \lambda f(T(t)u). \tag{1.8}$$

この微分方程式を解いて $f(T(t)u)=f(u)e^{\lambda t}$. これと(1.1)により

$$|f(u)| = |e^{-\lambda t}f(T(t)u)| \leqq M\|f\|\|u\|e^{(\beta-\operatorname{Re}\lambda)t}$$

となるが $t\to\infty$ として $f(u)=0$ を得る. 故に $f=0$.

(iii) $\operatorname{Re}\lambda>\beta$ のときすべての $u\in D(A)$ に対し

$$\|(A-\lambda)u\| \geqq M^{-1}(\operatorname{Re}\lambda-\beta)\|u\| \tag{1.9}$$

が成立することの証明. 第1章定理 1.2 により $f(u)=\|u\|$, $\|f\|=1$ を満足する $f\in X^*$ が存在する. (1.8)と同様にして

$$\begin{aligned}(d/dt)f(T(t)u) &= f(T(t)Au)\\ &= f(T(t)(A-\lambda)u)+\lambda f(T(t)u).\end{aligned}$$

これを $f(T(t)u)$ に関する微分方程式と見て解くと

$$f(T(t)u) = e^{\lambda t}f(u)+\int_0^t e^{\lambda(t-s)}f(T(s)(A-\lambda)u)ds.$$

従って

$$\begin{aligned}\|u\| &= f(u)\\ &= |e^{-\lambda t}f(T(t)u)-\int_0^t e^{-\lambda s}f(T(s)(A-\lambda)u)ds|\\ &\leqq Me^{(\beta-\mathrm{Re}\,\lambda)t}\|u\|+M(\mathrm{Re}\,\lambda-\beta)^{-1}\|(A-\lambda)u\|.\end{aligned}$$

ここで $t\to\infty$ として(1.9)を得る.

A は閉作用素だから(iii)により $\mathrm{Re}\,\lambda>\beta$ ならば $R(A-\lambda)$ は閉部分空間であることに注意すると(ii)と(iii)を合わせて $\{\lambda:\mathrm{Re}\,\lambda>\beta\}\subset\rho(A)$ を得る.

(iv) $u\in D(A)$, $\mathrm{Re}\,\lambda>\beta$ とする. 第1章予備定理3.1により各 $a>0$ に対し

$$\begin{aligned}A\int_0^a e^{-\lambda t}T(t)udt &= \int_0^a e^{-\lambda t}AT(t)udt\\ &= \int_0^a e^{-\lambda t}(d/dt)T(t)udt\\ &= e^{-\lambda a}T(a)u-u+\lambda\int_0^a e^{-\lambda t}T(t)udt.\end{aligned}$$

$\mathrm{Re}\,\lambda>\beta$ だから $a\to\infty$ とすると右辺は $-u+\lambda\int_0^\infty e^{-\lambda t}T(t)udt$ に強収束する. A は閉作用素だから $\int_0^\infty e^{-\lambda t}T(t)udt\in D(A)$,

$$A\int_0^\infty e^{-\lambda t}T(t)udt = -u+\lambda\int_0^\infty e^{-\lambda t}T(t)udt$$

となり, (1.6)の両辺は $D(A)$ で一致する. $D(A)$ は稠密だから X 全体でも一致する. 次に(1.6)の両辺を λ で $n-1$ 回微分すると

$$(n-1)!(A-\lambda)^{-n} =(-1)^n\int_0^\infty t^{n-1}e^{-\lambda t}T(t)dt.$$

これと(1.1)から容易に(1.7)を得る. ▍

これまでは半群が与えられているとして, その生成素を調べたが次はその逆として生成素から半群を構成することを考える.

定理 1.4 A は稠密に定義された閉作用素, 半平面 $\{\lambda\in\boldsymbol{C}:\mathrm{Re}\,\lambda>\beta\}$ は $\rho(A)$ に含まれ

(1.10) $$\|(A-\lambda)^{-n}\|\leqq M(\mathrm{Re}\,\lambda-\beta)^{-n}$$

がすべての $\mathrm{Re}\,\lambda>\beta$, $n=1,2,\cdots$ に対して成立すると仮定すると, A を生成素とする半群 $\{T(t)\}$ が存在してただ一つであり, $0\leqq t<\infty$ で $\|T(t)\|\leqq Me^{\beta t}$ を満足する.

証明　この定理の証明には Hille の方法，吉田の方法と呼ばれる二つの方法がある．共に線型・非線型発展方程式の研究に重要であるから両方共述べる．

1. Hille の方法

まず $\beta=0$ とする．従って

$$\|(A-\lambda)^{-n}\| \leqq M(\mathrm{Re}\,\lambda)^{-n} \tag{1.11}$$

が各 $\mathrm{Re}\,\lambda>0$，$n=1,2,\cdots$ に対して成立する．第2章予備定理3.1の証明と同様にして次のことがわかる．

$$\lim_{\lambda\to\infty}(1-\lambda^{-1}A)^{-1} = I \ (\text{強}). \tag{1.12}$$

(i)　各 $u\in X$ に対し $u_n(t)=(1-tn^{-1}A)^{-n}u$ とおく．$0<\varepsilon<t$ に対し

$$y_\varepsilon = \int_\varepsilon^{t-\varepsilon}\frac{d}{ds}\left\{\left(1-\frac{t-s}{m}A\right)^{-m}\left(1-\frac{s}{n}A\right)^{-n}u\right\}ds$$

とおくと

$$y_\varepsilon = \left(1-\frac{\varepsilon}{m}A\right)^{-m}\left(1-\frac{t-\varepsilon}{n}A\right)^{-n}u-\left(1-\frac{t-\varepsilon}{m}A\right)^{-m}\left(1-\frac{\varepsilon}{n}A\right)^{-n}u$$

であるから(1.12)により $\varepsilon\to 0$ のとき

$$y_\varepsilon \to u_n(t)-u_m(t) \ (\text{強}). \tag{1.13}$$

初等的な計算により

$$(d/dt)(1-tn^{-1}A)^{-n} = A(1-tn^{-1}A)^{-n-1} \tag{1.14}$$

であるから

$$y_\varepsilon = \int_\varepsilon^{t-\varepsilon}\left\{-A\left(1-\frac{t-s}{m}A\right)^{-m-1}\left(1-\frac{s}{n}A\right)^{-n}u\right.$$
$$\left.+\left(1-\frac{t-s}{m}A\right)^{-m}A\left(1-\frac{s}{n}A\right)^{-n-1}u\right\}ds$$

となるが，右辺を整頓して

$$-\left(1-\frac{t-s}{m}A\right)^{-1}+\left(1-\frac{s}{n}A\right)^{-1} = \left(\frac{s}{n}-\frac{t-s}{m}\right)A\left(1-\frac{t-s}{m}A\right)^{-1}\left(1-\frac{s}{n}A\right)^{-1}$$

を用いると $u\in D(A^2)$ ならば

$$y_\varepsilon = \int_\varepsilon^{t-\varepsilon}\left(\frac{s}{n}-\frac{t-s}{m}\right)\left(1-\frac{t-s}{m}A\right)^{-m-1}\left(1-\frac{s}{n}A\right)^{-n-1}A^2u\,ds$$

を得る．これと(1.11)により

$$\|y_\varepsilon\| \leqq \int_\varepsilon^{t-\varepsilon}\left|\frac{s}{n}-\frac{t-s}{m}\right|M^2\|A^2u\|ds$$

$$\leqq \int_0^t \left(\frac{s}{n}+\frac{t-s}{m}\right)M^2\|A^2u\|ds = \frac{t^2}{2}\left(\frac{1}{n}+\frac{1}{m}\right)M^2\|A^2u\|.$$

故に(1.13)より

$$\|u_n(t)-u_m(t)\| \leqq \frac{t^2}{2}\left(\frac{1}{n}+\frac{1}{m}\right)M^2\|A^2u\|.$$

従って $u\in D(A^2)$ ならば $0\leqq t<\infty$ で広義一様に $\lim_{n\to\infty} u_n(t)$ (強)が存在する．u が X の任意の元であるとき $\lambda>0$ に対し $u_\lambda=(1-\lambda^{-1}A)^{-2}u$ とおくと $u_\lambda\in D(A^2)$, (1.12)により $\lambda\to\infty$ のとき $u_\lambda\to u$ であるから $D(A^2)$ は稠密である．また(1.11)により

$$\|(1-tn^{-1}A)^{-n}\| \leqq M \tag{1.15}$$

であるから u が X の任意の元であっても $0\leqq t<\infty$ で広義一様に

$$T(t)u = \lim_{n\to\infty} u_n(t)\ (強) = \lim_{n\to\infty}(1-tn^{-1}A)^{-n}u\ (強) \tag{1.16}$$

が存在し，$T(t)$ は線型，$\|T(t)\|\leqq M$, (1.12)により $u_n(t)$ は $0\leqq t<\infty$ で強連続，$\lim_{t\to 0} u_n(t)=u$ (強)である．従って $T(t)u$ も $0\leqq t<\infty$ で強連続，$t\to 0$ のとき $T(t)u\to u$ (強)となる．

(ii) $u\in D(A)$ とすると $Au_n(t)=(1-tn^{-1}A)^{-n}Au\to T(t)Au$ (強)であるから $T(t)u\in D(A)$, $AT(t)u=T(t)Au$, すなわち A と $T(t)$ は可換である．また(1.14)により $du_n(t)/dt=(1-tn^{-1}A)^{-n-1}Au$ であるから

$$u_n(t)-u = \int_0^t (1-sn^{-1}A)^{-1}(1-sn^{-1}A)^{-n}Auds.$$

ここで $n\to\infty$ とすると(1.12), (1.15), (1.16)により

$$T(t)u-u = \int_0^t T(s)Auds \tag{1.17}$$

となるから $T(t)u$ は強微分可能，(1.4)が成立する．従って $0<s<t$ で $(d/ds)\{T(t-s)T(s)u\}=0$ となることが容易にわかり，$T(t-s)T(s)u$ は $0<s<t$ で s に無関係である．$s\to 0$ のとき $T(t-s)T(s)u\to T(t)u$ だから $0<s<t$ で $T(t-s)T(s)u=T(t)u$ が各 $u\in D(A)$ に対し，従って各 $u\in X$ に対して成立する．これより各 $t,s\in[0,\infty)$ に対し $T(t)T(s)=T(t+s)$ が成立することがわかる．従って $\{T(t)\}$ は半群である．

(iii) $\{T(t)\}$ の生成素を $\tilde{A}$ とする．$u\in D(A)$ とすると(1.17)により $h\to +0$ のとき

$$h^{-1}(T(h)-I)u = h^{-1}\int_0^h T(s)Auds \to Au \quad (強)$$

であるから $u\in D(\tilde{A})$, $\tilde{A}u=Au$, すなわち $A\subset\tilde{A}$ を得る．次に u を $D(\tilde{A})$ の任意の元とする．$v=(\tilde{A}-1)u$ とおく．$1\in\rho(A)$ だから $v=(A-1)w$ を満足する $w\in D(A)$ は存在し $(\tilde{A}-1)u=(A-1)w=(\tilde{A}-1)w$. (i)で示したように $\|T(t)\|\leqq M$ であるから定理1.3により半平面 $\{\lambda:\mathrm{Re}\,\lambda>0\}$ は $\rho(\tilde{A})$ に含まれる．従って特に $1\in\rho(\tilde{A})$. これより $u=w\in D(A)$ となり $A=\tilde{A}$ が示された．

以上により $\beta=0$ のとき A を生成素とする半群が存在することがわかった．β が一般の実数のとき $A_1=A-\beta$ に対しては定理の仮定が $\beta=0$ として満たされる．A_1 が生成する半群を $\{S(t)\}$ とすると $T(t)=e^{\beta t}S(t)$ が A を生成素とする半群，$\|T(t)\|\leqq Me^{\beta t}$ であることは容易にわかる．最後に一意性を示すために $\{U(t)\}$ を A を生成素とするもう一つの半群とする．各 $u\in D(A)$, $t>0$ に対し $0<s<t$ で

$$(d/ds)(T(t-s)U(s)u) = -AT(t-s)U(s)u+T(t-s)AU(s)u = 0.$$

故に $T(t-s)U(s)u$ は $0<s<t$ で s に無関係，$s\to 0$, $s\to t$ とするとそれぞれ $T(t-s)U(s)u\to T(t)u$, $U(t)u$ であるから $T(t)u=U(t)u$ がすべての $u\in D(A)$ に対して，従ってすべての $u\in X$ に対して成立する．

2. 吉田の方法

$\beta=0$ とする．各自然数 n に対して $I_n=(1-n^{-1}A)^{-1}$, $A_n=AI_n$ とおくと A_n は有界，A と I_n は可換である．(1.12)により，$n\to\infty$ のとき $I_n\to I$ (強)だから $u\in D(A)$ ならば

(1.18)
$$\lim_{n\to\infty} A_n u = Au \quad (強).$$

$T_n(t)=\exp(tA_n)=\sum_{m=0}^{\infty}(m!)^{-1}(tA_n)^m$ とおく．A_n は有界だから $T_n(t)$ は $B(X)$ の値をとる t の整関数，$(d/dt)T_n(t)=A_nT_n(t)$, $T_n(0)=I$ が成立する．$A_n=n(I_n-I)$ だから

$$T_n(t) = \exp(tn(I_n-I)) = e^{-nt}\exp(tnI_n).$$

(1.11)により $\|(nI_n)^m\|=n^{2m}\|(n-A)^{-m}\|\leqq Mn^m$ だから $t\geqq 0$ のとき

$$\|\exp(tnI_n)\| \leqq \sum_{m=0}^{\infty}(m!)^{-1}t^m\|(nI_n)^m\|$$
$$\leqq M\sum_{m=0}^{\infty}(m!)^{-1}(nt)^m = Me^{nt}.$$

故に

$$\|T_n(t)\| \leqq M \tag{1.19}$$

がすべての $t\geqq 0$, $n=1,2,\cdots$ に対して成立する．n, m を二つの自然数とすると A_n と $T_m(t)$ は可換であるから $u\in D(A)$ に対して

$$\begin{aligned}\|T_n(t)u-T_m(t)u\| &= \|-\int_0^t (\partial/\partial s)(T_n(t-s)T_m(s)u)ds\| \\ &= \|\int_0^t T_n(t-s)(A_n-A_m)T_m(s)uds\| \\ &= \|\int_0^t T_n(t-s)T_m(s)(A_n-A_m)uds\| \\ &\leqq M^2\|(A_n-A_m)u\|t.\end{aligned}$$

従って $n\to\infty$ のとき $T_n(t)u$ は $0\leqq t<\infty$ で広義一様に収束する．(1.19)により u が X の任意の元であっても $0\leqq t<\infty$ で広義一様に $T(t)u=\lim_{n\to\infty} T_n(t)u$ (強)が存在する．$T_n(t+s)=T_n(t)T_n(s)$ は明らかだから $T_n(0)=I$ と合わせて $\{T(t)\}$ が半群であることがわかる．証明の残りの部分は Hille の方法と同様である．

注意 1.4 上の証明では(1.10)を λ が実数の場合にしか用いなかったが実の $\lambda>\beta$ に対して(1.10)が成立すればすべての $\mathrm{Re}\,\lambda>\beta$ に対しても成立することは直接証明することができる．もっと詳しくはある $\gamma\geqq\beta$ が存在して半直線 $\{\lambda\in\boldsymbol{R}:\lambda>\gamma\}$ が $\rho(A)$ に含まれ

$$\|(A-\lambda)^{-n}\| \leqq M(\lambda-\beta)^{-n} \tag{1.20}$$

がすべての $\lambda>\gamma$, $n=1,2,\cdots$ に対して成立すれば $\{\lambda\in\boldsymbol{C}:\mathrm{Re}\,\lambda>\beta\}\subset\rho(A)$, かつ(1.10)が成立することを証明する．$\mu>\gamma$ とすると μ における巾級数展開

$$(A-\lambda)^{-1} = \sum_{m=0}^{\infty}(\lambda-\mu)^m(A-\mu)^{-m-1} \tag{1.21}$$

は(1.20)により $|\lambda-\mu|<\mu-\beta$ で収束する．λ が $\mathrm{Re}\,\lambda>\beta$ のどんな複素数であっても μ が十分大きければ $|\lambda-\mu|<\mu-\beta$ となるから $\{\lambda:\mathrm{Re}\,\lambda>\beta\}$ は $\rho(A)$ に含まれ，そこで(1.21)が成立する．(1.21)を λ で $n-1$ 回微分すると

$$(n-1)!(A-\lambda)^{-n} = \sum_{m=n-1}^{\infty} m!((m-n+1)!)^{-1}(\lambda-\mu)^{m-n+1}(A-\mu)^{-m-1}.$$

故に(1.20)により

$$\|(A-\lambda)^{-n}\| \leqq \frac{M}{(\mu-\beta)^n}\sum_{m=n-1}^{\infty}\frac{m!}{(n-1)!(m-n+1)!}\left(\frac{|\lambda-\mu|}{\mu-\beta}\right)^{m-n+1}$$

$$= M(\mu-\beta-|\lambda-\mu|)^{-n}.$$

ここで $\mu\to\infty$ とすると(1.10)が得られる．このことから実Banach空間でもこれまでのことは同様に成立することがわかる．

(1.1)を満足する X における半群の生成素全体を $G(X, M, \beta)$ と表わす．$G(X, \beta)=\bigcup_{M\geqq 1} G(X, M, \beta)$, $G(X)=\bigcup_{-\infty<\beta<\infty} G(X, \beta)$ とおくと $G(X)$ は X における半群の生成素全体の集合である．

定義 1.3　各 t に対し $\|T(t)\|\leqq 1$ を満足する半群を**縮小半群**という．

上の記号を用いれば X における縮小半群の生成素全体の集合は $G(X, 1, 0)$ である．注意1.3により $A\in G(X, 1, 0)$ であるための必要十分条件は $\rho(A)$ が半平面 $\{\lambda\in \boldsymbol{C}: \mathrm{Re}\,\lambda>0\}$ を含み，そこで $\|(A-\lambda)^{-1}\|\leqq(\mathrm{Re}\,\lambda)^{-1}$ が成立することである．このことと第2章定理1.3, 1.6により次の定理が得られる．

定理 1.5　(i)　X をHilbert空間とする．A が X における縮小半群の生成素であるための必要十分条件は A が極大消散作用素であることである．

(ii)　A がBanach空間で稠密に定義された閉作用素とする．A が縮小半群の生成素であるための必要十分条件は A, A^* が共に消散作用素であることである．

注意 1.5　$\{T(t)\}$ がHilbert空間 X での縮小半群ならばその生成素 A が消散作用素であることは次のようにしても示すことができる．$0\leqq s<t$ とすると $\|T(t)u\|=\|T(t-s)T(s)u\|\leqq\|T(s)u\|$ であるから $\|T(t)u\|$ は t の非増加関数である．故に $u\in D(A)$ ならば $2\,\mathrm{Re}(Au, u)=D^+\|T(t)u\|^2|_{t=0}\leqq 0$．また同様に $\{T(t)\}$ がBanach空間における縮小半群，その生成素を A とすると各 $u\in D(A)$, $f\in Fu$ に対し

$$\begin{aligned}\mathrm{Re}(h^{-1}(T(h)-I)u, f) &= h^{-1}\{\mathrm{Re}(T(h)u, f)-\|u\|^2\}\\ &\leqq h^{-1}(\|T(h)u\|-\|u\|)\|u\| \leqq 0\end{aligned}$$

であるから $h\to 0$ として $\mathrm{Re}(Au, f)\leqq 0$ を得る．

定理 1.6　X は回帰的Banach空間とする．A が半群 $\{T(t)\}$ を生成すれば $A^*\in G(X^*)$, A^* が生成する半群は $T^*(t)=(T(t))^*$ である．

証明　定理1.3, 1.4と第1章定理1.14, 1.16により $A^*\in G(X^*)$．$(1-tn^{-1}A)^{-n}\to T(t)$ (強)よりすべての $f\in X^*$ に対して $(1-tn^{-1}A^*)^{-n}f=((1-tn^{-1}A)^{-n})^*f\to T^*(t)f$ (弱)．これより容易に定理の結論を得る．❙

生成素の例　先に述べた半群の例について説明する．

例1　$X=B^0([0,\infty))$, $(T(t)u)(x)=u(x+t)$ のとき $D(A)=B^1([0,\infty))$, $Au=du/dx$ は容易にわかる. $X=L^p(0,\infty)$, $1\leqq p<\infty$ のとき，まず $u\in D(A)$, $Au=v$ とすると u の超関数導関数 u' が v に一致することは初等的な計算によりわかる. 従って $D(A)\subset W_p{}^1(0,\infty)$, $Au=u'$. 逆に $u\in W_p{}^1(0,\infty)$ とする. $u'\in L^p(0,\infty)$ だから u は絶対連続，従って

$$u(x)=u(0)+\int_0^x u'(y)dy$$

と表わされる. Hölder の不等式を用いて

$$|h^{-1}(u(x+h)-u(x))-u'(x)|=\left|h^{-1}\int_0^h(u'(x+y)-u'(x))dy\right|$$
$$\leqq h^{-1/p}\left(\int_0^h|u'(x+y)-u'(x)|^p dy\right)^{1/p}.$$

故に第1章予備定理 2.4 により $h\to+0$ のとき

$$\int_0^\infty|h^{-1}(u(x+h)-u(x))-u'(x)|^p dx\leqq h^{-1}\int_0^h\int_0^\infty|u'(x+y)-u'(x)|^p dxdy$$

は0に収束し，$D(A)=W_p{}^1(0,\infty)$, $Au=u'$ がわかった.

例2　$X=B^0((-\infty,\infty))$ または $X=L^p(-\infty,\infty)$, $1\leqq p<\infty$, $(T(t)u)(x)=u(x+t)$ のときも同様にして $D(A)=B^1((-\infty,\infty))$ または $D(A)=W_p{}^1(-\infty,\infty)$, $Au=u'$ であることもわかる.

例3　の場合は初等的にはできないから証明は略すが $1<p<\infty$ とすると $D(A)=W_p{}^2(R^n)$, 超関数の意味で $Au=\Delta u$ である.

例4 の場合は H, **例5** の場合は iH が生成素であることは容易にわかる.

§2　時間的斉次発展方程式

X を Banach 空間，$A\in G(X)$ として初期値問題

(2.1)　$$du(t)/dt=Au(t)+f(t),\qquad 0\leqq t\leqq T,$$

(2.2)　$$u(0)=u_0$$

を考える. ここに u_0, f はそれぞれ $D(A)$, $C([0,T];X)$ の与えられた元である. $u\in C^1([0,T];X)$, 各 $t\in[0,T]$ に対し $u(t)\in D(A)$, $Au\in C([0,T];X)$ かつ(2.1)と(2.2)を満足する関数 u を(2.1), (2.2)の**解**という. A が生成する半群を

$\{T(t)\}$ と表わすと定理1.2により $u(t)=T(t)u_0$ は(2.2)を満足する斉次方程式

$$du(t)/dt = Au(t)$$

の解である．従って

$$u(t) = T(t)u_0 + \int_0^t T(t-s)f(s)ds \tag{2.3}$$

が(2.1), (2.2)の解であることが予想される．

定理2.1 (2.1), (2.2)の解が存在すれば(2.3)で表わされる．故に解はただ一つである．

証明 $0<s<t$ で

$$\begin{aligned}(d/ds)(T(t-s)u(s)) &= T(t-s)u'(s) - T(t-s)Au(s) \\ &= T(t-s)f(s)\end{aligned} \tag{2.4}$$

であり，両辺を0から t まで積分すれば(2.3)が得られる．∎

(2.3)で与えられる関数 u が(2.1), (2.2)の解であるか否かは $u_0 \in D(A)$ であっても $f \in C([0,T];X)$ だけではわからない．そのための十分条件として次のものがある．

定理2.2 $u_0 \in D(A)$, $f \in C^1([0,T];X)$ ならば(2.3)で定義される関数 u は(2.1), (2.2)の解である．

証明 $A \in G(X, M, \beta)$ とする．$k>\beta$ として未知関数を $v(t)=e^{-kt}u(t)$ に変えると

$$dv(t)/dt = (A-k)v(t) + e^{-kt}f(t),$$
$$v(0) = u_0$$

となる．$A-k \in G(X, M, \beta-k)$, $\beta-k<0$ だから $0 \in \rho(A-k)$, 従って一般性を失なうことなく $0 \in \rho(A)$ と仮定してよい．(2.3)の右辺第二項だけを調べればよいからそれを $w(t)$ とおく．$(\partial/\partial s)T(t-s)A^{-1} = -T(t-s)$ であるから

$$\begin{aligned} w(t) &= -\int_0^t (\partial/\partial s)T(t-s)A^{-1}f(s)ds \\ &= -A^{-1}f(t) + T(t)A^{-1}f(0) + \int_0^t T(t-s)A^{-1}f'(s)ds. \end{aligned}$$

これより

$$dw(t)/dt = T(t)f(0) + \int_0^t T(t-s)f'(s)ds$$

$$= Aw(t)+f(t)$$

が容易にわかる. ▮

定理 2.3 $u_0 \in D(A)$, $f \in C([0, T]; X)$, 各 $t \in [0, T]$ に対し $f(t) \in D(A)$, $Af \in C([0, T]; X)$ ならば(2.3)で定義される関数 u は(2.1), (2.2)の解である.

証明は第1章予備定理3.1を用いれば容易である.

§3 解析的半群

実数 β, M, 角 $\omega \in [0, \pi/2)$ が存在し $-A+\beta$ が (ω, M) 型とする(第2章定義3.1). このとき A は $(0, \infty)$ を含む角領域 $|\arg t| < \pi/2-\omega$ へ解析関数として延長される半群の生成素であることを示す. A の代りに $A+\beta$ を考え $-A$ が (ω, M) 型とする. また必要があれば A を $A-\varepsilon\,(\varepsilon>0)$ で置き換え $0 \in \rho(A)$ としておく. 従って

$$\rho(A) \supset \{\lambda \in \boldsymbol{C}: |\arg \lambda| < \pi-\omega\} \cup \{0\}.$$

$0<\theta<\pi/2-\omega$ を満足する角 θ を任意にとると $\pi/2<\pi/2+\theta<\pi-\omega$, 閉角領域

$$\Sigma_\theta = \{\lambda \in \boldsymbol{C}: |\arg \lambda| \leqq \pi/2+\theta\} \cup \{0\}$$

は $\rho(A)$ に含まれる. Γ を Σ_θ の中で $\infty e^{-i(\pi/2+\theta)}$ から $\infty e^{i(\pi/2+\theta)}$ に至る滑らかな曲線として各 $t>0$ に対し

$$T(t) = \frac{-1}{2\pi i}\int_\Gamma e^{\lambda t}(A-\lambda)^{-1}d\lambda \tag{3.1}$$

とおく. $C_\theta = M_{\pi/2-\theta}$ とおく. ここに $M_{\pi/2-\theta}$ は (ω, M) 型作用素の定義の中に現れる数である. $\lambda \in \Sigma_\theta$ のとき $\|(A-\lambda)^{-1}\| \leqq C_\theta/|\lambda|$ であるから(3.1)の右辺の積分は $B(X)$ のノルムで収束し, 被積分関数は λ の正則関数だから積分の値は Γ, θ のとり方に無関係である. $t>0$ を固定し $\Gamma = \Gamma_1 \cup \Gamma_2 \cup \Gamma_3$,

$$\Gamma_1 = \{re^{-i(\theta+\pi/2)}: t^{-1} \leqq r < \infty\},$$

$$\Gamma_2 = \{t^{-1}e^{i\varphi}: -(\theta+\pi/2) \leqq \varphi \leqq \theta+\pi/2\},$$

$$\Gamma_3 = \{re^{i(\theta+\pi/2)}: t^{-1} \leqq r < \infty\}$$

とする.

$$\left\|\frac{-1}{2\pi i}\int_{\Gamma_3} e^{\lambda t}(A-\lambda)^{-1}d\lambda\right\| \leqq \frac{1}{2\pi}\int_{t^{-1}}^{\infty} e^{-rt\sin\theta}C_\theta r^{-1}dr$$

$$= \frac{C_\theta}{2\pi}\int_{\sin\theta}^{\infty} e^{-s}\frac{ds}{s}.$$

Γ_1 上の積分も同様に評価される.

$$\left\| \frac{-1}{2\pi i}\int_{\Gamma_2} e^{\lambda t}(A-\lambda)^{-1}d\lambda \right\| \leqq \frac{C_\theta}{2\pi}\int_{-\theta-\pi/2}^{\theta+\pi/2} e^{\cos\varphi}d\varphi.$$

故にある数 C が存在して次の不等式が $0<t<\infty$ で成立する.

$$\|T(t)\| \leqq C. \tag{3.2}$$

次に Γ を 0 を通らないように選び

$$\begin{aligned} T(t)A^{-1} &= \frac{-1}{2\pi i}\int_\Gamma e^{\lambda t}(A-\lambda)^{-1}A^{-1}d\lambda \\ &= \frac{-1}{2\pi i}\int_\Gamma \lambda^{-1}e^{\lambda t}\{(A-\lambda)^{-1}-A^{-1}\}d\lambda \\ &= \frac{-1}{2\pi i}\int_\Gamma \lambda^{-1}e^{\lambda t}(A-\lambda)^{-1}d\lambda + \frac{1}{2\pi i}\int_\Gamma \lambda^{-1}e^{\lambda t}d\lambda A^{-1} \end{aligned}$$

と計算すると右辺第二項の積分は 1 に等しいから

$$= \frac{-1}{2\pi i}\int_\Gamma \lambda^{-1}e^{\lambda t}(A-\lambda)^{-1}d\lambda + A^{-1}.$$

$t\to 0$ として留数の原理を用いれば $B(X)$ のノルムで

$$\to \frac{-1}{2\pi i}\int_\Gamma \lambda^{-1}(A-\lambda)^{-1}d\lambda + A^{-1} = A^{-1}.$$

従って $u\in D(A)$ ならば $T(t)u\to u$. これと (3.2) より $t\to 0$ のとき $T(t)\to I$ (強) を得る. 第2章 (3.4) の証明と同様にして各 $t>0$, $s>0$ に対し

$$T(t+s) = T(t)T(s) \tag{3.3}$$

が成立することがわかる. $T(t)$ は $t>0$ では強連続であるのみならずノルム連続である. 故に $T(0)=I$ とおけば $\{T(t)\}$ は半群である. また $T(t)$ と A が可換であることも明らかである. $u\in D(A)$ のとき

$$\begin{aligned} \frac{d}{dt}T(t)u &= \frac{-1}{2\pi i}\int_\Gamma \lambda e^{\lambda t}(A-\lambda)^{-1}ud\lambda \\ &= \frac{-1}{2\pi i}\int_\Gamma e^{\lambda t}(A-\lambda)^{-1}Aud\lambda + \frac{1}{2\pi i}\int_\Gamma e^{\lambda t}ud\lambda = T(t)Au. \end{aligned}$$

これと定理 1.4 の Hille の方法による証明の (iii) と同様にして A が $\{T(t)\}$ の生成素であることがわかる. また $T(t)$ が $|\arg t|<\pi/2-\omega$ に正則関数として延長

されることは(3.2)の証明と同様にして(3.1)の右辺の積分が $|\arg t|<\theta$ で広義一様収束することと $\theta\in(0,\pi/2-\omega)$ が任意であることからわかる．従って $|\arg t|<\pi/2-\omega$, $|\arg s|<\pi/2-\omega$ を満たす t, s に対しても(3.3)が成立することは実軸の正の部分からの解析接続によりわかる．また t が角領域 $\{t:|\arg t|\leqq\theta\}$ の中で0に近づけば $T(t)\to I$ (強)となることも $\lim_{t\to+0} T(t)=I$ (強)の証明と同様にして示すことができる．n を任意の自然数とすると

$$\left(\frac{d}{dt}\right)^n T(t)=\frac{-1}{2\pi i}\int_\Gamma \lambda^n e^{\lambda t}(A-\lambda)^{-1}d\lambda.$$

$t>0$ として Γ を Σ_θ の境界ととると

$$\left\|\left(\frac{d}{dt}\right)^n T(t)\right\|\leqq\frac{C_\theta}{\pi}\int_0^\infty r^{n-1}e^{-rt\sin\theta}dr=\frac{C_\theta(n-1)!}{\pi(t\sin\theta)^n}.$$

従って各 $t>0$ の囲りでの巾級数展開

$$\sum_{n=0}^\infty\frac{(z-t)^n}{n!}\left(\frac{d}{dt}\right)^n T(t)$$

は $|z-t|<t\sin\theta$ で広義一様収束する．このことからも $T(t)$ が $\{t:|\arg t|<\pi/2-\omega\}$ で正則であることがわかる．$-A_1=-A+\beta$ が (ω, M) 型のときは A_1 を生成素とする半群を $\{S(t)\}$ とすると $T(t)=e^{\beta t}S(t)$ は A を生成素とする半群である．以上合わせて

定理 3.1 実数 β, M, 角 $\omega\in[0,\pi/2)$ が存在し $-A+\beta$ が (ω, M) 型とすると A はある半群 $\{T(t)\}$ の生成素である．$T(t)$ は角領域 $\{t:|\arg t|<\pi/2-\omega\}$ に t の解析関数として延長され，この角領域の中で(3.3)が成立する．θ を $0<\theta<\pi/2-\omega$ を満足する任意の角とすると $e^{-\beta t}T(t)$ は部分閉角領域 $\{t:|\arg t|\leqq\theta\}$ で一様有界，t がこの角領域の中で0に近づけば $T(t)$ は I に強収束する．各自然数 n に対し

$$\limsup_{t\to+0} t^n\left\|\left(\frac{d}{dt}\right)^n T(t)\right\|=\limsup_{t\to+0} t^n\|A^n T(t)\|<\infty. \tag{3.4}$$

定義 3.1 定理 3.1 で述べた半群を**解析的半群**または**放物型半群**という．

放物型半群というのは，このような半群が放物型方程式の初期値問題または混合問題に現われることによる．上の定理の逆として

定理 3.2 半群 $\{T(t)\}$ は角領域 $\{t:|\arg t|<\pi/2-\omega\}$ に正則関数として延長され，ある実数 β が存在して各 $0<\theta<\pi/2-\omega$ に対し $e^{-\beta t}T(t)$ は $|\arg t|\leqq\theta$ で一様有界，この角領域の中を t が0に近づけば $T(t)$ は I に強収束するとする．このとき

$\{T(t)\}$の生成素をAとすると，ある実数Mが存在して$-A+\beta$は(ω, M)型である.

証明 $0<\theta<\pi/2-\omega$とする. $\pm\mathrm{Im}\,\lambda>(\beta-\mathrm{Re}\,\lambda)\cot\theta$に従って(1.6)の積分路を$\{re^{\mp i\theta}:0<r<\infty\}$に変えると, $\mathrm{Re}\,\lambda<\beta$, $|\mathrm{Im}\,\lambda|>(\beta-\mathrm{Re}\,\lambda)\cot\theta$で$\{|\mathrm{Im}\,\lambda|\sin\theta+(\mathrm{Re}\,\lambda-\beta)\cos\theta\}(A-\lambda)^{-1}$は一様有界であることがわかる. ▌

定理 3.3 $\{T(t)\}$を解析的半群，その生成素Aに関し$-A$は(ω, M)型とすると，任意の実数$\alpha>0$に対し

(3.5) $$\limsup_{t\to+0} t^\alpha\|(-A)^\alpha T(t)\|<\infty.$$

証明 定理3.1の証明の記号を用いる. ΓをΣ_θの境界にとり

$$(-A)^\alpha T(t)=\frac{-1}{2\pi i}\int_\Gamma(-\lambda)^\alpha e^{\lambda t}(A-\lambda)^{-1}d\lambda$$

に注意すれば直ちに(3.5)を得る. ▌

注意 3.1 §1, 例4の半群 $T(t)=\displaystyle\int_{-\infty}^a e^{\lambda t}dE(\lambda)$ は解析的半群である.

注意 3.2 $-A+\beta$が(ω, M)型, $0\leqq\omega<\pi/2$とすると各$\gamma>\beta$に対し半平面$\{\lambda:\mathrm{Re}\,\lambda>\gamma\}$は$\rho(A)$に含まれ，ある数$C$が存在してそこで

$$\|(A-\lambda)^{-1}\|\leqq C(1+|\lambda-\gamma|)^{-1}$$

が成立する. 逆に稠密に定義された閉作用素Aがこの条件を満足すれば直線$\mathrm{Re}\,\lambda=\gamma$上の各点で, $(A-\lambda)^{-1}$を巾級数展開してある$\beta<\gamma, M, \omega\in[0, \pi/2)$が存在し，$-A+\beta$が$(\omega, M)$型であることがわかる. Aが解析的半群を生成するための必要十分条件を上のように表わすことが多い.

$\{T(t)\}$が放物型半群，その生成素をAとすると定理3.1によりu_0がXの任意の元であっても$T(t)u_0$は$t>0$では微分可能, $D(A)$に属し$(d/dt)T(t)u_0=AT(t)u_0$を満足する. 故にAが放物型半群$\{T(t)\}$の生成素であるときは$u\in C([0, T];X)\cap C^1((0, T];X)$, 各$t\in(0, T]$に対し$u(t)\in D(A)$, $Au\in C((0, T];X)$,

(3.6) $$du(t)/dt=Au(t)+f(t),\quad 0<t\leqq T,$$

(3.7) $$u(0)=u_0$$

を満足するときuを(3.6), (3.7)の**解**という. fは$C([0, T];X)$の元であるが(3.6), (3.7)の解の一意性は定理2.1の証明で(2.4)を，まずある$\varepsilon>0$からtまで積分し，次に$\varepsilon\to0$とすることにより得られる. 解の存在に関しては

定理 3.4 u_0 は X の任意の元，f は$[0, T]$で Hölder 連続とする，すなわち正の数 $K, \gamma \leqq 1$ が存在して $0 \leqq t \leqq T$，$0 \leqq s \leqq T$ で

$$\|f(t)-f(s)\| \leqq K|t-s|^{\gamma} \tag{3.8}$$

が成立するとする．このとき

$$u(t) = T(t)u_0 + \int_0^t T(t-s)f(s)ds$$

は(3.6)，(3.7)のただ一つの解である．

証明 $0<\varepsilon \leqq t \leqq T$ に対し

$$v_\varepsilon(t) = \int_0^{t-\varepsilon} T(t-s)f(s)ds$$

とおく．

$$\begin{aligned} Av_\varepsilon(t) &= \int_0^{t-\varepsilon} AT(t-s)f(s)ds \\ &= \int_0^{t-\varepsilon} AT(t-s)(f(s)-f(t))ds - \int_0^{t-\varepsilon} (\partial/\partial s)T(t-s)f(t)ds \\ &= \int_0^{t-\varepsilon} AT(t-s)(f(s)-f(t))ds - T(\varepsilon)f(t) + T(t)f(t) \end{aligned}$$

であるが $n=1$ とした(3.4)と(3.8)により $\varepsilon \to 0$ のとき右辺は強収束する．また

$$v_\varepsilon(t) \to v(t) \equiv \int_0^t T(t-s)f(s)ds$$

だから A が閉作用素であることにより $v(t) \in D(A)$,

$$Av(t) = \int_0^t AT(t-s)(f(s)-f(t))ds - f(t) + T(t)f(t)$$

が成立し，さらにこの式の右辺は$[0, T]$で強連続である．従って

$$(d/dt)v_\varepsilon(t) = T(\varepsilon)f(t-\varepsilon) + Av_\varepsilon(t) \to f(t) + Av(t)$$

となり $v(t)$ は(3.6)を満足することがわかる．▮

f が何回か微分可能な場合の u の滑らかさ，あるいは f が正則関数である場合の u の正則性が問題になるが，このことについては A が t に関係するもっと一般な場合について第5章で述べるからここでは述べない．

§4 半群の摂動

A が半群を生成するとき A にある線型作用素 B を加えたもの $A+B$ が半群を生成するか否かについて考える．この問題に関しては E. Hille–R. S. Phillips [7], H. F. Trotter [164], [165], T. Kato [8], K. Yosida [170], N. Okazawa [138], [139] 等多くの結果がある．ここでは B が有界な場合をのみ述べる．

定理 4.1 $A\in G(X)$, $B\in B(X)$ ならば $D(A)$ を定義域とする作用素 $A+B$ も $G(X)$ の元である．詳しくは $A\in G(X,M,\beta)$ ならば $A+B\in G(X,M,\beta+M\|B\|)$ である．

証明 $\lambda>\beta$ ならば

$$A+B-\lambda = \{1+B(A-\lambda)^{-1}\}(A-\lambda)$$

であるが $\lambda>\beta+M\|B\|$ ならば $\|B(A-\lambda)^{-1}\|\leqq\|B\|M(\lambda-\beta)^{-1}<1$．従って $\lambda\in\rho(A+B)$,

$$(A+B-\lambda)^{-1} = (A-\lambda)^{-1}\sum_{j=0}^{\infty}(B(A-\lambda)^{-1})^j.$$

各自然数 n に対して

$$(A+B-\lambda)^{-n} = \left\{\sum_{j=0}^{\infty}(A-\lambda)^{-1}(B(A-\lambda)^{-1})^j\right\}^n$$

の右辺を展開するとちょうど k 個の B を因子として含む項は次の形である：

$$(A-\lambda)^{-n_1}B(A-\lambda)^{-n_2}B\cdots(A-\lambda)^{-n_k}B(A-\lambda)^{-n_{k+1}},$$

ここに $\sum_{i=1}^{k+1}n_i=n+k$, $n_i>0$ である．これのノルムは $M^{k+1}\|B\|^k(\lambda-B)^{-n-k}$ を越えない．またこのような項の数は $(1-x)^{-n}=\sum_{k=0}^{\infty}c_{n,k}x^k$ の x^k の係数と一致する．故に

$$\|(A+B-\lambda)^{-n}\| \leqq \sum_{k=0}^{\infty}c_{n,k}M^{k+1}\|B\|^k(\lambda-\beta)^{-n-k}$$

$$= M(\lambda-\beta)^{-n}(1-M\|B\|(\lambda-\beta)^{-1})^{-n} = M(\lambda-\beta-M\|B\|)^{-n}. \quad \blacksquare$$

定理 4.2 前定理の仮定のもとで $A+B$ が生成する半群 $S(t)$ は

$$S(t) = \sum_{n=0}^{\infty}T_n(t), \tag{4.1}$$

$$T_0(t) = T(t) = \exp(tA) \tag{4.2}$$

$$(4.3)\qquad T_n(t) = \int_0^t T(t-s)BT_{n-1}(s)ds$$
$$= \int_0^t T_{n-1}(s)BT(s)ds, \qquad n = 1, 2, \cdots$$

と表わされる．

証明　$u \in D(A)$ のとき

$$S(t)u = T(t)u + \int_0^t (\partial/\partial s)\{T(t-s)S(s)u\}\,ds$$
$$= T(t)u + \int_0^t T(t-s)BS(s)u\,ds.$$

従って

$$S(t) = T(t) + \int_0^t T(t-s)BS(s)ds$$

が，$S(t)$ が満足すべき積分方程式である．(4.1), (4.3) はこの積分方程式を逐次近似で解いたものである．▌

注意 4.1　帰納法によりすべての n に対し

$$\|T_n(t)\| \leqq M^{n+1}\|B\|^n e^{\beta t} t^n/n!$$

であることがわかり，従って

$$\|S(t)\| \leqq Me^{(\beta + M\|B\|)t}.$$

従って $S(t)$ を上の積分方程式の解として求め，それが $A+B$ を生成素とする半群であることを確かめることによっても定理 4.1 を証明することができる．

§5　応用 1.　対称双曲系の初期値問題

次の連立偏微分方程式の初期値問題を考える．

$$(5.1)\qquad \partial u/\partial t = \sum_{j=1}^{n} a_j(x)\partial u/\partial x_j + b(x)u + f(x,t), \qquad x \in R^n,\ 0 \leqq t \leqq T,$$

$$(5.2)\qquad u(x,0) = u_0(x).$$

ただし $u = {}^t(u_1, \cdots, u_N)$（ここに ^{t} は転置行列を表わす）は未知関数の組，$a_j(x)$，$b(x)$ は各 x に対し N 次正方行列である．次のことを仮定する．

(5.3)　$\left\{\begin{array}{l}\text{各 } j=1, \cdots, n,\ x \in R^n \text{ に対し } a_j(x) \text{ は} \\ \text{エルミット行列である．}\end{array}\right.$

$$(5.4)\qquad \begin{cases} \text{各 } j=1,\cdots,n \text{ に対し } a_j \text{ の各成分は } B^1(R^n) \\ \text{に，} b \text{ の各成分は } B^0(R^n) \text{ に属す．} \end{cases}$$

各 $u\in L^2(R^n)^N$ に対し

$$(5.5)\qquad \mathscr{A}u = \sum_{j=1}^n a_j(x)\partial u/\partial x_j + b(x)u$$

とおく．仮定(5.4)により(5.5)の右辺は超関数として意味がある．$X=L^2(R^n)^N$ とおき $\|\ \|$ は常に $L^2(R^n)^N$ のノルムを表わすことにする．作用素 A を次のように定義する：

$$(5.6)\qquad D(A) = \{u\in X: \mathscr{A}u\in X\}, \qquad u\in D(A) \text{ に対し } Au = \mathscr{A}u.$$

こうして(5.1), (5.2)を抽象的に(2.1), (2.2)の形に書く．$Y=H_1(R^n)^N$ とおくと明らかに $D(A)\subset Y$ である．$u={}^t(u_1,\cdots,u_N)$, $v={}^t(v_1,\cdots,v_N)$ が二つの N 次元ベクトルのとき，その内積を $u\cdot v=\sum_{j=1}^N u_j\bar{v}_j$ と表わす．$u\in Y, \lambda$ が実数のとき

$$(5.7)\qquad \|(A-\lambda)u\|^2 = \|Au\|^2 - 2\lambda\,\mathrm{Re}(Au,u) + \lambda^2\|u\|^2$$

であるが，部分積分により

$$\begin{aligned}(Au,u) &= \int_{R^n}\sum_{j=1}^n a_j\frac{\partial u}{\partial x_j}\cdot u dx + (bu,u) \\ &= -\int_{R^n} u\cdot\sum_{j=1}^n \frac{\partial}{\partial x_j}(a_j u)dx + (bu,u) \\ &= -\int_{R^n} u\cdot\sum_{j=1}^n a_j\frac{\partial u}{\partial x_j}dx \\ &\quad -\int_{R^n} u\cdot\sum_{j=1}^n \frac{\partial a_j}{\partial x_j}u dx + (bu,u) \\ &= -(u,Au) - \left(u, \sum_{j=1}^n \partial a_j/\partial x_j\cdot u\right) + (u,bu) + (bu,u).\end{aligned}$$

従って

$$2\,\mathrm{Re}(Au,u) = -\left(u,\sum_{j=1}^n \partial a_j/\partial x_j\cdot u\right) + 2\,\mathrm{Re}(bu,u).$$

これと(5.7)よりある正の数 C が存在し

$$\|(A-\lambda)u\|^2 \geqq (\lambda^2 - C|\lambda|)\|u\|^2$$

が成立することがわかる．従って正の数 β が存在し，$|\lambda|$ が十分大きければ

$$(5.8)\qquad \|(A-\lambda)u\| \geqq (|\lambda|-\beta)\|u\|$$

がすべての $u\in Y$ に対して成立する．φ_δ を第1章§2で述べた軟化子とする．

$u \in D(A)$のとき

$$(A-\lambda)(\varphi_\delta * u) = \varphi_\delta *(A-\lambda)u + \{A(\varphi_\delta * u) - \varphi_\delta * Au\}$$

の右辺の{ }の部分は第1章予備定理2.5により$\delta \to 0$のとき0に収束する. $\varphi_\delta * u \in Y$に(5.8)を適用し$\delta \to 0$とすれば$u \in D(A)$に対しても(5.8)が成立することがわかる. $\mathscr{A}$の形式的共役を$\mathscr{A}'$とする. すなわち

$$\mathscr{A}'u = -\sum_{j=1}^{n}(\partial/\partial x_j)(a_j(x)u) + b^*(x)u.$$

作用素A'を

$$D(A') = \{u \in X : \mathscr{A}'u \in X\}, \qquad u \in D(A')\text{に対し } A'u = \mathscr{A}'u$$

によって定義すれば(5.8)と同様にして, ある$\beta' > 0$が存在し絶対値が十分大きな実数λ, すべての$u \in D(A')$に対し

(5.9) $$\|(A'-\lambda)u\| \geqq (|\lambda| - \beta')\|u\|$$

が成立する.

予備定理 5.1 λは実数, $|\lambda|$が十分大きければ$\lambda \in \rho(A)$.

証明 まずAは閉作用素であることを示す. $u_j \in D(A)$, Xで$u_j \to u$, $Au_j \to v$とする. 超関数の意味で$\mathscr{A}u_j \to \mathscr{A}u$, $\mathscr{A}u_j \to v$だから$Au = v \in X$. 故に$u \in D(A)$, $Au = v$である. $|\lambda|$が十分大きければ(5.8)により$A-\lambda$の連続な逆があるから$R(A-\lambda)$はXの閉部分空間である. 次に$v \in R(A-\lambda)^{\perp}$とするとすべての$u \in D(A)$, 従ってすべての$u \in C_0^\infty(R^n)$に対し$((A-\lambda)u, v) = 0$であるから$(\mathscr{A}'-\lambda)v = 0$. 従って$\mathscr{A}'v = \lambda v \in X$. 故に$v \in D(A')$, $A'v = \lambda v$. これと(5.9)より$v = 0$. ▌

(5.8), 予備定理5.1と注意1.4により

定理 5.1 Aを(5.6)で定義された作用素とすると, $A, -A$共に$G(X, 1, \beta)$に属す. 従って(5.1), (5.2)に定理2.1, 2.2, 2.3を適用することができるだけでなく, (5.1)を過去に対して解く問題に対しても同様のことができる.

§6 応用 2. 正則消散作用素

第2章§2の仮定および記号をそのまま踏襲する. 簡単のため第2章(2.9)が成立すると仮定する. すなわち

(6.1) $$\mathrm{Re}\, a(u, u) \geqq \delta \|u\|^2, \qquad u \in V.$$

予備定理 6.1　Re $\lambda \leqq 0$ ならば $A-\lambda$ の有界な逆が存在し X あるいは V^* のすべての f に対し

$$|(A-\lambda)^{-1}f| \leqq M_1|\lambda|^{-1}|f|, \tag{6.2}$$

$$|(A-\lambda)^{-1}f| \leqq M_2|\lambda|^{-1/2}\|f\|_*, \tag{6.3}$$

$$\|(A-\lambda)^{-1}f\| \leqq M_2|\lambda|^{-1/2}|f|, \tag{6.4}$$

$$\|(A-\lambda)^{-1}f\| \leqq \delta^{-1}\|f\|_*, \tag{6.5}$$

$$\|(A-\lambda)^{-1}f\|_* \leqq M_1|\lambda|^{-1}\|f\|_* \tag{6.6}$$

が成立する．ここに $M_1=1+M/\delta$, $M_2=\{(1+M\delta)/\delta\}^{1/2}$.

証明　$(A-\lambda)^{-1}$ が存在し V^* で有界であることは第2章予備定理2.1と(6.1)からわかる．$f=(A-\lambda)u$, Re $\lambda \leqq 0$ とすると定義からすべての $v\in V$ に対し

$$(f, v) = a(u, v)-\lambda(u, v), \tag{6.7}$$

ここで $v=u$ ととると

$$(f, u) = a(u, u)-\lambda(u, u) \tag{6.8}$$

となるがこれより

$$\|f\|_*\|u\| \geqq \mathrm{Re}(f, u) \geqq \delta\|u\|^2-\mathrm{Re}\,\lambda|u|^2 \geqq \delta\|u\|^2 \tag{6.9}$$

となり(6.5)が得られる．(6.5), (6.8)と第2章(2.1)から

$$|\lambda||u|^2 \leqq \|f\|_*\|u\|+M\|u\|^2 \leqq M_2{}^2\|f\|_*{}^2. \tag{6.10}$$

これから直ちに(6.3)が出る．(6.9)と同様にして

$$\delta\|u\|^2 \leqq |f||u| \tag{6.11}$$

がわかるから(6.8)より

$$|\lambda||u|^2 \leqq |f||u|+M\|u\|^2 \leqq M_1|f||u|$$

となり(6.2)が得られる．(6.2)と(6.11)とから $\delta\|u\|^2 \leqq M_1|\lambda|^{-1}|f|^2$，すなわち(6.4)が得られる．最後に(6.7)と(6.5)から

$$|\lambda||(u, v)| \leqq \|f\|_*\|v\|+M\|u\|\|v\| \leqq M_1\|f\|_*\|v\|.$$

v は任意だからこれは(6.6)を意味する．▌

定理 6.1　$-A$ は X, V^* の双方で解析的半群を生成する．

証明　(6.2), (6.6)が Re $\lambda \leqq 0$ で成立することと注意3.2から明らかである．

注意 6.1　係数を変えれば(6.2), (6.6)のみならず(6.3), (6.4), (6.5)もある角領域 $\Sigma = \{\lambda : |\arg\lambda| \geqq \theta\}$ $(0<\theta<\pi/2)$ で成立する．

$B(X)$, $B(V^*)$ のノルムも $|\ |$, $\|\ \|_*$ で表わすことにする．$-A$ が生成する半群

を$\{T(t)\}$と表わすと，ある数Cが存在してすべての$t>0$に対して次の不等式が成立する．

(6.12) $$|T(t)| \leqq 1,$$

(6.13) $$\|T(t)\|_* \leqq C.$$

予備定理 6.2 ある数Cが存在してすべての$t>0, f\in X$またはV^*に対して次の不等式が成立する．

(6.14) $$|T(t)f| \leqq Ct^{-1/2}\|f\|_*,$$

(6.15) $$\|T(t)f\| \leqq Ct^{-1/2}|f|,$$

(6.16) $$\|T(t)f\| \leqq Ct^{-1}\|f\|_*,$$

(6.17) $$|AT(t)f| \leqq Ct^{-3/2}\|f\|_*,$$

(6.18) $$\|AT(t)f\| \leqq Ct^{-3/2}|f|,$$

(6.19) $$\|AT(t)f\|_* \leqq Ct^{-1/2}|f|.$$

証明は$T(t)$の表現(3.1)，予備定理 6.1 と第2章(2.10)を使って容易にできる．

§7 楕円型境界値問題

前節により放物型方程式に§3の結果が応用されるわけであるが別の形の応用を述べるために S. Agmon–A. Douglis–L. Nirenberg[22]および M. Schechter [148], [149], [150]による楕円型境界値問題の理論の概略を述べる．証明は略すが詳細は今挙げた文献の他 J. L. Lions–E. Magenes[15]を参照せられたい．

ΩをR^nの中のC^m級の有界領域とする．$A(x,D)=\sum_{|\alpha|\leqq m} a_\alpha(x)D^\alpha$を$\Omega$で定義された係数を持つ線型微分作用素，その係数は$L^\infty(\Omega)$に属し，特に$m$階の部分の係数$a_\alpha(|\alpha|=m)$は$\bar{\Omega}$で連続とする．第1章で述べたように$D=(i^{-1}\partial/\partial x_1, \cdots, i^{-1}\partial/\partial x_n)$である．$A(x,D)$の最高階の部分すなわち主部を$\mathring{A}(x,D)$と表わす：$\mathring{A}(x,D)=\sum_{|\alpha|=m} a_\alpha(x)D^\alpha$．$A(x,D)$は$\bar{\Omega}$で楕円型とする，すなわち$x$を$\bar{\Omega}$の任意の点，$\xi=(\xi_1,\cdots,\xi_n)$を0でない任意の実ベクトルとすると$\mathring{A}(x,\xi)\neq 0$．さらに$A(x,D)$は**適正楕円型**(properly elliptic)とする．すなわちmは偶数であり，ξ,ηを互に1次独立な実ベクトルとすると1変数τの多項式$\mathring{A}(x,\xi+\tau\eta)$の根は$A(x,D)$が楕円型であるから実数ではないが，それらのうちちょうど

$m/2$ 個の虚部は正，残りの $m/2$ 個の虚部は負であるとする．$n\geqq 3$ ならば楕円型作用素はすべて適正楕円型である([22]625頁)が $n=2$ ならばこれが真でないことは Cauchy-Riemann 作用素 $\partial/\partial x+i\partial/\partial y$ よりわかる．

次に各 $j=1,\cdots,m/2$ に対し $B_j(x,D)=\sum_{|\beta|\leqq m_j} b_{j\beta}(x)D^\beta$ は $\partial\Omega$ で定義された係数を持つ m_j 次線型微分作用素とする．各係数 $b_{j\beta}$ は $C^{m-m_j}(\partial\Omega)$ に属するとする．以下 $m_j<m$ の場合のみ考える([22]ではこれを仮定していない)．

このようにして境界値問題

$$A(x,D)u(x)=f(x),\qquad x\in\Omega, \tag{7.1}$$

$$B_j(x,D)u(x)=g_j(x),\qquad x\in\partial\Omega,\ j=1,\cdots,m/2 \tag{7.2}$$

を考える．ここで f, g_j はそれぞれ $L^p(\Omega)$，$W_p{}^{m-m_j-1/p}(\partial\Omega)$ $(1<p<\infty)$ に属する既知関数である．解 u は $W_p^m(\Omega)$ の中から求めることにするが解の存在とは別に(7.1), (7.2)の解に対し次のアプリオリ評価

$$\|u\|_{m,p}\leqq C\{\|f\|_p+\sum_{j=1}^{m/2}[g_j]_{m-m_j-1/p}+\|u\|_p\}$$

が成立するためには次の条件が必要十分であるというのが[22]の主要結果の一つである．

補完条件(complementing condition) x を $\partial\Omega$ の任意の点，ν を x での法線ベクトル，ξ を x で $\partial\Omega$ に接する0でない任意の実ベクトルとすると適正楕円型の仮定より1変数 τ の多項式 $\mathring{A}(x,\xi+\tau\nu)$ の根のうちちょうど $m/2$ 個の虚部は正である．それらを $\tau_1{}^+(\xi),\cdots,\tau_{m/2}{}^+(\xi)$ と表わすと $m/2$ 個の多項式 $\mathring{B}_j(x,\xi+\tau\nu)$ は $\prod_{k=1}^{m/2}(\tau-\tau_k{}^+(\xi))$ を法として1次独立である．すなわち τ の多項式 $\sum_{j=1}^{m/2}c_j\mathring{B}_j(x,\xi+\tau\nu)$ が $\prod_{k=1}^{m/2}(\tau-\tau_k{}^+(\xi))$ で代数的に割り切れるのは $c_1=\cdots=c_{m/2}=0$ の場合に限る．ここで $\mathring{B}_j(x,D)=\sum_{|\beta|=m_j} b_{j\beta}(x)D^\beta$ は $B_j(x,D)$ の主部である．

これの証明は非常に長いので省略する．$p=2$ のときは Fourier 変換を使えるのである程度簡単になる(Schechter[148])．補完条件の意味だけ簡単に説明する．以下厳密な議論ではない．Ω が半空間 $R_+{}^n=\{x\in R^n : x_n>0\}$，$A(x,D)$，$\{B_j(x,D)\}$ が定係数で主部のみから成るとする．従って

$$A(x,D)=A(D)=\sum_{|\alpha|=m}a_\alpha D^\alpha,\ B_j(x,D)=B_j(D)=\sum_{|\beta|=m_j}b_{j\beta}D^\beta.$$

$x'=(x_1,\cdots,x_{n-1})$，$D'=(-i\partial/\partial x_1,\cdots,-i\partial/\partial x_{n-1})$，$D_n=-i\partial/\partial x_n$, $A(D)=A(D',D_n)$，$B_j(D)=B_j(D',D_n)$ と表わして $R_+{}^n$ での境界値問題

(7.3)　$$A(D', D_n)u(x) = 0, \quad x_n > 0,$$

(7.4)　$$B_j(D', D_n)u(x', 0) = g_j(x'), \quad j = 1, \cdots, m/2$$

を考える．u の x' に関する部分的 Fourier 変換を $\hat{u}(\xi', x_n)$, g_j の Fourier 変換を $\hat{g}_j$ と表わす：

$$\hat{u}(\xi', x_n) = \int e^{ix'\xi'} u(x', x_n) dx',$$

$$\hat{g}_j(\xi') = \int e^{ix'\xi'} g(x') dx'.$$

ここで $\xi' = (\xi_1, \cdots, \xi_{n-1})$ は実ベクトルである．u が(7.3), (7.4)の解ならば $\hat{u}$ は ξ' を助変数として含む常微分方程式の初期値問題

(7.5)　$$A(\xi', D_n)\hat{u}(\xi', x_n) = 0, \ \ x_n > 0,$$

(7.6)　$$B_j(\xi', D_n)\hat{u}(\xi', 0) = \hat{g}_j(\xi'), \quad j = 1, \cdots, m/2$$

の解である．$A(x, D)$ が適正楕円型であることより $\xi' \neq 0$ のとき $A(\xi', \eta) = 0$ の根は実数であり，そのうちちょうど $m/2$ 個の虚部は正，残りの $m/2$ 個の虚部は負である．そこで今 $p(t) = a_0 t^m + a_1 t^{m-1} + \cdots + a_m$ を m 次の多項式，その根の $m/2$ 個の虚部は正，残りの $m/2$ 個の虚部は負として常微分方程式

(7.7)　$$p(-id/dx)u(x) = 0$$

を考える．(7.7)の m 個の1次独立な解 $\varphi_1, \cdots, \varphi_m$ を選び，各 φ_j は $p(t)$ のある根 λ_j とその重複度より小さい非負整数 k により $\varphi_j(x) = x^k e^{\lambda_j x}$ と表わされるようにできる．$x \to \infty$ のとき $\mathrm{Im}\,\lambda_j > 0$ ならば $|\varphi_j(x)|$ は指数関数的に減少し，$\mathrm{Im}\,\lambda_j < 0$ ならば指数関数的に増大する．従って $j = 1, \cdots, m/2$ のとき $\mathrm{Im}\,\lambda_j > 0$，その他の j に対しては $\mathrm{Im}\,\lambda_j < 0$ としておくと $L^p(0, \infty)$ $(1 < p < \infty)$ に属する(7.7)の解は

(7.8)　$$u(x) = \sum_{j=1}^{m/2} c_j \varphi_j(x)$$

と表わされる．半直線 $0 \leqq x < \infty$ での初期値問題

(7.9)　$$p(-id/dx)u(x) = 0, \quad x > 0,$$

(7.10)　$$b_j(-id/dx)u(0) = a_j, \quad j = 1, \cdots, m/2$$

を考える．ここで b_j は m_j 次多項式である．(7.8)を(7.10)に代入すれば $c_1, \cdots, c_{m/2}$ を未知数とする連立1次方程式が得られ，この方程式の係数から成る行列が正則行列ならば任意に与えられた $a_1, \cdots, a_{m/2}$ に対し(7.9), (7.10)の

$L^p(0,\infty)$に属する解が存在してただ一つである．$(A(D), \{B_j(D)\}, R_+{}^n)$が補完条件を満足するとは各$\xi'\neq 0$に対し常微分方程式の初期値問題(7.5), (7.6)がこの条件を満足することである．$\{B_j(x,D)\}_{j=1}^{m/2}=\{(\partial/\partial\nu)^{j-1}\}_{j=1}^{m/2}$の場合，すなわち境界条件がDirichlet型ならば任意の適正楕円型作用素に関して補完条件は満足される．

定義 7.1 $\{B_j(x,D)\}_{j=1}^{m/2}$が次の条件を満足するとき$\{B_j(x,D)\}_{j=1}^{m/2}$は**正規**(normal)であるという．

(i) $j\neq k$ならば$m_j\neq m_k$，すなわち$B_j(x,D)$の次数は互に異なる．

(ii) 各$j=1,\cdots,m/2$に対し$\partial\Omega$は$B_j(x,D)$に関し非特性的である，すなわち$x\in\partial\Omega$，νをxでの$\partial\Omega$の法線ベクトルとすると$\mathring{B}_j(x,\nu)\neq 0$.

定義 7.2 $B_j(x,D)\,(j=1,\cdots,m)$は$\partial\Omega$で定義された係数を持つ線型微分作用素，その次数はm_jとする．$\{B_j(x,D)\}_{j=1}^{m}$が次の条件を満足するときm次**Dirichlet系**といわれる．

(i) $\{B_j(x,D)\}_{j=1}^{m}$は正規である，

(ii) 各$j=1,\cdots,m$に対して$m_j<m$.

$\{B_j(x,D)\}_{j=1}^{m}$がDirichlet系ならば$\{m_1,\cdots,m_m\}=\{0,\cdots,m\}$である．正規な$\{B_j(x,D)\}_{j=1}^{m/2}$はある$m$次Dirichlet系の部分集合である．明らかに$\{(\partial/\partial\nu)^{j-1}\}_{j=1}^{m}$は$m$次Dirichlet系である．$\{B_j(x,D)\}_{j=1}^{m}$, $\{C_j(x,D)\}_{j=1}^{m}$を二つのDirichlet系，B_j, C_jの次数をそれぞれm_j, l_j，その係数は$C^{m-m_j}(\partial\Omega)$, $C^{m-l_j}(\partial\Omega)$に属するとする．このとき各$j=1,\cdots,m$に対し

$$B_j(x,D)=\sum_{k=1}^{m}T_{jk}(x,D)C_k(x,D) \tag{7.11}$$

と一意的に表わされる．ここで$T_{jk}(x,D)$は接線方向の微分のみから成る線型微分作用素，その次数はm_j-l_kであり，$l_k=m_j$ならば$T_{jk}(x,D)$は0でない関数，$l_k>m_j$ならば$T_{jk}(x,D)=0$である．$g_j(j=1,\cdots,m)$を$W_p{}^{m-m_j-1/p}(\partial\Omega)$に属する任意の関数とすると$u\in W_p{}^m(\Omega)$が存在して$\partial\Omega$で$B_j(x,D)u=g_j\,(j=1,\cdots,m)$が成立する．これは，まず$g_j\in C^m(\partial\Omega)$と$\{(\partial/\partial\nu)^{j-1}\}_{j=1}^{m}$に対して証明しておけば$\{C_j(x,D)\}_{j=1}^{m}=\{(\partial/\partial\nu)^{j-1}\}_{j=1}^{m}$に対する(7.11)と各$g_j$の滑らかな関数による近似で証明することができる．

定理 7.1 $A(x,D)$はm階楕円型作用素，$\{B_j(x,D)\}_{j=1}^{m/2}$は正規境界微分作用

素，それらの係数は十分滑らか，$B_j(x,D)$の次数をm_jとする．$A(x,D)$の形式的共役を$A'(x,D)$と表わす．このとき$\{B_1,\cdots,B_{m/2},S_1,\cdots,S_{m/2}\}$が$m$次Dirichlet系になるように滑らかな係数を持つ境界微分作用素$\{S_j(x,D)\}_{j=1}^{m/2}$を任意に選ぶともう一つのDirichlet系$\{B_1',\cdots,B_{m/2}',S_1',\cdots,S_{m/2}'\}$が一意的に存在し，各$u,v\in C^m(\bar{\Omega})$に対して次の等式が成立する．

$$\text{(7.12)}\quad \begin{aligned}&\int_\Omega A(x,D)u\cdot\bar{v}dx-\int_\Omega u\cdot\overline{A'(x,D)v}dx\\&=\sum_{j=1}^{m/2}\int_{\partial\Omega}S_j(x,D)u\cdot\overline{B_j'(x,D)v}d\sigma-\sum_{j=1}^{m/2}\int_{\partial\Omega}B_j(x,D)u\cdot\overline{S_j'(x,D)v}d\sigma.\end{aligned}$$

$B_j'(x,D)$の次数をm_j'とするとS_j',S_jの次数はそれぞれ$m-m_j-1$，$m-m_j'-1$である．$\{B_j'(x,D)\}_{j=1}^{m/2}$は$\{S_j(x,D)\}_{j=1}^{m/2}$のとり方に関係するが異なる$\{S_j\}$を通じて得られる$\{B_j'\}$は次の意味で互に同値である：$\{S_j^{(1)}\}_{j=1}^{m/2}$，$\{S_j^{(2)}\}_{j=1}^{m/2}$を用いてそれぞれ$\{B_j'^{(1)}\}_{j=1}^{m/2}$，$\{B_j'^{(2)}\}_{j=1}^{m/2}$が得られるとすると$u\in C^m(\bar{\Omega})$に対しては$B_j'^{(1)}(x,D)u|_{\partial\Omega}=0\ (j=1,\cdots,m/2)$と$B_j'^{(2)}(x,D)u|_{\partial\Omega}=0\ (j=1,\cdots,m/2)$とは同値である．$u\in C^m(\bar{\Omega})$とすると$\partial\Omega$で$B_j'(x,D)v=0\ (j=1,\cdots,m/2)$を満足するすべての$v\in C^m(\bar{\Omega})$に対し

$$\text{(7.13)}\qquad \int_\Omega A(x,D)u\cdot\bar{v}dx=\int_\Omega u\cdot\overline{A'(x,D)v}dx$$

が成立するための必要十分条件は，$\partial\Omega$で$B_j(x,D)u=0\ (j=1,\cdots,m/2)$が満たされることである．他方$v\in C^m(\bar{\Omega})$とすると$\partial\Omega$で$B_j(x,D)u=0\ (j=1,\cdots,m/2)$を満足するすべての$u$に対し，(7.13)が成立するための必要十分条件は$\partial\Omega$で$B_j'(x,D)v=0\ (j=1,\cdots,m/2)$が満たされることである．

証明は境界点の近傍の中のΩの部分を半球に写して部分積分を行なってなされる．詳細はSchechter[149]またはLions-Magenes[15]115-121頁にある．

定義7.3　$(A'(x,D),\ \{B_j'(x,D)\}_{j=1}^{m/2},\ \Omega)$を$(A(x,D),\ \{B_j(x,D)\}_{j=1}^{m/2},\ \Omega)$の**共役境界値問題**，$B_j'(x,D)u|_{\partial\Omega}=0\ (j=1,\cdots,m/2)$を$A(x,D)$に関する$B_j(x,D)u|_{\partial\Omega}=0\ (j=1,\cdots,m/2)$の**共役境界条件**という．

$\{B_j(x,D)\}_{j=1}^{m/2}=\{(\partial/\partial\nu)^{j-1}\}_{j=1}^{m/2}$，すなわち$B_j(x,D)u|_{\partial\Omega}=0\ \ (j=1,\cdots,m/2)$がDirichlet境界条件ならばその共役境界条件は常にDirichlet境界条件である．$A(x,D)$が適正楕円型ならば$A'(x,D)$も同様であり，$(A(x,D),\ \{B_j(x,D)\}_{j=1}^{m/2},\Omega)$が補完条件を満たすこととその共役境界値問題が補完条件を満たすこととは同

値である．

ここで Schechter[149]の次の一結果を述べる．

定理 7.2　Ω は C^∞ 級有界領域とする．$A(x,D)$ は $\bar{\Omega}$ で m 階適正楕円型，その係数は $C^\infty(\bar{\Omega})$ に属すとする．$\{B_j(x,D)\}_{j=1}^{m/2}$ は正規境界微分作用素，$B_j(x,D)$ は m_j 階，$m_j<m$，その係数は $C^\infty(\partial\Omega)$ に属すとする．$(A(x,D), \{B_j(x,D)\}_{j=1}^{m/2}, \Omega)$ は補完条件を満足すると仮定する．$(A'(x,D), \{B_j'(x,D)\}_{j=1}^{m/2}, \Omega)$ を $(A(x,D), \{B_j(x,D)\}_{j=1}^{m/2}, \Omega)$ の共役境界値問題とすると，次のことが成立する．任意の $f\in C^\infty(\bar{\Omega})$，$g_j\in C^\infty(\partial\Omega)$ $(j=1,\cdots,m/2)$ に対し

$$A(x,D)u(x)=f(x), \qquad x\in\Omega$$
$$B_j(x,D)u(x)=g_j(x), \qquad x\in\partial\Omega,\ j=1,\cdots,m/2$$

の解 $u\in C^\infty(\bar{\Omega})$ が存在するための必要十分条件は

$$A'(x,D)v(x)=0, \qquad x\in\Omega,$$
$$B_j'(x,D)v(x)=0, \qquad x\in\partial\Omega,\ j=1,\cdots,m/2$$

の解 $v\in C^\infty(\bar{\Omega})$ が 0 に限ることである．同様のことは $(A(x,D), \{B_j(x,D)\})$ と $(A'(x,D), \{B_j'(x,D)\})$ を入れ換えても成立する．

この定理の証明には L^2 評価を用いているが，結果それ自体はそのような関数空間には無関係なものである．

§8　応用 3．放物型混合問題

$(A(x,D), \{B_j(x,D)\}_{j=1}^{m/2}, \Omega)$ を前節で述べた楕円型境界値問題，$\{B_j(x,D)\}$ は正規とする．作用素 A を次のように定義する．

$$(8.1)\quad \begin{aligned} &D(A)=\{u\in W_p^m(\Omega):\partial\Omega \text{ で } B_j(x,D)u(x)=0,\ j=1,\cdots,m/2\}, \\ &u\in D(A) \text{ に対し } (Au)(x)=A(x,D)u(x). \end{aligned}$$

ただし $1<p<\infty$ である．A は $L^p(\Omega)$ における閉作用素，$D(A)$ は $C_0^\infty(\Omega)$ を含むから $L^p(\Omega)$ で稠密である．A は p 毎に定義されるから p を明示する必要があるときは A_p と表わす．

定義 8.1　A を Banach 空間における閉作用素，θ をある角とする．ある数 $C>0$ が存在して半直線 $\{\lambda:\arg\lambda=\theta, |\lambda|>C\}$ は $\rho(A)$ に含まれ，その半直線上のすべての λ に対し $\|(A-\lambda)^{-1}\|\leqq C|\lambda|^{-1}$ が成立するとき半直線 $\arg\lambda=\theta$ は A の

レゾルベントの**最小増大方向**であるという.

定理 8.1 (S. Agmon[19]) A を(8.1)で定義された作用素, $\theta\in[0, 2\pi)$をある角とする. 次の二条件は半直線 $\arg\lambda=\theta$ が A のレゾルベントの最小増大方向であるための十分条件であり, $p=2$ ならば必要条件でもある.

(i) すべての $x\in\bar{\Omega}$, 実ベクトル $\xi\neq 0$ に対し $\arg\mathring{A}(x, \xi)\neq\theta$,

(ii) x を $\partial\Omega$ の任意の点, ξ を x で $\partial\Omega$ に接する任意の実ベクトル, ν を x での法線ベクトル, $\arg\lambda=\theta$ とする. 1変数 τ の多項式 $\mathring{A}(x, \xi+\tau\nu)-\lambda$ の根のうちちょうど $m/2$ 個 $\tau_1^+(\xi, \lambda), \cdots, \tau_{m/2}^+(\xi, \lambda)$ の虚部は正, 残りの虚部は負であり, $m/2$ 個の多項式 $\mathring{B}_j(x, \xi+\tau\nu)$ $(j=1, \cdots, m/2)$ は $\prod_{k=1}^{m/2}(\tau-\tau_k^+(\xi, \lambda))$ を法として1次独立である.

注意 8.1 (i)が満たされ, 境界条件が Dirichlet 型ならば(ii)は満足される.

定理 8.1 の証明 t を補助的な1実変数, $D_t=-i\partial/\partial t$ とすると, (i)は $L(x, D_x, D_t)=A(x, D_x)-e^{i\theta}D_t{}^m$ が $Q=\Omega\times(-\infty, \infty)$ で楕円型であることと同じである. また(ii)は$(L(x, D_x, D_t), \{B_j(x, D_x)\}, Q)$が補完条件を満足することと同値である. 後の必要のため Agmon の証明をまず少し一般にして次の予備定理を証明する.

予備定理 8.1 定理の仮定のもとである数 C_0 が存在し, g_j を $\partial\Omega$ で $B_j(x, D)u$ と一致し $W_p^{m-m_j}(\Omega)$に属する任意の関数, $\arg\lambda=\theta$, $|\lambda|>C_0$ とするとすべての $u\in W_p^m(\Omega)$に対して次の不等式が成立する.

$$\begin{aligned}\sum_{j=0}^{m}|\lambda|^{(m-j)/m}\|u\|_{j,p} &\leqq C_0\Big\{\|(A(x, D)-\lambda)u\|_p \\ &+\sum_{j=1}^{m/2}|\lambda|^{(m-m_j)/m}\|g_j\|_p+\sum_{j=1}^{m/2}\|g_j\|_{m-m_j,p}\Big\}.\end{aligned}\tag{8.2}$$

証明 ζ を $C^\infty(-\infty, \infty)$に属し $|t|>1$ で $\zeta(t)=0$, $|t|<1/2$ で $\zeta(t)=1$ を満足する関数とする. $r>0$, $u\in W_p^m(\Omega)$のとき $v(x, t)=\zeta(t)e^{irt}u(x)$ は $W_p^m(Q)$に属しその台は $\bar{\Omega}\times[-1, 1]$に含まれる. 故に$(L(x, D_x, D_t), \{B_j(x, D)\}, Q)$に関するアプリオリ評価式により

$$\begin{aligned}\|v\|_{m,p,Q} &\leqq C\Big\{\|L(x, D_x, D_t)v\|_{p,Q} \\ &+\sum_{j=1}^{m/2}[B_j(x, D_x)v]_{m-m_j-1/p,\partial Q}+\|v\|_{p,Q}\Big\}.\end{aligned}\tag{8.3}$$

Leibnitz の公式により

$$L(x,D_x,D_t)v(x,t)=\zeta(t)e^{i\mu t}(A(x,D_x)-r^m e^{i\theta})u(x)$$
$$+e^{i\theta}\sum_{k=0}^{m-1}\binom{m}{k}D_t{}^{m-k}\zeta(t)\cdot r^k e^{irt}u(x)$$

であるから

$$\|L(x,D_x,D_t)v\|_{p,Q}\leqq\|(A(x,D)-r^m e^{i\theta})u\|_p+C\sum_{k=0}^{m-1}r^k\|u\|_p. \tag{8.4}$$

$(x,t)\in\partial Q$ は $x\in\partial\Omega$ と同値であり，このとき

$$B_j(x,D_x)v(x,t)=\zeta(t)e^{i\mu t}B_j(x,D)u(x)=\zeta(t)e^{i\mu t}g_j(x)$$

であるから $r>1$ ならば補間不等式(第1章(2.2))を用いて

$$\begin{aligned}[B_j(x,D)v]_{m-m_j-1/p,\partial Q}&\leqq\|\zeta e^{i\mu t}g_j\|_{m-m_j,Q}\\&\leqq C\sum_{k=0}^{m-m_j}r^{m-m_j-k}\|g_j\|_{k,p}\\&\leqq C(r^{m-m_j}\|g_j\|_p+\|g_j\|_{m-m_j,p}).\end{aligned}\tag{8.5}$$

他方

$$\begin{aligned}\|v\|_{m,p,Q}^p&=\sum_{|\alpha|+k\leqq m}\int_{-\infty}^{\infty}\int_\Omega|D_x{}^\alpha D_t{}^k v(x,t)|^p dxdt\\&\geqq\sum_{|\alpha|+k\leqq m}\int_{-1/2}^{1/2}\int_\Omega|D_t{}^k e^{irt}D^\alpha u(x)|^p dxdt\\&=\sum_{k=0}^m r^{pk}\sum_{|\alpha|\leqq m-k}\int_\Omega|D^\alpha u(x)|^p dx=\sum_{j=0}^m r^{p(m-j)}\|u\|_{j,p}^p.\end{aligned}\tag{8.6}$$

(8.3)から(8.6)までを合わせて

$$\sum_{j=0}^m r^{m-j}\|u\|_{j,p}\leqq C\Big\{\|(A(x,D)-r^m e^{i\theta})u\|_p+\sum_{k=0}^{m-1}r^k\|u\|_p$$
$$+\sum_{j=1}^{m/2}(r^{m-m_j}\|g_j\|_p+\|g_j\|_{m-m_j,p})+\|u\|_p\Big\}.$$

r が十分大きければ右辺の括弧の中の第2項と第4項は左辺に比べて小さくなるから省くことができる．$\lambda=r^m e^{i\theta}$ とおくと(8.2)を得る．▌

$u\in D(A)$ ならば $g_j=0$ ととることができるから(8.2)より

$$|\lambda|\|u\|_p+\|u\|_{m,p}\leqq C_0\|(A-\lambda)u\|_p \tag{8.7}$$

を得る．これで $\arg\lambda=\theta$, $|\lambda|>C_0$ ならば $A-\lambda$ の連続な逆が存在することがわかった．故に $R(A-\lambda)$ は $L^p(\Omega)$ の閉部分空間である．次に $\lambda\in\rho(A)$ を得るためには $R(A-\lambda)=L^p(\Omega)$ を示さなければならない．まず $\{\mathring{A}(x,\xi): x\in\bar{\Omega}, |\xi|=1\}$ はコンパクト集合で半直線 $\{re^{i\theta}:0\leqq r<\infty\}$ と共通点がないから，ある $\delta>0$ が存

在して $\{re^{i\varphi}: 0 \leqq r < \infty, |\varphi-\theta| \leqq \delta\}$ とも共通点がないことに注意する．はじめに Ω が C^∞ 級とする．$A(x, D)$ の主部の係数 $a_\alpha(|\alpha|=m)$ を $C^\infty(\bar{\Omega})$ に属する関数列 $a_\alpha{}^{(k)}$ で一様に近似する．また低次の係数 $a_\alpha(|\alpha|<m)$ を $C^\infty(\bar{\Omega})$ に属する一様有界な関数列 $a_\alpha{}^{(k)}$ で Ω でほとんど至る所 $a_\alpha{}^{(k)}(x) \to a_\alpha(x)$ となるように近似する．例えば a をこのような係数の一つとして φ_δ を軟化子とすると $\varphi_\delta * a \in C^\infty(\bar{\Omega})$, $\|\varphi_\delta * a\|_\infty \leqq \|a\|_\infty$, a の各 Lebesgue 点（第 1 章末尾）x で $\varphi_\delta * a(x) \to a(x)$ である．$A^{(k)}(x, D) = \sum_{|\alpha| \leqq m} a_\alpha{}^{(k)}(x) D^\alpha$ とおく．すべての k に対して $\{\mathring{A}^{(k)}(x, \xi): x \in \bar{\Omega}, |\xi|=1\} \cap \{re^{i\theta}: 0 \leqq r < \infty\}$ は空集合としてよい．次に各 $b_{j\beta}(|\beta| \leqq m_j, j=1, \cdots, m/2)$ を Ω にまで拡張して $b_{j\beta} \in C^{m-m_j}(\bar{\Omega})$ としておく．$b_{j\beta}$ を $C^\infty(\bar{\Omega})$ に属する関数列 $b_{j\beta}{}^{(k)}$ により $C^{m-m_j}(\bar{\Omega})$ のノルムで近似して $B_j{}^{(k)}(x, D) = \sum_{|\beta| \leqq m_j} b_{j\beta}{}^{(k)}(x) D^\beta$ とおく．十分大きな k のみを考えることにして $A^{(k)}(x, D)$, $\{B_j{}^{(k)}(x, D)\}$ に関して定理の仮定が k に関して一様に満たされるとしてよい．従って予備定理 8.1 により k に無関係な数 C_0 が存在し $\arg \lambda = \theta$, $|\lambda| \geqq C_0$ のとき

$$(8.8) \quad \begin{aligned} &\sum_{j=0}^{m} |\lambda|^{(m-j)/m} \|u\|_{j,p} \leqq C_0 \Big\{ \|(A^{(k)}(x, D) - \lambda) u\|_p \\ &+ \sum_{j=1}^{m/2} |\lambda|^{(m-m_j)/m} \|g_j\|_p + \sum_{j=1}^{m/2} \|g_j\|_{m-m_j, p} \Big\} \end{aligned}$$

が成立する．ここで g_j は $\partial\Omega$ で $B_j{}^{(k)}(x, D) u = g_j$ を満足し，$W_p^{m-m_j}(\Omega)$ に属する任意の関数である．各 k に対し共役境界値問題 $(A'^{(k)}(x, D), \{B_j'^{(k)}(x, D)\})$ が作られ，θ を $-\theta$ で置き換えて定理の仮定が各 k に対し満足されるが今度は k に関して一様であるか否かわからない．従って各 k に対し $C_k \geqq C_0$ が存在し，$\arg \lambda = -\theta$, $|\lambda| \geqq C_k$ のとき

$$\sum_{j=0}^{m} |\lambda|^{(m-j)/m} \|v\|_{j,q} \leqq C_k \|(A'^{(k)}(x, D) - \lambda) v\|_q$$

が $\partial\Omega$ で $B_j'^{(k)}(x, D) v = 0$ $(j=1, \cdots, m/2)$ を満足するすべての $v \in W_q^m(\Omega)$ に対して成立する．ここで q は $1 < q < \infty$ を満足するある実数である．故に $\arg \lambda_k = \theta$, $|\lambda_k| \geqq C_k$ を満足する λ_k を一つとると

$$\begin{aligned} &(A'^{(k)}(x, D) - \overline{\lambda_k}) v(x) = 0, \qquad x \in \Omega, \\ &B_j'^{(k)}(x, D) v(x) = 0, \qquad x \in \partial\Omega, \ j = 1, \cdots, m/2 \end{aligned}$$

の解 $v \in C^\infty(\bar{\Omega})$ は 0 に限る．従って定理 7.2 により任意の $f \in C^\infty(\bar{\Omega})$ に対して

$$(8.9)\qquad \begin{aligned}&(A^{(k)}(x,D)-\lambda_k)u(x)=f(x), \qquad x\in\Omega,\\ &B_j^{(k)}(x,D)u(x)=0, \qquad x\in\partial\Omega,\ \ j=1,\cdots,m/2\end{aligned}$$

の解 $u\in C^\infty(\bar{\Omega})$ が存在する．$(A(x,D),\{B_j(x,D)\},\Omega)$ から $L^p(\Omega)$ での作用素 A を定義したのと同様 $(A^{(k)}(x,D),\{B_j^{(k)}(x,D)\},\Omega)$ から作用素 $A^{(k)}$ を定義すれば (8.9) は $u\in D(A^{(k)})$, $(A^{(k)}-\lambda_k)u=f$ と同値である．従って $R(A^{(k)}-\lambda_k)\supset C^\infty(\bar{\Omega})$. 故に $R(A^{(k)}-\lambda_k)$ は $L^p(\Omega)$ で稠密，しかも閉部分空間だから $R(A^{(k)}-\lambda_k)=L^p(\Omega)$ となり $\lambda_k\in\rho(A^{(k)})$ が得られた．(8.8) により $\|(A^{(k)}-\lambda_k)^{-1}\|\leqq C_0/|\lambda_k|$ であるから $(A^{(k)}-\lambda)^{-1}$ を λ_k のまわりで巾級数展開すれば λ_k を中心とする半径 $|\lambda_k|/C_0$ の円が $\rho(A^{(k)})$ に含まれることがわかる．次にこの円と $\{\arg\lambda=\theta\}$ との共通部分の点のまわりで同様のことを行ない，更にこれを繰返すと正の数 $C_0'\geqq C_0$, $\delta'>0$ が存在して

$$(8.10)\qquad \{\lambda:|\arg\lambda-\theta|\leqq\delta',\quad |\lambda|\geqq C_0'\}\subset\rho(A^{(k)}),$$

しかも左辺の集合の各点で $\|(A^{(k)}-\lambda)^{-1}\|\leqq C_0'/|\lambda|$ がすべての k に対して成立する．次に λ を $\arg\lambda=\theta$, $|\lambda|\geqq C_0'$ を満足する任意の複素数，f を $L^p(\Omega)$ の任意の元とすると (8.10) によりすべての k に対して $u_k\in D(A^{(k)})$ が存在し $(A^{(k)}-\lambda)u_k=f$. (8.8) により $\|u_k\|_{m,p}\leqq C_0\|f\|_p$ であるから $\{u_k\}$ は $W_p^m(\Omega)$ で有界である．$W_p^m(\Omega)$ は回帰的であるから第1章予備定理2.2により $W_p^m(\Omega)$ で弱収束，$W_p^{m-1}(\Omega)$ で強収束する部分列が存在する．記号を簡単にするために $W_p^m(\Omega)$ で $u_k\to u$ (弱)，$W_p^{m-1}(\Omega)$ で $u_k\to u$ (強) とする．各 k,l に対し

$$\begin{aligned}&(A^{(k)}(x,D)-\lambda)(u_k-u_l)=f-(A^{(k)}(x,D)-\lambda)u_l\\ &=(A^{(l)}(x,D)-\lambda)u_l-(A^{(k)}(x,D)-\lambda)u_l\\ &=(A^{(l)}(x,D)-A^{(k)}(x,D))u_l=\sum_{|\alpha|\leqq m}(a_\alpha^{(l)}(x)-a_\alpha^{(k)}(x))D^\alpha u_l\end{aligned}$$

であるが $|\alpha|=m$ のとき

$$\begin{aligned}&\|(a_\alpha^{(l)}-a_\alpha^{(k)})D^\alpha u_l\|_p\\ &\leqq\sup_\Omega|a_\alpha^{(l)}(x)-a_\alpha^{(k)}(x)|\,\|u_l\|_{m,p}\to 0,\quad k,l\to\infty.\end{aligned}$$

また $|\alpha|<m$ のとき

$$\begin{aligned}&\|(a_\alpha^{(l)}-a_\alpha^{(k)})D^\alpha u_l\|_p\\ &\leqq\|(a_\alpha^{(l)}-a_\alpha^{(k)})(D^\alpha u_l-D^\alpha u)\|_p+\|(a_\alpha^{(l)}-a_\alpha^{(k)})D^\alpha u\|_p\end{aligned}$$

の右辺第1項は

$$\sup_{\Omega}|a_\alpha{}^{(l)}(x)-a_\alpha{}^{(k)}(x)|\,\|u_l-u\|_{m-1,p}$$

を越えないから $k,l\to\infty$ のとき $\to 0$. 第2項は

$$\left\{\int_\Omega |a_\alpha{}^{(l)}(x)-a_\alpha{}^{(k)}(x)|^p|D^\alpha u(x)|^p dx\right\}^{1/p}$$

であるが被積分関数は k,l に無関係な絶対可積関数でおさえられ，しかも $k,l\to\infty$ のときほとんど至る所0に収束する．従って第2項もまた0に収束する．従って

$$\lim_{k,l\to\infty}\|(A^{(k)}(x,D)-\lambda)(u_k-u_l)\|_p=0. \tag{8.11}$$

他方 $\partial\Omega$ で

$$\begin{aligned}B_j{}^{(k)}(x,D)(u_k-u_l)&=-B_j{}^{(k)}(x,D)u_l\\&=(B_j{}^{(l)}(x,D)-B_j{}^{(k)}(x,D))u_l\equiv g_{j,k,l}.\end{aligned}$$

容易にわかるように

$$\lim_{k,l\to\infty}\|g_{j,k,l}\|_{m-m_j,p}=0 \tag{8.12}$$

である．u_k-u_l に(8.8)を適用して

$$\begin{aligned}\sum_{j=0}^{m}|\lambda|^{(m-j)/m}\|u_k-u_l\|_{j,p}\leqq C_0\Big\{&\|(A^{(k)}(x,D)-\lambda)(u_k-u_l)\|_p\\&+\sum_{j=1}^{m/2}|\lambda|^{(m-m_j)/m}\|g_{j,k,l}\|_p+\sum_{j=1}^{m/2}\|g_{j,k,l}\|_{m-m_j,p}\Big\}\end{aligned}$$

であるが(8.11), (8.12)によりこの式の右辺は $k,l\to\infty$ のとき $\to 0$. 従って $\{u_k\}$ は $u\in W_p^m(\Omega)$ に $W_p^m(\Omega)$ で強収束する．u が $(A-\lambda)u=f$ の解であることは容易にわかる．従って $\lambda\in\rho(A)$, すなわち

$$\{\lambda:\arg\lambda=\theta,\ |\lambda|\geqq C_0'\}\subset\rho(A),$$

しかも左辺の集合の各点で $\|(A-\lambda)^{-1}\|\leqq C_0/|\lambda|$ が成立することがわかった．Ω が C^∞ 級でないときは C^m 級変換で Ω をある C^∞ 級領域に写し，そこで $(A-\lambda)u=f$ の変換された方程式を解き次に Ω に戻せばよい．定理の残りの部分，すなわち $p=2$ の場合についてのことの証明は省略する．これで定理8.1の証明が終った．▌

すべての $x\in\bar{\Omega}$, 0でない実ベクトル ξ に対し $\mathrm{Re}\,\mathring{A}(x,\xi)\neq 0$ であるとき $A(x,D)$ は**強楕円型**という．強楕円型は適正楕円型である．今後，強楕円型作用素といえば常に各 $x\in\bar{\Omega}$, $\xi\neq 0$ に対し $\mathrm{Re}\,\mathring{A}(x,\xi)>0$ であるものを指すことに

する．このとき容易にわかるようにある角 $\theta_0\in[0,\pi/2)$ が存在し，各 $\theta\in[\theta_0,2\pi-\theta_0]$ に対し $\mathring{A}(x,\xi)\neq e^{i\theta}$ である．

定理 8.2 $A(x,D)$ は m 階強楕円型作用素，$\{B_j(x,D)\}_{j=1}^{m/2}$ は正規境界微分作用素とする．θ_0 を上に述べたようなある角，各 $\theta\in[\theta_0,2\pi-\theta_0]$ に対し定理 8.1 の仮定が満足されれば(8.1)で定義される作用素 $-A$ は $L^p(\Omega)$ で解析的半群を生成する．特に $\{B_j(x,D)\}_{j=1}^{m/2}$ が Dirichlet 型ならば任意の m 階強楕円型作用素 $A(x,D)$ に対して $-A$ は $L^p(\Omega)$ で解析的半群を生成する．

注意 8.2 Ω が有界であることは避けられないものではない．Ω は一様に C^m 級，局所的に C^{2m} 級とする．$A(x,D)$ の係数は $L^\infty(\Omega)$ に属し最高階の係数は $B^0(\bar{\Omega})$ に属するとする．形式的に作った $A(x,D)$ の形式的共役 $A'(x,D)$ の係数も同様の条件を満足するとする．$B_j(x,D)$ の係数は $B^{m-m_j}(\partial\Omega)$ に属し，定理 7.1 の $\{S_j\}$ を適当に選んで形式的に作った共役境界作用素系を $\{B_j'(x,D)\}$ としたとき，$B_j'(x,D)$ の係数も $B^{m-m_j'}(\partial\Omega)$ に属するとする．$(A(x,D), \{B_j(x,D)\})$ に対して定理 8.2 の条件が $\bar{\Omega}$ で一様に満たされるとすると Browder[36]に従って次のことが証明できる．$A(x,D)$, $\{B_j(x,D)\}$ から A_p を定義したのと同様 $A'(x,D)$, $\{B_j'(x,D)\}$ から $L^q(\Omega)$, $1/p+1/q=1$, で定義される作用素を A_q' と表わすと $(A_p)^*=A_q'$．　$-A_p$ は $L^p(\Omega)$ で解析的半群を生成する．

注意 8.3 Hölder 連続な関数の空間では定理 8.2 の $-A$ に相当する作用素は C_0 半群でない半群を生成することが H. Kielhöfer[176], W. von Wahl[177] によって示された．

第4章　時間的非斉次方程式

§1　時間的非斉次方程式の基本解

前章では t に無関係な作用素 A を係数とする方程式を論じたが，本章では A が t に関係する方程式の初期値問題

$$du(t)/dt = A(t)u(t)+f(t), \qquad 0 \leqq t \leqq T, \tag{1.1}$$

$$u(0) = u_0 \tag{1.2}$$

を考える．各 t に対して $A(t)$ が半群を生成することは常に仮定する．A が t に無関係な場合の半群 $\exp(tA)$ に相当するものとして次のような作用素 $U(t, s)$ が考えられる．

$$\begin{cases} U(t, s) \text{ は } 0 \leqq s \leqq t \leqq T \text{ で定義され} \\ B(X) \text{ の値をとる強連続関数,} \end{cases} \tag{1.3}$$

$$0 \leqq s \leqq r \leqq t \leqq T \text{ に対し } U(t, r)U(r, s) = U(t, s), \tag{1.4}$$

$$\text{各 } s \in [0, T] \text{ に対し } U(s, s) = I, \tag{1.5}$$

$$(\partial/\partial t)U(t, s) = A(t)U(t, s), \tag{1.6}$$

$$(\partial/\partial s)U(t, s) = -U(t, s)A(s). \tag{1.7}$$

ただし(1.6)，(1,7)の両辺は有界作用素とは限らないから，それらがある稠密な部分空間で成立することとするのであるが，その部分空間は方程式毎に定められるものである．このような作用素値関数 $U(t, s)$ を(1.1)の**基本解**という．$A(t)=A$ が t に無関係ならば $U(t, s)=\exp((t-s)A)$ が基本解であり，(1.6)，(1.7)は $D(A)$ で成立する．基本解が存在すれば(1.1)，(1.2)の解は

$$u(t) = U(t, 0)u_0 + \int_0^t U(t, s)f(s)ds \tag{1.8}$$

と表わされることが期待される．時間的非斉次方程式の基本解の構成に初めて

成功したのはT. Kato[72], [73]であり，その結果はその後T. Kato[83]により改良された．次節では主として[83]に従って基本解の構成を述べる．[83]は主として双曲型方程式の初期値問題への応用を意図しているので双曲型という表題がついているが，その応用は特に双曲型方程式に限られるものではない．[83]の他K. Yosida[18]も参照.

§2 生成素に関し許容的部分空間

XはBanach空間，そのノルムを$\| \ \|$と表わす．YはXの稠密な部分空間で$\| \ \|_Y$をノルムとしてそれ自身一つのBanach空間になっているとする．Yの位相はXの位相より強いとする．従ってある数Cがあってすべての$v\in Y$に対して$\|v\|\leqq C\|v\|_Y$が成立する．$B(X), B(Y)$のノルムもそれぞれ$\| \ \|, \| \ \|_Y$と表わす．本節では準備としてtに無関係な$A\in G(X)$を考える.

定義 2.1 TはXからXへの作用素とする.

$$\begin{cases} D(\tilde{T}) = \{u\in D(T)\cap Y : Tu\in Y\}, \\ u\in D(\tilde{T})\text{に対して } \tilde{T}u = Tu \end{cases}$$

で定義される作用素$\tilde{T}$をTのYの中の**部分**という.

特にTが$D(T)\cap Y$をYへ写す写像ならば，$\tilde{T}$はTの$D(T)\cap Y$への制限と一致する.

定義 2.2 $A\in G(X)$とする．$\exp(tA)$がYをYへ写し，$\exp(tA)$のYへの制限がYで半群をなすとき，YはA**に関し許容的**，略してA-**許容**という.

以下本節では$A\in G(X, M, \beta)$とする．従って$D(A)$は稠密であり，すべての$\lambda>\beta$は$\rho(A)$に属し

$$\|(A-\lambda)^{-n}\| \leqq M(\lambda-\beta)^{-n} \tag{2.1}$$

がすべての$\lambda>\beta$, $n=1, 2, \cdots$に対して成立する．更にAが生成する半群は$\|\exp(tA)\|\leqq Me^{\beta t}$を満足する.

命題 2.1 YがA-許容であるための必要十分条件は，ある数$\widetilde{M}, \tilde{\beta}$が存在して次の二つの条件が満たされることである.

(i) $\lambda>\max(\beta, \tilde{\beta})$のとき$(A-\lambda)^{-1}$は$Y$を$Y$に写し，従って$(A-\lambda)^{-n}$も$Y$を$Y$に写す写像であり

(2.2)　$$\|(A-\lambda)^{-n}\|_Y \leqq \widetilde{M}(\lambda-\tilde{\beta})^{-n}, \qquad n=1,2,\cdots$$

が成立する．

(ii) 各 $\lambda>\max(\beta,\tilde{\beta})$ に対して $(A-\lambda)^{-1}Y$ は Y で稠密である．

このとき A の Y の中の部分を $\tilde{A}$ と表わせば $\tilde{A}\in G(Y,\widetilde{M},\tilde{\beta})$, $\exp(t\tilde{A})$ は $\exp(tA)$ の Y への制限と一致する．従って $\|\exp(t\tilde{A})\|_Y=\|\exp(tA)\|_Y\leqq\widetilde{M}e^{\tilde{\beta}t}$. Y が回帰的ならば条件(ii)は(i)より出る．

証明　Y が A-許容とする．$\exp(tA)$ の Y への制限の生成素を $\tilde{A}$ と表わすと，ある $\widetilde{M},\tilde{\beta}$ が存在して $\tilde{A}\in G(Y,\widetilde{M},\tilde{\beta})$ である．$t\geqq0$, $v\in Y$ に対して $\exp(tA)v=\exp(t\tilde{A})v$ であるから $\lambda>\max(\beta,\tilde{\beta})$ ならば第3章(1.6)により $(A-\lambda)^{-1}v=(\tilde{A}-\lambda)^{-1}v\in Y$, 従って

$$\|(A-\lambda)^{-n}\|_Y=\|(\tilde{A}-\lambda)^{-n}\|_Y\leqq\widetilde{M}(\lambda-\tilde{\beta})^{-n}$$

となり(i)が示された．また $(A-\lambda)^{-1}Y=(\tilde{A}-\lambda)^{-1}Y=D(\tilde{A})$ は Y で稠密である．A の Y の中の部分の定義域を $\tilde{D}$ とする．$v\in D(\tilde{A})$ ならば

$$\lim_{t\to+0}t^{-1}(e^{tA}v-v)=\lim_{t\to+0}t^{-1}(e^{t\tilde{A}}v-v)$$

は Y の，従って X の強位相で存在し $\tilde{A}v$ に等しい．従って $v\in D(A)$, $Av=\tilde{A}v\in Y$ である．故に $v\in\tilde{D}$. 逆に $v\in\tilde{D}$ とすると

$$\exp(t\tilde{A})v-v=\exp(tA)v-v$$
$$=\int_0^t\exp(sA)Avds=\int_0^t\exp(s\tilde{A})Avds$$

より $v\in D(\tilde{A})$ が得られる．故に $\tilde{A}$ は A の Y の中の部分と一致する．

次に(i),(ii)が満たされるとする．$\tilde{A}$ を A の Y の中の部分とする．$v\in Y$, $\lambda>\max(\beta,\tilde{\beta})$ として $w=(A-\lambda)^{-1}v$ とおくと仮定により $w\in Y\cap D(A)$, $Aw=v+\lambda w\in Y$ だから $w\in D(\tilde{A})$. $v=(A-\lambda)w=(\tilde{A}-\lambda)w$, $v\in Y$ は任意だから $R(\tilde{A}-\lambda)=Y$. 明らかに $\tilde{A}-\lambda$ の逆は存在するから $\lambda\in\rho(\tilde{A})$. 再び上の v と w に対し $(\tilde{A}-\lambda)^{-1}v=w=(A-\lambda)^{-1}v$ であるから Y で $(\tilde{A}-\lambda)^{-1}=(A-\lambda)^{-1}$. 従って(2.2)より

$$\|(\tilde{A}-\lambda)^{-n}\|_Y=\|(A-\lambda)^{-n}\|_Y\leqq\widetilde{M}(\lambda-\tilde{\beta})^{-n}.$$

また(ii)により $D(\tilde{A})=(\tilde{A}-\lambda)^{-1}Y=(A-\lambda)^{-1}Y$ は Y で稠密である．故に $\tilde{A}\in G(Y,\widetilde{M},\tilde{\beta})$, 第3章(1.16)により $\exp(tA)v=\exp(t\tilde{A})v$ が各 $v\in Y$ に対して成立することもわかる．故に Y は A-許容である．

最後の部分は次のようにしてわかる．Yが回帰的，(i)が満たされたとする．$\lambda>\max(\beta,\tilde{\beta})$ならば$D=(A-\lambda)^{-1}Y$は$\lambda$に無関係であることは容易にわかる．また(2.2)で特に$n=1$とした不等式より$\|\lambda(\lambda-A)^{-1}\|_Y$は$\lambda\to\infty$のとき有界である．故に第1章定理1.7により$v$を$Y$の任意の元とすると，列$\lambda_j\to\infty$が存在して$\lambda_j(\lambda_j-A)^{-1}v$は$Y$のある元$w$に弱収束する．他方$A\in G(X)$であるから第3章(1.12)により$\lambda_j(\lambda_j-A)^{-1}v\to v$が$X$で成立する．従って$w=v$．これと$\lambda_j(\lambda_j-A)^{-1}v\in D$，第1章定理1.8系2より(ii)が示された．▌

注意2.1　上の証明で第3章注意1.4を使った．

命題2.2　SはYからXへの同型写像とする．このときYがA-許容であるための必要十分条件は$A_1=SAS^{-1}\in G(X)$である．このとき$S\exp(tA)S^{-1}=\exp(tA_1)$．

証明　$\tilde{A}$をAのYの中の部分とする．

$$
\begin{aligned}
D(A_1) &= \{u\in X:S^{-1}u\in D(A),\ AS^{-1}u\in Y\} \\
&= \{u\in X:S^{-1}u\in D(\tilde{A})\} = SD(\tilde{A}).
\end{aligned}
\tag{2.3}
$$

従って各$u\in D(A_1)$に対し

$$(A_1-\lambda)u = SAS^{-1}u-\lambda u = S\tilde{A}S^{-1}u-\lambda u = S(\tilde{A}-\lambda)S^{-1}u.$$

これより$\lambda\in\rho(A_1)$と$\lambda\in\rho(\tilde{A})$は同値であり，このとき

$$(A_1-\lambda)^{-1} = S(\tilde{A}-\lambda)^{-1}S^{-1} \tag{2.4}$$

が成立する．命題2.1によりYがA-許容ならばある数$\tilde{M},\tilde{\beta}$が存在して$\tilde{A}\in G(Y,\tilde{M},\tilde{\beta})$だから$\lambda>\tilde{\beta}$ならば$\lambda\in\rho(A_1)$，かつすべての$n=1,2,\cdots$に対し

$$\|(A_1-\lambda)^{-n}\| = \|S(\tilde{A}-\lambda)^{-n}S^{-1}\| \leqq \|S\|\|S^{-1}\|\tilde{M}(\lambda-\tilde{\beta})^{-n}.$$

また(2.3)により$D(A_1)$はXで稠密であるから$A_1\in G(X)$．逆に$A_1\in G(X)$とすると同様な議論により$\tilde{A}\in G(Y)$．$v\in Y,\lambda$は十分大きいとして$(A-\lambda)^{-1}v=w$，$(\tilde{A}-\lambda)^{-1}v=\tilde{w}$とおくと$v=(A-\lambda)w=(\tilde{A}-\lambda)\tilde{w}=(A-\lambda)\tilde{w}$より$w=\tilde{w}\in Y$を得る．従って$Y$で$(A-\lambda)^{-1}=(\tilde{A}-\lambda)^{-1}$．このことから命題2.1の条件(i),(ii)が満たされることが容易にわかりYはA-許容となる．最後の部分は(2.4)と第3章(1.16)から容易にわかる．▌

§3 生成素系の安定性

$G(X)$の作用素の族$A(t)$ $(0\leqq t\leqq T)$を考える.

定義 3.1 実数$M\geqq 1$とβが存在し

$$\left\|\prod_{j=1}^{k}(A(t_j)-\lambda)^{-1}\right\|\leqq M(\lambda-\beta)^{-k} \tag{3.1}$$

がすべての$\lambda>\beta$, $0\leqq t_1\leqq t_2\leqq\cdots\leqq t_k\leqq T$, $k=1,2,\cdots$に対し成立するとき$\{A(t)\}$は**安定**であるという. ここで

$$\prod_{j=1}^{k}(A(t_j)-\lambda)^{-1}=(A(t_k)-\lambda)^{-1}(A(t_{k-1})-\lambda)^{-1}\cdots(A(t_1)-\lambda)^{-1}$$

である. 今後も同様に$\{t_j\}$を含む因子の積は常にt_jが大きい順に左から掛けることにする. M,βを$\{A(t)\}$の**安定常数**という.

注意 3.1 各tに対し$A(t)\in G(X,1,\beta)$ならば明らかに$\{A(t)\}$は$1,\beta$を安定常数として安定である.

命題 3.1 (3.1)は次の二つの条件の各々と同値である.

$$\left\|\prod_{j=1}^{k}\exp(s_jA(t_j))\right\|\leqq Me^{\beta(s_1+\cdots+s_k)},\qquad s_j\geqq 0, \tag{3.2}$$

$$\left\|\prod_{j=1}^{k}(A(t_j)-\lambda_j)^{-1}\right\|\leqq M\prod_{j=1}^{k}(\lambda_j-\beta)^{-1},\qquad \lambda_j>\beta. \tag{3.3}$$

ここで$\{t_j\}$は定義3.1におけると同様のものである.

証明 (3.1)が成立すると仮定する. 各t_jをm個並べて(3.1)を適用して得られる不等式にλ^{mk}を掛けて$\lambda=m/s$ $(s>0)$とおき$m\to\infty$とすれば(3.2)で$s_j=s$とした不等式が得られる. 次にこうして得られた不等式をt_jをm_j個並べて適用すれば(3.2)で$s_j=m_js$としたものが得られる. こうして各s_jが有理数のとき(3.2)が成立することがわかる. 一般の場合はs_jを有理数列で近づければよい. (3.3)は(3.2)と第3章(1.6)から直ちに得られる. (3.3)は(3.1)を含む. ∎

安定性の判定には次の二つの命題が有用である.

命題 3.2 各tに対しXのもとのノルムと同値なノルム$\|\ \|_t$が定義され, 正の数cが存在して各$u\in X$, $s,t\in[0,T]$に対し

$$\|u\|_t/\|u\|_s\leqq e^{c|t-s|}$$

が成立するとする．X にノルム $\| \ \|_t$ を入れた Banach 空間を X_t と表わす．各 $t\in[0, T]$ に対し $A(t)\in G(X_t, 1, \beta)$ ならば $\{A(t)\}$ は e^{2cT}, β を安定常数として安定である．

証明 $B(X_t)$ のノルムも $\| \ \|_t$ と表わすと $\lambda>\beta$ のとき $\|(A(t)-\lambda)^{-1}\|_t\leqq(\lambda-\beta)^{-1}$ である．

$$\begin{aligned}\left\|\prod_{j=1}^{k}(A(t_j)-\lambda)^{-1}u\right\|_T &\leqq e^{c(T-t_k)}\left\|\prod_{j=1}^{k}(A(t_j)-\lambda)^{-1}u\right\|_{t_k} \\ &\leqq e^{c(T-t_k)}(\lambda-\beta)^{-1}\left\|\prod_{j=1}^{k-1}(A(t_j)-\lambda)^{-1}u\right\|_{t_k} \\ &\leqq \cdots \\ &\leqq (\lambda-\beta)^{-k}e^{c(T-t_k)}e^{c(t_k-t_{k-1})}\cdots e^{ct_1}\|u\|_0 \\ &\leqq (\lambda-\beta)^{-k}e^{2cT}\|u\|_T.\end{aligned}$$

故にノルム $\| \ \|_T$ に対しては $M=e^{2cT}$ と β で(3.1)が満たされることがわかった．一般の $\| \ \|_t$ ノルムに対しても同じことが成立することも容易にわかる．▌

命題 3.3 $\{A(t)\}$ は安定，その安定常数を M, β とする．各 t に対し $B(t)$ は有界，$\|B(t)\|\leqq K<\infty$ とすると $A(t)+B(t)$ は $G(X)$ に属し，$M, \beta+MK$ を安定常数として安定である．

証明 $A(t)+B(t)\in G(X, M, \beta+MK)$ は第3章定理4.1による．命題の証明はその定理の証明と同じであるから省略する．

§4 基本解の構成

X, Y は§2で述べた Banach 空間とする．

定理 4.1 各 $t\in[0, T]$ に対し $A(t)\in G(X)$，次の条件が満たされるとする．

(i) $\{A(t)\}$ は安定，その安定常数を M, β とする．

(ii) Y は各 t に対し $A(t)$-許容である．$A(t)$ の Y の中の部分を $\tilde{A}(t)$ とすると $\tilde{A}(t)\in G(Y)$ であるが $\{\tilde{A}(t)\}$ も安定であり，その安定常数を $\tilde{M}, \tilde{\beta}$ とする．

(iii) 各 $t\in[0, T]$ に対し $Y\subset D(A(t))$ である．従って $A(t)\in B(Y, X)$ であるが $A(t)$ は t の関数として $B(Y, X)$ のノルムで連続である．

以上の仮定のもとで次の四つの性質を持つ有界作用素値関数 $U(t, s)\in B(X)$, $0\leqq s\leqq t\leqq T$ が存在してただ一つである．

(a) $U(t,s)$ は s,t に関し強連続，$U(s,s)=I$，$\|U(t,s)\|\leqq Me^{\beta(t-s)}$,

(b) $s\leqq r\leqq t$ のとき $U(t,s)=U(t,r)U(r,s)$,

(c) 各 $v\in Y$，$s\in[0,T)$ に対して $D_t^+U(t,s)v|_{t=s}=A(s)v$,

(d) 各 $v\in Y$ に対し $0\leqq s\leqq t\leqq T$ で $(\partial/\partial s)U(t,s)v=-U(t,s)A(s)v$.

ここで D^+ は右微分を表わし，$\partial/\partial s$ と共に X の強位相の意味のものである.

証明　区間$[0,T]$を n 等分し $A_n(t)=A(T[nt/T]/n)$ を $A(t)$ を近似する階段関数とする．すなわち $kT/n\leqq t<(k+1)T/n$ で $A_n(t)=A(kT/n)$ である．(iii)により $n\to\infty$ のとき$[0,T]$で一様に

$$\|A_n(t)-A(t)\|_{Y\to X}\to 0 \tag{4.1}$$

である．$\tilde{A}_n(t)=\tilde{A}(T[nt/T]/n)$ は $A_n(t)$ の Y の中の部分，$\{A_n(t)\}$，$\{\tilde{A}_n(t)\}$ はそれぞれ M,β および $\tilde{M},\tilde{\beta}$ を安定常数として安定であることは明らかである.

$$\begin{cases} U_n(t,s)=\exp((t-s)A(kT/n)), \quad kT/n\leqq s\leqq t\leqq(k+1)T/n, \\ U_n(t,s)=\exp((t-lT/n)A(lT/n))\exp(T/nA((l-1)T/n))\cdots \\ \cdots\exp(T/nA((k+1)T/n))\exp(((k+1)T/n-s)A(kT/n)), \\ \quad kT/n\leqq s<(k+1)T/n, \quad lT/n\leqq t<(l+1)T/n, k<l \end{cases} \tag{4.2}$$

とおくと $U_n(t,s)$ が(a),(b) を満足することは容易にわかる．(ii) より $U_n(t,s)$ は Y を Y に写すこと，(iii)により各 $v\in Y$ に対し t が分点に一致しなければ

$$(\partial/\partial t)U_n(t,s)v=A_n(t)U_n(t,s)v, \tag{4.3}$$

また s が分点に一致しなければ

$$(\partial/\partial s)U_n(t,s)v=-U_n(t,s)A_n(s)v \tag{4.4}$$

が成立することは容易にわかる．また命題 3.1 により

$$\|U_n(t,s)\|\leqq Me^{\beta(t-s)}, \quad \|U_n(t,s)\|_Y\leqq\tilde{M}e^{\tilde{\beta}(t-s)} \tag{4.5}$$

も明らかである．次に $v\in Y$ とすると(4.3), (4.4)により

$$\begin{aligned} U_n(t,s)v-U_m(t,s)v &= -\int_s^t(\partial/\partial r)\{U_n(t,r)U_m(r,s)v\}\,dr \\ &= \int_s^t U_n(t,r)(A_n(r)-A_m(r))U_m(r,s)v\,dr. \end{aligned}$$

従って(4.5)により

$$\|U_n(t,s)v-U_m(t,s)v\|\leqq M\tilde{M}e^{\gamma(t-s)}\|v\|_Y\int_s^t\|A_n(r)-A_m(r)\|_{Y\to X}dr.$$

ただし $\gamma=\max(\beta,\tilde{\beta})$ である．(4.1)により $n\to\infty$ のとき $U_n(t,s)v$ は $0\leqq s\leqq t\leqq T$

で一様に X の中で強収束する．Y は X で稠密であることと(4.5)によりすべての $u\in X$ に対し $0\leqq s\leqq t\leqq T$ で一様に

$$U(t,s)u=\lim_{n\to\infty}U_n(t,s)u$$

が X の強位相で存在する．$U(t,s)$ が(a),(b)を満足することは $U_n(t,s)$ がそれらを満足することから明らかである．次に $v\in Y$ に対し

$$\begin{aligned}&\|U_n(t,s)v-\exp((t-s)A(s))v\|\\&=\left\|\int_s^t(\partial/\partial r)\{U_n(t,r)\exp((r-s)A(s))v\}\,dr\right\|\\&=\left\|\int_s^t U_n(t,r)(A_n(r)-A(s))\exp((r-s)A(s))vdr\right\|\\&\leqq M\tilde{M}e^{\gamma(t-s)}\|v\|_Y\int_s^t\|A_n(r)-A(s)\|_{Y\to X}dr\end{aligned}$$

より

$$\begin{aligned}&\|U(t,s)v-\exp((t-s)A(s))v\|\\&\leqq M\tilde{M}e^{\gamma(t-s)}\|v\|_Y\int_s^t\|A(r)-A(s)\|_{Y\to X}dr\end{aligned}\tag{4.6}$$

を得るが，(4.6)の右辺は $t\to s$ のとき $o(t-s)$ である．従って(4.6)の両辺を $t-s$ で割って $t\to s$ とすれば(c)を得る．同様な方法で

$$D_s^-U(t,s)v|_{s=t}=-A(t)v\tag{4.7}$$

も得られる．また $s<t$ ならば $h\to+0$ のとき(c)と $U(t,s)$ の強連続性により

$$\begin{aligned}&h^{-1}\{U(t,s+h)v-U(t,s)v\}\\&\quad=U(t,s+h)h^{-1}\{v-U(s+h,s)v\}\to-U(t,s)A(s)v.\end{aligned}$$

$s\leqq t$ のとき(4.7)により $h\to+0$ とすれば

$$\begin{aligned}&h^{-1}\{U(t,s)v-U(t,s-h)v\}\\&\quad=U(t,s)h^{-1}\{v-U(s,s-h)v\}\to-U(t,s)A(s)v.\end{aligned}$$

かくて(d)が示された．

$\{V(t,s)\}$ を(a)から(d)までを満足するもう一つの作用素値関数とする．各 $v\in Y$ に対し $V(t,r)U_n(r,s)v$ を r で微分したものを s から t まで積分して

$$V(t,s)v-U_n(t,s)v=\int_s^t V(t,r)(A(r)-A_n(r))U_n(r,s)vdr$$

を得るが(4.1)と(4.5)によって直ちに $V(t,s)v=U(t,s)v$ を得る．従って $V(t,s)$

$=U(t,s)$である. ▌

定理4.1の条件(ii)が満たされるか否かの判定に有用な命題として次のものがある.

命題4.1 次の条件が満たされれば(ii)が成立する.

(ii′) $\left\{\begin{array}{l} Y \text{ から } X \text{ への同型写像の族 } \{S(t)\} \text{ が存在し} \\ S(t)A(t)S(t)^{-1} = A_1(t) \in G(X), \quad 0 \leqq t \leqq T. \\ \{A_1(t)\} \text{ は安定であり, } \|S(t)\|_{Y\to X}, \|S(t)^{-1}\|_{X\to Y} \\ \text{は } 0 \leqq t \leqq T \text{ で有界, } S(t) \text{ は } t \text{ の関数として} \\ B(Y,X) \text{ のノルムで有界変分である.} \end{array}\right.$

証明 (ii′)が満たされれば命題2.2により各tに対しYは$A(t)$-許容である. $\tilde{A}(t)$を$A(t)$のYの中の部分とすると命題2.2の証明よりλが十分大きければ

$$(\tilde{A}(t)-\lambda)^{-1} = S(t)^{-1}(A_1(t)-\lambda)^{-1}S(t).$$

従って

$$\prod_{j=1}^{k}(\tilde{A}(t_j)-\lambda)^{-1} = \prod_{j=1}^{k} S(t_j)^{-1}(A_1(t_j)-\lambda)^{-1}S(t_j). \tag{4.8}$$

$P_j=(S(t_j)-S(t_{j-1}))S(t_{j-1})^{-1}$とおくと(4.8)の右辺は

$$S(t_k)^{-1}\{(A_1(t_k)-\lambda)^{-1}(1+P_k)(A_1(t_{k-1})-\lambda)^{-1}(1+P_{k-1})\cdots$$
$$\cdots(1+P_2)(A_1(t_1)-\lambda)^{-1}\}S(t_1)$$

と表わされる. { }の中の部分を展開してノルムを評価する. $\{A_1(t)\}$の安定常数をM_1, β_1とする. P_jをちょうどm個因子として含む項を評価するには, ちょうど$m+1$個のM_1が因子として必要であることに注意すれば{ }のノルムは

$$M_1(\lambda-\beta_1)^{-k}(1+M_1\|P_k\|)\cdots(1+M_1\|P_2\|)$$

を越えないことがわかる. $\|S(t)\|_{Y\to X}\leqq c$, $\|S(t)^{-1}\|_{X\to Y}\leqq c$, $S(t)$の全変分をVとする. $\|P_j\|\leqq c\|S(t_j)-S(t_{j-1})\|_{Y\to X}$および$a>0$のとき$1+a<e^a$であることを用いれば

$$\left\|\prod_{j=1}^{k}(\tilde{A}(t_j)-\lambda)^{-1}\right\|_Y \leqq c^2M_1e^{cM_1V}(\lambda-\beta_1)^{-k}.$$ ▌

定理4.1では$U(t,s)$の微分可能性が不十分であるが, 仮定をもう少し強くすれば次のように満足すべき結果が得られる.

定理4.2 定理4.1で条件(ii)を次の条件で置き換える:

(ii″) $\left\{\begin{array}{l} Y \text{から} X \text{への同型写像の族} \{S(t)\} \text{が存在し} S(t) \text{は} \\ B(Y,X) \text{の値をとる関数として} [0,T] \text{で強連続微} \\ \text{分可能,} B(X) \text{の値をとる強連続な関数} B(t) \text{が存} \\ \text{在して} S(t)A(t)S(t)^{-1}=A(t)+B(t). \end{array}\right.$

このとき定理4.1の(a),(b),(c),(d)の他次のことが成立する.

(e) $U(t,s)Y\subset Y$, $U(t,s)$はYで強連続,

(f) すべての$v\in Y$, $s\in[0,T]$に対して$U(t,s)v$はtに関し$[s,T]$で強連続微分可能

$$(\partial/\partial t)U(t,s)v = A(t)U(t,s)v$$

が成立する.

証明 仮定と第1章定理3.1より$\|dS(t)/dt\|_{Y\to X}$は$0\leqq t\leqq T$で有界だから$S(t)$は$B(Y,X)$のノルムに関しLipschitzの条件を満足する. 従って有界変分である. また$S(t)=\{I+(S(t)-S(s))S(s)^{-1}\}S(s)$と第1章定理1.15により$t\to s$のとき$B(X,Y)$のノルムで$S(t)^{-1}\to S(s)^{-1}$. 従って$\|S(t)^{-1}\|_{X\to Y}$は有界である. 従って命題3.3と命題4.1により定理4.1の(ii)が満たされ, (a)から(d)までを満足する$U(t,s)$が存在してただ一つである.

(4.9) $\left\{\begin{array}{l} W(t,s) = S(t)U(t,s)S(s)^{-1} \text{は} B(X) \\ \text{に属し,} s \text{と} t \text{に関し強連続である} \end{array}\right.$

ことが示されたとすれば(e)は明らかであり, また$v\in Y$のとき$A(t)U(t,s)v=A(t)S(t)^{-1}W(t,s)S(s)v$は強連続, $h\to+0$のとき$U(t,s)v\in Y$と(c)により

$$\begin{aligned} &h^{-1}\{U(t+h,s)v-U(t,s)v\} \\ &\quad = h^{-1}\{U(t+h,t)-I\}U(t,s)v \to A(t)U(t,s)v \end{aligned}$$

であることから(f)も証明される. そこで以下(4.9)を証明する.

$C(t)=dS(t)/dt\cdot S(t)^{-1}$とおくと$C(t)\in B(X)$, かつ$t$の強連続関数である. 作用素値関数$V(t,s)$, $W(t,s)$を次のように構成する.

(4.10) $$\left\{\begin{aligned} &V(t,s) = \sum_{m=0}^{\infty} V^{(m)}(t,s), \\ &V^{(0)}(t,s) = U(t,s), \\ &V^{(m)}(t,s) = \int_s^t U(t,r)B(r)V^{(m-1)}(r,s)dr, \end{aligned}\right.$$

$$
(4.11)\qquad \begin{cases} W(t,s)=\sum_{m=0}^{\infty} W^{(m)}(t,s), \\ W^{(0)}(t,s)=V(t,s), \\ W^{(m)}(t,s)=\int_s^t W^{(m-1)}(t,r)C(r)V(r,s)dr. \end{cases}
$$

$[0,T]$で$\|B(t)\|\leqq K$とすると各mに対し

$$
(4.12)\qquad \|V^{(m)}(t,s)\|\leqq M^{m+1}K^m e^{\beta(t-s)}(t-s)^m/m!
$$

が容易にわかるから$V(t,s)$を定義する級数は$0\leqq s\leqq t\leqq T$で一様に強収束し，従って$V(t,s)$は2変数s,tに関し強連続である．同様のことは$W(t,s)$についても成立する．従って

$$
(4.13)\qquad S(t)U(t,s)S(s)^{-1}=W(t,s)
$$

を示せばよい．$\bar{A}(t)=A(t)+B(t)$とおくと命題3.3により$\bar{A}(t)$は$M,\alpha=\beta+MK$を安定常数として安定である．定理4.1の証明と同様区間$[0,T]$をn等分し$A_n(t)=A(T[nt/T]/n)$とおく．$\bar{A}_n(t), B_n(t)$も同様に定義する．(4.2)の右辺の$A(jT/n)\,(j=k,\cdots,l)$を$\bar{A}(jT/n)$で置き換えて定義される作用素を$V_n(t,s)$と表わす．

$$
(4.14)\qquad \|V_n(t,s)\|\leqq Me^{\alpha(t-s)}
$$

が成立することは(4.5)のはじめの不等式と同様である．作用素$\bar{V}_n(t,s)$を次のように定義する．

$$
(4.15)\qquad \begin{cases} \bar{V}_n(t,s)=\sum_{m=0}^{\infty} V_n{}^{(m)}(t,s), \\ V_n{}^{(0)}(t,s)=U_n(t,s), \\ V_n{}^{(m)}(t,s)=\int_s^t U_n(t,r)B_n(r)V_n{}^{(m-1)}(r,s)dr. \end{cases}
$$

すなわち$\bar{V}_n(t,s)$は(4.10)で$U(t,s), B(r)$をそれぞれ$U_n(t,s), B_n(r)$で置き換えて定義されるものである．$V_n{}^{(m)}(t,s)$は(4.12)と同じ不等式を満足し，さらに各mに対して$n\to\infty$のとき$V_n{}^{(m)}(t,s)$は$V^{(m)}(t,s)$に一様に強収束することは容易にわかる．従って$\bar{V}_n(t,s)$は$V(t,s)$に$0\leqq s\leqq t\leqq T$で一様に強収束する．次に$\bar{V}_n(t,s)$も定理4.1の(b)を満足することが次のようにしてわかる．まず

$$
(4.16)\qquad \bar{V}_n(t,s)=U_n(t,s)+\int_s^t U_n(t,r)B_n(r)\bar{V}_n(r,s)dr,
$$

(4.17) $$\bar{V}_n(t,s) = U_n(t,s) + \int_s^t \bar{V}_n(t,r)B_n(r)U_n(r,s)dr$$

に注意する．(4.16)は(4.15)より，(4.17)は

$$V_n^{(m)}(t,s) = \int_s^t V_n^{(m-1)}(t,r)B_n(r)U_n(r,s)dr$$

から容易に得られる．(4.17)から

(4.18) $$\begin{aligned}\bar{V}_n(t,r)\bar{V}_n(r,s) &= U_n(t,r)\bar{V}_n(r,s)\\ &+\int_r^t \bar{V}_n(t,\sigma)B_n(\sigma)U_n(\sigma,r)\bar{V}_n(r,s)d\sigma\end{aligned}$$

となるが(4.16)により(4.18)の右辺第1項は

$$U_n(t,s) + \int_s^r U_n(t,\tau)B_n(\tau)\bar{V}_n(\tau,s)d\tau$$

に等しい．同様にして(4.16)により

$$U_n(\sigma,r)\bar{V}_n(r,s) = U_n(\sigma,s) + \int_s^r U_n(\sigma,\tau)B_n(\tau)\bar{V}_n(\tau,s)d\tau$$

であるが，再び(4.16)によりこの式の右辺は

$$\bar{V}_n(\sigma,s) - \int_r^\sigma U_n(\sigma,\tau)B_n(\tau)\bar{V}_n(\tau,s)d\tau$$

に等しい．これを(4.18)の右辺第2項に代入し積分の順序交換を行なって整頓すれば(4.18)の右辺は $\bar{V}_n(t,s)$ に一致することがわかる．$[0,T]$ の分割により得られた各小区間では $A_n(t), B_n(t)$ は共に t に無関係だから t,s が共にそのような小区間にあれば第3章定理4.2により $\bar{V}_n(t,s)=V_n(t,s)$ が成立する．$\bar{V}_n$, V_n 共に定理4.1の(b)を満足するから一般の t,s に対してもこれは成立し，従って $n\to\infty$ のとき $0\leqq s\leqq t\leqq T$ で一様に $V_n(t,s)$ は $V(t,s)$ に強収束する．$W_n(t,s)=S(t)U_n(t,s)S(s)^{-1}$ とおくと $U_n(t,s)\in B(Y)$ であるから $W_n(t,s)\in B(X)$．$n\to\infty$ のとき $0\leqq s\leqq t\leqq T$ で一様に $W_n(t,s)\to W(t,s)$ がわかれば X の強位相で $S(t)^{-1}W(t,s)=\lim_{n\to\infty} S(t)^{-1}W_n(t,s)=\lim_{n\to\infty} U_n(t,s)S(s)^{-1}=U(t,s)S(s)^{-1}$ となり(4.9)が得られる．次にこれを証明する．$C(t,s)=(S(t)-S(s))S(s)^{-1}$ とおくとある数 N が存在して

(4.19) $$\|C(t,s)\| \leqq N|t-s|.$$

$S(t)\exp(\tau A(t))S(t)^{-1}=\exp(\tau\bar{A}(t))$ により $kT/n\leqq s<(k+1)T/n$, $lT/n\leqq t<$

$(l+1)T/n$ のとき

$$W_n(t,s)=S(t)S\left(\frac{l}{n}T\right)^{-1}\exp\left(\left(t-\frac{l}{n}T\right)\bar{A}\left(\frac{l}{n}T\right)\right)S\left(\frac{l}{n}T\right)$$

$$\times S\left(\frac{l-1}{n}T\right)^{-1}\exp\left(\frac{T}{n}\bar{A}\left(\frac{l-1}{n}T\right)\right)S\left(\frac{l-1}{n}T\right)\cdots$$

$$\cdots S\left(\frac{k+1}{n}T\right)^{-1}\exp\left(\frac{T}{n}\bar{A}\left(\frac{k+1}{n}T\right)\right)S\left(\frac{k+1}{n}T\right)$$

$$\times S\left(\frac{k}{n}T\right)^{-1}\exp\left(\left(\frac{k+1}{n}T-s\right)\bar{A}\left(\frac{k}{n}T\right)\right)S\left(\frac{k}{n}T\right)S(s)^{-1}$$

$$=\left(1+C\left(t,\frac{l}{n}T\right)\right)\left\{\exp\left(\left(t-\frac{l}{n}T\right)\bar{A}\left(\frac{l}{n}T\right)\right)\right.$$

$$\times\left(1+C\left(\frac{l}{n}T,\frac{l-1}{n}T\right)\right)\exp\left(\frac{T}{n}\bar{A}\left(\frac{l-1}{n}T\right)\right)\left(1+C\left(\frac{l-1}{n}T,\frac{l-2}{n}T\right)\right)\cdots$$

$$\left.\cdots\left(1+C\left(\frac{k+1}{n}T,\frac{k}{n}T\right)\right)\exp\left(\left(\frac{k+1}{n}T-s\right)\bar{A}\left(\frac{k}{n}T\right)\right)\right\}\left(1+C\left(\frac{k}{n}T,s\right)\right).$$

上式右辺の{ }の部分を展開して次のように整頓する．すなわちちょうど m 個の $C(iT/n,(i-1)T/n)$ を因子として含む項の和を $W_n{}^{(m)}(t,s)$ と表わせば

$$W_n{}^{(0)}(t,s)=V_n(t,s),$$

$$W_n{}^{(m)}(t,s)=\sum_{i=k+1}^{l-m+1}W_n{}^{(m-1)}\left(t,\frac{i}{n}T\right)C\left(\frac{i}{n}T,\frac{i-1}{n}T\right)V_n\left(\frac{i}{n}T,s\right)$$

$$\{\quad\}=\sum_{m=0}^{l-k}W_n{}^{(m)}(t,s)$$

である．(4.14), (4.19)により帰納法を用いて

$$\|W_n{}^{(m)}(t,s)\|\leqq M^{m+1}N^m e^{\alpha(t-s)}(t-s+T/n)^m/m!$$

が示される．ただし s が分点 kT/n に一致するときは右辺の T/n は不要である．

$$W_n{}^{(1)}(t,s)=\sum_{i=k+1}^{l}\int_{(i-1)T/n}^{iT/n}V_n\left(t,\frac{i}{n}T\right)\frac{d}{dr}S(r)S\left(\frac{i-1}{n}T\right)^{-1}V_n\left(\frac{i}{n}T,s\right)dr$$

と表わされるが右辺は kT/n から lT/n までの積分と見られ，$n\to\infty$ のとき積分の範囲は (s,t) に近づく．また被積分関数はそのノルムが $M^2Ne^{\alpha(t-s)}$ でおさえられて $n\to\infty$ のとき $V(t,r)C(r)V(r,s)$ に一様に強収束する．従って $n\to\infty$ のとき $W_n{}^{(1)}(t,s)$ は $W^{(1)}(t,s)$ に $0\leqq s\leqq t\leqq T$ で一様に強収束する．帰納法により各 m に対しても $W_n{}^{(m)}(t,s)$ は $W^{(m)}(t,s)$ に一様に強収束することがわかる．従って

$$W_n(t,s)=\left(1+C\left(t,\frac{l}{n}T\right)\right)\sum_{m=0}^{l-k}W_n{}^{(m)}(t,s)\left(1+C\left(\frac{k}{n}T,s\right)\right)$$

$$\to\sum_{m=0}^{\infty}W^{(m)}(t,s)=W(t,s)\quad(\text{強})$$

であり，しかもこの収束は $0\leqq s\leqq t\leqq T$ で一様である．▌

系 $\{A(t)\}$ は安定，その定義域 D は t に無関係，各 $v\in D$ に対し $A(t)v$ は $[0,T]$ で強連続微分可能とすると定理4.1の(a)，(b)を満足する関数 $U(t,s)\in B(X)$ が存在し，$U(t,s)$ は D を D に写し，各 $v\in D$ に対し $U(t,s)v$ は t,s に関し強連続微分可能

(4.20) $$(\partial/\partial t)U(t,s)v=A(t)U(t,s)v,$$

(4.21) $$(\partial/\partial s)U(t,s)v=-U(t,s)A(s)v$$

が成立する．(4.20)，(4.21)の両辺は $0\leqq s\leqq t\leqq T$ で強連続である．このような $U(t,s)$ はただ一つである．

証明 各 $v\in D$ に対し $\|v\|_Y=\|A(0)v\|+\|v\|$ とおくと D はこのノルムで Banach 空間 Y になる．λ_0 を十分大きい実数とすると $S(t)=A(t)-\lambda_0$ は Y から X への同型写像，$B(t)=0$ として(ii″)が満たされる．▌

T. Kato[72]は系で $\{A(t)\}$ の安定性より強い $A(t)\in G(X,1,\beta)$ の仮定のもとで基本解を構成したもので，時間的非斉次発展方程式の研究の端緒となったものである．

定理4.3 $\{A(t)\}$ は前定理の系の条件を満足すると仮定する．$B(t)$ は $[0,T]$ で定義され $B(X)$ の値をとる強連続関数，すべての $t\in[0,T]$ に対し $\lambda_0\in\rho(A(t))$ であるような実数 λ_0 が存在して $A(t)B(t)(A(t)-\lambda_0)^{-1}$ も各 $t\in[0,T]$ に対し $B(X)$ に属し，$[0,T]$ で強連続とする．このとき $\{A(t)\}$ を $\{A(t)+B(t)\}$ で置き換えて前定理の系の結論が成立する．

証明 前定理系で存在が証明されている作用素をここでは $U_0(t,s)$ と表わす．簡単のために $\lambda_0=0$ とする．

(4.22) $$U_m(t,s)=\int_s^t U_0(t,r)B(r)U_{m-1}(r,s)dr,\qquad m=1,2,\cdots,$$

(4.23) $$U(t,s)=\sum_{m=0}^{\infty}U_m(t,s)$$

とおくと(4.23)の右辺の級数は $0\leqq s\leqq t\leqq T$ で一様に強収束することは明らか

である．仮定と前定理系により $W(t,s)=A(t)U_0(t,s)A(s)^{-1}$，$B_1(t)=A(t)B(t)A(t)^{-1}$ は t に関し強連続だから，ある数 L, N が存在して $\|W(t,s)\|\leqq L$, $\|B_1(t)\|\leqq N$ が成立する．

$$A(t)U_m(t,s)A(s)^{-1} = \int_s^t W(t,r)B_1(r)A(r)U_{m-1}(r,s)A(s)^{-1}dr$$

であるから帰納法で

$$\|A(t)U_m(t,s)A(s)^{-1}\| \leqq L^{m+1}N^m(t-s)^m/m!$$

がすべての m に対して成立することがわかる．故に $A(t)U(t,s)A(s)^{-1}$ は有界，そのノルムは $Le^{LN(t-s)}$ を越えない．また $m=1,2,\cdots$ のとき

$$(\partial/\partial t)U_m(t,s)A(s)^{-1} = B(t)U_{m-1}(t,s)A(s)^{-1}+A(t)U_m(t,s)A(s)^{-1}$$

は容易にわかるから，$U(t,s)A(s)^{-1}$ は t に関し強微分可能，

$$(\partial/\partial t)U(t,s)A(s)^{-1} = (A(t)+B(t))U(t,s)A(s)^{-1}$$

を得る．また

$$U(t,s) = U_0(t,s)+\int_s^t U(t,r)B(r)U_0(r,s)dr$$

は(4.17)と同様にして示すことができるから，各 $v\in D$ に対し $U(t,s)v$ は s に関し微分可能であって，

$$(\partial/\partial s)U(t,s)v = -U(t,s)(A(s)+B(s))v$$

が容易にわかる．∎

定理 4.3 の仮定のもとで前定理系の証明のように $Y, S(t)$ を選ぶと，$A(t)$ を $A(t)+B(t)$ で置き換えて定理 4.2 の仮定(i), (ii″)は満たされるが，$B(t)$ がノルム連続か否かわからないから(iii)が満たされるかどうかわからない．そこで摂動論的方法を用いた．

定理 4.2 の証明から次の定理も容易に得られる．

定理 4.4 定理 4.2 の仮定に加えて次の条件が満たされるとする．

(iv) 各 $t\in[0,T]$ に対し $A(t)$ は群を生成し，$\lambda<-\beta$, $0\leqq t_1\leqq\cdots\leqq t_k\leqq T$, $k=1,2,\cdots$ のとき $\|(A(t_1)-\lambda)^{-1}(A(t_2)-\lambda)^{-1}\cdots(A(t_k)-\lambda)^{-1}\| \leqq M(-\lambda-\beta)^{-k}$ が成立する．

このとき定理 4.2 の $U(t,s)$ を $0\leqq t\leqq T$, $0\leqq s\leqq T$ で構成することができて，同定理の結論は $0\leqq s\leqq t\leqq T$ を $0\leqq t\leqq T$, $0\leqq s\leqq T$ で置き換えて成立する．特

に $U(s,t)=U(t,s)^{-1}$ である．

定理4.2の系，定理4.3に相当することも同様に成立する．

以上 T. Kato[83]に従って述べた．定理4.2の証明では K. Yosida[18], 425-429頁の方法が重用されている．[83]では(ii″)を仮定しなくても Y が回帰的あるいはその他の仮定が満たされれば，$U(t,s)$ の連続性，微分可能性に関し定理4.1よりも強い結論が得られることを示している．[84]では[83]の結果を改良し，[85]でそれを使って非線型方程式を解いた．

§5　非斉次方程式

非斉次方程式の初期値問題(1.1), (1.2)を考える．u_0, f はそれぞれ Y, $C([0,T];X)$ の与えられた元である．$u\in C^1([0,T];X)\cap C([0,T];Y)$ が(1.1)と(1.2)を満足するとき u は(1.1), (1.2)の**解**であるということにする．

定理5.1　定理4.2の仮定のもとで(1.1), (1.2)の解はただ一つである．

証明　u が(1.1), (1.2)の解とすると u は定理4.2で構成された基本解 $U(t,s)$ を用いて(1.8)で表わされることを示す．定理4.2により

$$\begin{aligned}(\partial/\partial s)(U(t,s)u(s)) &= U(t,s)u'(s)-U(t,s)A(s)u(s)\\ &= U(t,s)(u'(s)-A(s)u(s)) = U(t,s)f(s).\end{aligned}$$

これを0から t まで積分すれば(1.8)を得る．▌

f にもう少し強い仮定をすれば(1.8)は実際に(1.1), (1.2)の解である，すなわち

定理5.2　定理4.2の仮定が満足されるとする．各 $u_0\in Y$, $f\in C([0,T];Y)$ に対し(1.8)で定義される関数 u は(1,1), (1.2)の解である．

証明　仮定により $A(t)U(t,s)f(s)$ が s の強連続関数であることから明らかである．

定理5.3　定理4.2系の仮定が満たされるとする．任意の $u_0\in D$, $f\in C^1([0,T];X)$ に対して(1.8)で定義される関数 u は(1.1), (1.2)の解である．

証明　定理4.2系の証明と同じ記号を用いる．$\lambda_0=0$ と仮定して一般性を失なわない．従って $S(t)=A(t)$ である．$g(t)=-dA(t)/dt\,A(t)^{-1}f(t)+f'(t)$ とおくと $g\in C([0,T];X)$,

(5.1)
$$(d/dt)(A(t)^{-1}f(t)) = A(t)^{-1}g(t)$$

が成立する．故に

$$(\partial/\partial s)(U(t,s)A(s)^{-1}f(s)) = -U(t,s)f(s) + U(t,s)A(s)^{-1}g(s)$$

となるが，両辺を0からtまで積分すると

$$v(t) \equiv \int_0^t U(t,s)f(s)ds = U(t,0)A(0)^{-1}f(0)$$
$$-A(t)^{-1}f(t) + \int_0^t U(t,s)A(s)^{-1}g(s)ds$$

となる．これより容易にvが初期条件$v(0)=0$を満足する(1.1)の解であることがわかる．▌

定理5.4　定理4.3の仮定が満たされるとする．$u_0 \in Y$, $f \in C^1([0,T];X)$ならば

(5.2)
$$du(t)/dt = (A(t)+B(t))u(t) + f(t),$$

(5.3)
$$u(0) = u_0$$

の解は存在してただ一つである．

証明は前定理の証明と大差ないから略す．

§6　応用1. 対称双曲系の初期値問題

次の連立偏微分方程式の初期値問題を考える．

$$\partial u/\partial t + \sum_{j=1}^{n} a_j(x,t)\partial u/\partial x_j + b(x,t)u = f(x,t),$$
$$x \in R^n, \quad 0 \leqq t \leqq T, \quad u(x,0) = u_0(x).$$

ただし$u={}^t(u_1,\cdots,u_N)$は未知関数の組，$a_j(x,t), b(x,t)$は各x,tに対しN次正方行列，$a_j(x,t)\,(j=1,\cdots,n)$はエルミット行列である．これは第3章§5で述べた方程式の係数がtに関係する場合であり，関数空間，ノルム等に関し本節ではそこにおけると同じ記号を用いる．係数a_j, bの滑らかさに関して次の仮定をする．

(6.1)　各$a_j(\cdot,t)$は$B^1(R^n)$の値をとる$t \in [0,T]$の連続関数である

(6.2)　$\begin{cases} b(\cdot,t)\text{は}B^0(R^n)\text{の値をとる}t\in[0,T]\text{の連続関数で} \\ \text{あり，各}j=1,\cdots,n\text{に対し}\partial b/\partial x_j\text{は}R^n\times[0,T]\text{で} \\ \text{連続有界である．}\end{cases}$

各tに対し

$$\mathscr{A}(t)u=\sum_{j=1}^{n}a_j(x,t)\partial u/\partial x_j+b(x,t)u$$

とおく．作用素$A(t)$を次のように定義する．

(6.3)　$\begin{cases} D(A(t))=\{u\in X:\mathscr{A}(t)u\in X\}, \\ u\in D(A(t))\text{に対し}A(t)u=\mathscr{A}(t)u. \end{cases}$

第3章定理5.1の証明により，ある数$\beta\geqq 0$が存在してすべての$t\in[0,T]$に対し$A(t)$, $-A(t)$共に$G(X,1,\beta)$に属す．故に$\{A(t)\}$, $\{-A(t)\}$は$1,\beta$は安定常数として安定である．定理4.1の(iii)が満足されることは明らかである．作用素$S(t)\equiv S=(1-\Delta)^{1/2}$をFourier変換を用いて次のように定義する:

$$u\in Y\text{に対し}(Su)(x)=(2\pi)^{-n/2}\int e^{ix\xi}(1+|\xi|^2)^{1/2}\hat{u}(\xi)d\xi.$$

ただし$\hat{u}$はuのFourier変換,上の積分は$L^2(R^n)$での平均収束の意味のものである．SはYからXへの同型写像である．次に$B(X)$の値をとる強連続関数$B(t)$が存在して

(6.4)　$$SA(t)S^{-1}=A(t)+B(t)$$

が成立することを示す．まず$u\in Y$とすると

$$\begin{aligned}SA(t)S^{-1}u&=A(t)u+\sum_{j=1}^{m}[S,a_j(x,t)](\partial/\partial x_j)S^{-1}u+[S,b(x,t)]S^{-1}u\\&\equiv A(t)u+B_1(t)u+B_2(t)u\end{aligned}$$

と表わされる．ただし$[S,a_j(x,t)]u=Sa_j(x,t)u-a_j(x,t)Su$である．$[S,a_j]$は$B(X)$の元として拡張されることはA. P. Calderon[42]の定理1からわかる．この定理はRを特異積分作用素，$a\in B^1(R^n)$とすると$[R,a]\partial/\partial x_j$が$L^2(R^n)$からそれ自身への有界作用素に拡張できるというものである．$S=(1-\Delta)^{1/2}$と同様にしてFourier変換を用いて$\Lambda=(-\Delta)^{1/2}$を定義すると，$S-\Lambda$は$B(X)$の元に拡張されることが容易にわかるから，$[S,a]$の有界な拡張があることを示すには$[\Lambda,a]$の有界な拡張があることを言えばよい．特異積分作用素$R_k(k=1,\cdots,n)$があって$\Lambda=\sum_{k=1}^{n}R_k(\partial/\partial x_k)$と表わされることが知られている([43])から

$$[A, a] = \sum_{k=1}^{n} [R_k, a]\partial/\partial x_k + \sum_{k=1}^{n} R_k \partial a/\partial x_k$$

となり上述の Calderon の定理によりこの式の右辺は $B(X)$ の元として拡張される．さらにその定理の証明によってある数 c が存在して $\|[S, a]u\| \leqq c|a|_1\|u\|$ もわかるから，(6.1) と $\|(\partial/\partial x_j)S^{-1}\| \leqq 1$ から $B_1(t) \in B(X)$ は t に関しノルム連続である．次に

$$B_2(t)u = \left\{S^{-1} - \sum_{j=1}^{n} (\partial/\partial x_j)S^{-1}(\partial/\partial x_j)\right\} b(x, t)S^{-1}u - b(x, t)u$$

と表わされることに注意すると $B_2(t) \in B(X)$ は t に関し強連続であることがわかる．ここで $b(\cdot, t)$ が $B^1(R^n)$ 値連続関数であることを仮定していないから [42]の結果は使えない．かくて $u \in Y$ に対しては

(6.5)　　$$SA(t)S^{-1}u = A(t)u + B(t)u$$

が成立することがわかった．ここで $B(t) = B_1(t) + B_2(t)$ は $B(X)$ の値をとる強連続関数である．従って(6.4)を証明するにはその両辺の定義域が一致すること，すなわち $D(SA(t)S^{-1}) = D(A(t))$ を示せばよい．$u \in D(A(t))$ とする．軟化子で近似して $u_j \in Y$, X で $u_j \to u$, $A(t)u_j \to A(t)u$ となるようにできる．(6.5)より Y で $A(t)S^{-1}u_j = S^{-1}(A(t) + B(t))u_j \to S^{-1}(A(t) + B(t))u$ であり，また $A(t)$ が閉作用素であるから $S^{-1}u \in D(A(t))$, $A(t)S^{-1}u = S^{-1}(A(t) + B(t))u$ となり，$SA(t)S^{-1} \supset A(t) + B(t)$ が示された．従って実数 λ が十分大きければ $S(A(t) + \lambda)^{-1}S^{-1} \supset (A(t) + B(t) + \lambda)^{-1}$ となるが，この右辺の定義域は X の全体であるから等号が成立する．すなわち(6.4)が得られた．$-A(t)$ に対しても同様のことが言えるから $\{A(t)\}$ に定理 4.4 を適用することができる．

§7　正定符号自己共役作用素の分数巾に関する一定理

本節では助変数に関係する正定符号自己共役作用素の分数巾に関する一定理を述べる．これは次節の準備であるがそれ自身独立の興味あるものである．

予備定理 7.1　各 $t \in [0, T]$ に対し $A(t)$ は Banach 空間 X における閉作用素，有界な逆 $A(t)^{-1}$ が存在し，$D(A(t)) = D$ は t に無関係，各 $u \in D$ に対し $A(t)u$ は $[0, T]$ で強連続微分可能とすると $A(t)A(s)^{-1}$ は $(t, s) \in [0, T] \times [0, T]$ で強連続微分可能である．

証明　仮定により $(d/dt)A(t)A(0)^{-1}$ は強連続だから第1章定理3.1によりある数 M が存在して $0\leqq t\leqq T$ で $\|(d/dt)A(t)A(0)^{-1}\|\leqq M$. 従って任意の $u\in X$ に対して

$$\|A(t)A(0)^{-1}u-A(s)A(0)^{-1}u\|\leqq M|t-s|\,\|u\|$$

が成立するから $A(t)A(0)^{-1}$ は $B(X)$ のノルムで Lipschitz 連続である. 故に第1章定理1.15により $A(0)A(t)^{-1}=(A(t)A(0)^{-1})^{-1}$ はノルム連続だから $A(0)A(t)^{-1}$ は一様有界である.

$$(\partial/\partial t)(A(t)A(s)^{-1})=(d/dt)A(t)A(0)^{-1}\cdot A(0)A(s)^{-1},$$

$$\begin{aligned}&h^{-1}(A(t)A(s+h)^{-1}-A(t)A(s)^{-1})\\&=A(t)A(0)^{-1}\cdot A(0)A(s+h)^{-1}\cdot h^{-1}(A(s)-A(s+h))A(0)^{-1}\cdot A(0)A(s)^{-1}\\&\to -A(t)A(s)^{-1}(d/ds)A(s)A(0)^{-1}\cdot A(0)A(s)^{-1}\end{aligned}$$

により証明を終る. ▌

今後, 本節では X は Hilbert 空間, 各 $t\in[0,T]$ に対し $A(t)$ は X における自己共役作用素, $D(A(t))=D$ は t に無関係, $A(t)$ は $[0,T]$ で一様に正定符号, すなわちある数 $\delta>0$ が存在して $(A(t)u,u)\geqq\delta\|u\|^2$ がすべての $t\in[0,T]$, $u\in D$ に対して成立すると仮定する. 第2章定理3.3により各 $\alpha\in(0,1)$ に対し $D_\alpha=D(A(t)^\alpha)$ も t に無関係である.

定理7.1　上の仮定のもとでさらに各 $u\in D$ に対し $A(t)u$ は $[0,T]$ で強連続とすると, すべての $\alpha\in(0,1)$, $u\in D_\alpha$ に対し $A(t)^\alpha u$ は $[0,T]$ で強連続である.

証明　仮定と第1章定理3.1により

$$K=\sup_{0\leqq t\leqq T}\|A(t)A(0)^{-1}\|<\infty \tag{7.1}$$

である. 第2章定理3.3により $\|A(t)^\alpha A(0)^{-\alpha}\|\leqq K^\alpha$ が成立する. $u\in X$, $\mu\geqq 0$, $t\to s$ のとき, $\|(A(t)+\mu)^{-1}\|\leqq(\delta+\mu)^{-1}$ に注意して

$$\begin{aligned}&\|(A(t)+\mu)^{-1}u-(A(s)+\mu)^{-1}u\|\\&=\|(A(t)+\mu)^{-1}(A(s)-A(t))(A(s)+\mu)^{-1}u\|\\&\leqq(\delta+\mu)^{-1}\|(A(s)-A(t))(A(s)+\mu)^{-1}u\|\to 0\end{aligned}$$

となるから, $(A(t)+\mu)^{-1}u$ は t の強連続関数である. 従って

$$A(t)^{\alpha-1}u=\frac{\sin\pi\alpha}{\pi}\int_0^\infty \mu^{\alpha-1}(A(t)+\mu)^{-1}u\,d\mu$$

も t の強連続関数である. 従って $u\in D$ のとき $A(t)^\alpha u=A(t)^{\alpha-1}A(t)u$ は t に関

し強連続である．$u\in D_\alpha$ のとき $w=A(0)^\alpha u$ とおき，$w_n\in D_{1-\alpha}$，$\|w_n-w\|\to 0$，$u_n=A(0)^{-\alpha}w_n$ とすると $u_n\in D$ だから $A(t)^\alpha u_n$ は t の強連続関数であり

$$\|A(t)^\alpha u_n-A(t)^\alpha u\| = \|A(t)^\alpha A(0)^{-\alpha}(w_n-w)\| \leqq K^\alpha\|w_n-w\|,$$

従って $n\to\infty$ のとき $A(t)^\alpha u_n$ は $0\leqq t\leqq T$ で一様に $A(t)^\alpha u$ に強収束する．故に $A(t)^\alpha u$ は $0\leqq t\leqq T$ で強連続である．▌

各 $u\in D$ に対し $A(t)u$ が強微分可能のとき $(d/dt)A(t)u$ を簡単に $A'(t)$ と表わす．

予備定理 7.2 上述の仮定のもとでさらに各 $u\in D$ に対し $A(t)u$ は $[0, T]$ で強連続微分可能とする．このとき t, s, r を $[0, T]$ の任意の点，α を $[0, 1]$ の任意の数とすると，$D_{1-\alpha}$ で定義された作用素 $A(r)^{\alpha-1}A'(t)A(s)^{-\alpha}$ の有界な拡張があり，そのノルムは $M=\sup_{0\leqq t\leqq T}\|A'(t)A(s)^{-1}\|$ を越えない．

証明 予備定理 7.1 により $M<\infty$ である．D で定義された作用素 $A'(t)$ は対称だから各 $u\in D$，$v\in X$ に対して

$$\begin{aligned}|(A(r)^{-1}A'(t)u, v)| &= |(A'(t)u, A(r)^{-1}v)|\\ &= |(u, A'(t)A(r)^{-1}v)| \leqq M\|u\|\|v\|.\end{aligned}$$

従って $A(r)^{-1}A'(t)$ の有界な拡張 T が存在して $\|T\|\leqq M$．明らかに T は D を D に写し，各 $u\in D$ に対し

$$\|A(r)Tu\| = \|A'(t)u\| = \|A'(t)A(s)^{-1}A(s)u\| \leqq M\|A(s)u\|.$$

故に $X_1=X_2=X$，A を $A(s)$，B を $A(r)$ として第2章定理 3.3 の仮定が満たされるから，T は D_α を D_α に写し，各 $u\in D_\alpha$ に対して

$$\|A(r)^\alpha Tu\| \leqq M\|A(s)^\alpha u\|.$$

従って $u\in D$ ならば

$$\|A(r)^{\alpha-1}A'(t)u\| \leqq M\|A(s)^\alpha u\|. \tag{7.2}$$

$u\in D_{1-\alpha}$ ならば $A(s)^{-\alpha}u\in D$ であるから，(7.2)により

$$\|A(r)^{\alpha-1}A'(t)A(s)^{-\alpha}u\| \leqq M\|u\|$$

を得る．▌

定理 7.2(Ю. Л. Далецкий[54]) 上述の仮定のもとで更に各 $u\in D$ に対し $A(t)u$ は $[0, T]$ で強連続微分可能，$0<\alpha<1$ とすると，$A(t)^\alpha A(s)^{-\alpha}$ は $(t, s)\in[0, T]\times[0, T]$ で強連続微分可能である．また $A(t)^{\alpha-1}(d/dt)A(t)^\alpha\cdot A(t)^{-1}$ は有界作用素，$[0, T]$ で強連続である．

証明　$u\in D$ とすると

$$A(t)^\alpha u = A(t)^{\alpha-1}A(t)u = \frac{\sin\pi\alpha}{\pi}\int_0^\infty \mu^{\alpha-1}(A(t)+\mu)^{-1}A(t)ud\mu$$

であるが

$$\begin{aligned}(\partial/\partial t)((A(t)+\mu)^{-1}A(t)u) &= (\partial/\partial t)(u-\mu(A(t)+\mu)^{-1}u)\\ &= -\mu(\partial/\partial t)(A(t)+\mu)^{-1}u = \mu(A(t)+\mu)^{-1}A'(t)(A(t)+\mu)^{-1}u\\ &= \mu(A(t)+\mu)^{-1}A'(t)A(t)^{-1}(A(t)+\mu)^{-1}A(t)u\end{aligned}$$

であるから

$$\|\mu^{\alpha-1}(\partial/\partial t)((A(t)+\mu)^{-1}A(t)u)\| \leqq M\mu^\alpha(\mu+\delta)^{-2}\|A(t)u\|$$

は $0<\mu<\infty$ で可積である．従って

$$\frac{d}{dt}A(t)^\alpha u = \frac{\sin\pi\alpha}{\pi}\int_0^\infty \mu^\alpha(A(t)+\mu)^{-1}A'(t)(A(t)+\mu)^{-1}ud\mu.$$

$\alpha<\beta<1$，v を X の任意の元とすると，予備定理7.2により

$$\begin{aligned}&|((A(t)+\mu)^{-1}A'(t)(A(t)+\mu)^{-1}u, v)|\\ &= |(A(t)^{\beta-1}A'(t)A(t)^{-\beta}\cdot A(t)^\beta(A(t)+\mu)^{-1}u, A(t)^{1-\beta}(A(t)+\mu)^{-1}v)|\\ &\leqq M\|A(t)^\beta(A(t)+\mu)^{-1}u\|\,\|A(t)^{1-\beta}(A(t)+\mu)^{-1}v\|.\end{aligned}$$

従って

$$\begin{aligned}\left|\left(\frac{d}{dt}A(t)^\alpha u, v\right)\right| &= \left|\frac{\sin\pi\alpha}{\pi}\int_0^\infty \mu^\alpha((A(t)+\mu)^{-1}A'(t)(A(t)+\mu)^{-1}u, v)d\mu\right|\\ &\leqq \frac{\sin\pi\alpha}{\pi}M\int_0^\infty \mu^\alpha\|A(t)^\beta(A(t)+\mu)^{-1}u\|\,\|A(t)^{1-\beta}(A(t)+\mu)^{-1}v\|d\mu.\end{aligned}$$

ここで $\beta=(1+\alpha)/2$ ととり Schwarz の不等式を用いて

$$\begin{aligned}&\leqq \frac{\sin\pi\alpha}{\pi}M\left\{\int_0^\infty \mu^\alpha\|A(t)^{(1-\alpha)/2}(A(t)+\mu)^{-1}A(t)^\alpha u\|^2d\mu\right\}^{1/2}\\ &\qquad\times\left\{\int_0^\infty \mu^\alpha\|A(t)^{(1-\alpha)/2}(A(t)+\mu)^{-1}v\|^2d\mu\right\}^{1/2}\end{aligned}$$

を得る．$A(t)=\int_\delta^\infty \lambda dE(\lambda)$ を $A(t)$ のスペクトル分解とすると

$$\begin{aligned}&\int_0^\infty \mu^\alpha\|A(t)^{(1-\alpha)/2}(A(t)+\mu)^{-1}v\|^2d\mu\\ &= \int_0^\infty \mu^\alpha\int_\delta^\infty \lambda^{1-\alpha}(\lambda+\mu)^{-2}d\|E(\lambda)v\|^2d\mu\end{aligned}$$

$$= \int_\delta^\infty \lambda^{1-\alpha} \int_0^\infty \mu^\alpha (\lambda+\mu)^{-2} d\mu d\|E(\lambda)v\|^2$$

$$= \int_0^\infty \mu^\alpha (1+\mu)^{-2} d\mu \|v\|^2 = \frac{\pi\alpha}{\sin \pi\alpha} \|v\|^2$$

であるから

$$|((d/dt)A(t)^\alpha u, v)| \leqq M\alpha \|A(t)^\alpha u\| \|v\|.$$

従ってすべての $u \in D$ に対して

$$\|(d/dt)A(t)^\alpha u\| \leqq M\alpha \|A(t)^\alpha u\| \tag{7.3}$$

が成立する．次に u を D_α の任意の元とする．定理 7.1 の証明のように列 $\{u_n\} \subset D$, $\{w_n\} \subset D_{1-\alpha}$ を選ぶと $[0, T]$ で一様に $A(t)^\alpha u_n \to A(t)^\alpha u$ (強) である．(7.1) と (7.3) により

$$\begin{aligned} \|(d/dt)A(t)^\alpha u_n - (d/dt)A(t)^\alpha u_m\| &\leqq M\alpha \|A(t)^\alpha (u_n - u_m)\| \\ &\leqq M\alpha \|A(t)^\alpha A(0)^{-\alpha} (w_n - w_m)\| \\ &\leqq M\alpha K^\alpha \|w_n - w_m\| \end{aligned}$$

であるから $(d/dt)A(t)^\alpha u_n$ は $[0, T]$ で一様に強収束する．故に $A(t)^\alpha u$ も強連続微分可能，$(d/dt)A(t)^\alpha u = \lim_{n\to\infty}(d/dt)A(t)^\alpha u_n$ (強) である．従って予備定理 7.1 により前半は証明された．

u を D の任意の元とする．

$$\begin{aligned} &A(t+h)^{1-\alpha} h^{-1} (A(t+h)^\alpha - A(t)^\alpha) u \\ &\quad = h^{-1}(A(t+h) - A(t))u - h^{-1}(A(t+h)^{1-\alpha} - A(t)^{1-\alpha}) A(t)^\alpha u \end{aligned}$$

の右辺は $h \to 0$ のとき $A'(t)u - (d/dt)A(t)^{1-\alpha} \cdot A(t)^\alpha u$ に強収束する．またすべての $v \in D_{1-\alpha}$ に対し

$$\begin{aligned} &(A(t+h)^{1-\alpha} h^{-1} (A(t+h)^\alpha - A(t)^\alpha) u, v) \\ &\quad = (h^{-1}(A(t+h)^\alpha - A(t)^\alpha) u, A(t+h)^{1-\alpha} v) \\ &\quad \to ((d/dt)A(t)^\alpha u, A(t)^{1-\alpha} v) \end{aligned}$$

であるから

$$((d/dt)A(t)^\alpha u, A(t)^{1-\alpha} v) = (A'(t)u - (d/dt)A(t)^{1-\alpha} \cdot A(t)^\alpha u, v).$$

故に $(d/dt)A(t)^\alpha u \in D_{1-\alpha}$,

$$A(t)^{1-\alpha} (d/dt)A(t)^\alpha \cdot A(t)^{-1} = A'(t)A(t)^{-1} - (d/dt)A(t)^{1-\alpha} \cdot A(t)^{\alpha-1}$$

であり，この式の右辺は t に関し強連続である．∎

§8 応用2. 双曲型方程式の混合問題

あるHilbert空間 X での2階双曲型方程式の初期値問題

(8.1) $$d^2u(t)/dt^2+A(t)u(t)=f(t),\quad 0\leqq t\leqq T,$$

(8.2) $$u(0)=u_0,\quad (d/dt)u(0)=u_1$$

を考える．ここで $A(t)$ は X で下に有界な自己共役作用素である．この方程式が双曲型と見られる理由をまず述べる．Ω は R^n の中の領域，各 $t\in[0,T]$，$u,v\in\mathring{H}_1(\Omega)$ に対し

(8.3) $$a(t;u,v)=\sum_{i,j=1}^n\int_\Omega a_{ij}(x,t)\frac{\partial u}{\partial x_i}\frac{\overline{\partial v}}{\partial x_j}dx-\int_\Omega c(x,t)u\bar{v}dx$$

とおく．a_{ij},c は $\bar{\Omega}\times[0,T]$ で連続有界な実数値関数，行列 $(a_{ij}(x,t))$ は一様に正定符号，すなわち正の数 δ が存在して

(8.4) $$\sum_{i,j=1}^n a_{ij}(x,t)\xi_i\xi_j\geqq\delta|\xi|^2$$

がすべての $x\in\bar{\Omega}$，$0\leqq t\leqq T$，実ベクトル ξ に対して成立するとする．各 t に対しこの二次形式から定まる作用素を $A(t)$ とすると，双曲型方程式の混合問題

(8.5) $$\frac{\partial^2u}{\partial t^2}=\sum_{i,j=1}^n\frac{\partial}{\partial x_j}\left(a_{ij}(x,t)\frac{\partial u}{\partial x_i}\right)+c(x,t)u+f(x,t),$$
$$x\in\Omega,\ 0\leqq t\leqq T,$$

(8.6) $$u(x,t)=0,\quad x\in\partial\Omega,\quad 0\leqq t\leqq T,$$

(8.7) $$u(x,0)=u_0(x),\quad (\partial/\partial t)u(x,0)=u_1(x),\quad x\in\Omega$$

は抽象的に(8.1),(8.2)の形に書くことができる．第2章§2で述べたことにより $A(t)$ は $L^2(\Omega)$ における下に有界な自己共役作用素である．本節で述べることは $A(t)$ が高階楕円型作用素のDirichlet問題で定まる作用素の場合——このとき(8.1)が双曲型といえるか否かは別として——にも当てはまる．

本節では $A(t)$ は各 $t\in[0,T]$ に対し自己共役，下に有界，$D(A(t))=D$ は t に無関係，各 $u\in D$ に対し $A(t)u$ は $[0,T]$ で強連続微分可能と仮定する．簡単のため $A(t)$ は一様に正定符号と仮定する．もしそうでなければ十分大きい正の数 λ_0 を選び，$A_1(t)=A(t)+\lambda_0$ とおき(8.1)を

$$d^2u(t)/dt^2+A_1(t)u(t)-\lambda_0u(t)=f(t)$$

と表わすと，以下の議論により $-\lambda_0u(t)$ は摂動項として定理4.3によって処理

できることがわかる．$u\in C^2([0,T];X)$, 各 $t\in[0,T]$ に対し $u(t)\in D$, $du(t)/dt\in D_{1/2}\equiv D(A(t)^{1/2})$, $Au, A^{1/2}du/dt\in C([0,T];X)$, (8.1), (8.2)が満たされるとき u は(8.1), (8.2)の解であるという．Ω は局所的に C^4 級，一様に C^2 級，

$$a_{ij},\quad \frac{\partial a_{ij}}{\partial t},\quad \frac{\partial a_{ij}}{\partial x_i},\ \frac{\partial^2 a_{ij}}{\partial x_i \partial x_j},\quad \frac{\partial^2 a_{ij}}{\partial x_i \partial t},\quad c,\quad \frac{\partial c}{\partial t}$$

はすべて $\Omega\times[0,T]$ で連続有界，a_{ij} は一様に連続ならば二次形式(8.3)により定まる作用素 $A(t)$ は(一様に正定符号を除いて)本節の仮定を満足する．$D(A(t))=H_2(\Omega)\cap \mathring{H}_1(\Omega)$ は Browder[36]により知られている．

$\mathfrak{X}=X\times X$ を X と X の直積 Hilbert 空間とする．すなわち $\mathfrak{X}$ は $U={}^t(u,v)(u,v\in X)$ の全体で U のノルムは $\|U\|^2=\|u\|^2+\|v\|^2$ で定義されるものである．

$$\mathfrak{A}(t)=\begin{pmatrix}0 & iA(t)^{1/2}\\ iA(t)^{1/2} & 0\end{pmatrix},\qquad \mathfrak{B}(t)=\begin{pmatrix}(d/dt)A(t)^{1/2}\cdot A(t)^{-1/2} & 0\\ 0 & 0\end{pmatrix}$$

とおく．$\mathfrak{A}(t)$ は $\mathfrak{D}=D_{1/2}\times D_{1/2}$ を定義域とする $\mathfrak{X}$ における歪対称作用素，$\mathfrak{B}(t)$ は定理 7.2 により $\mathfrak{X}$ で有界，各 $U\in\mathfrak{D}$ に対し $\mathfrak{A}(t)U$ は強連続微分可能，$\mathfrak{B}(t)$ は $\mathfrak{X}$ で強連続である．$u_0\in D$, $u_1\in D_{1/2}$, $u(t)$ が(8.1), (8.2)の解であるとき $u_0(t)=iA(t)^{1/2}u(t)$, $u_1(t)=du(t)/dt$, $U(t)={}^t(u_0(t),\ u_1(t))$, $F(t)={}^t(0,f(t))$ とおくと $U(t)$ は

$$dU(t)/dt=\mathfrak{A}(t)U(t)+\mathfrak{B}(t)U(t)+F(t), \tag{8.8}$$

$$U(0)=U_0={}^t(u_0,u_1) \tag{8.9}$$

の解である．逆に $U(t)={}^t(u_0(t),u_1(t))$ が(8.8), (8.9)の解ならば計算を逆にたどって $u(t)=-iA(t)^{-1/2}u_0(t)$ が(8.1), (8.2)の解であることがわかる．故に(8.1), (8.2)と(8.8), (8,9)は同値である．各 t に対して $i\mathfrak{A}(t)$ は $\mathfrak{X}$ で自己共役であるから $\mathfrak{A}(t)$ は縮小群を生成する．

$$\mathfrak{A}(t)^{-1}=\begin{pmatrix}0 & -iA(t)^{-1/2}\\ -iA(t)^{-1/2} & 0\end{pmatrix}$$

は有界，簡単な計算で

$$\mathfrak{A}(t)\mathfrak{B}(t)\mathfrak{A}(t)^{-1}=\begin{pmatrix}0 & 0\\ 0 & A(t)^{1/2}(d/dt)A(t)^{1/2}\cdot A(t)^{-1}\end{pmatrix}$$

がわかる．故に定理 7.2 により $\mathfrak{A}(t)\mathfrak{B}(t)\mathfrak{A}(t)^{-1}$ も $\mathfrak{X}$ で有界，t に関し強連続である．以上により $\mathfrak{A}(t), \mathfrak{B}(t)$ は定理 4.3 の仮定を満足する．従って(8.8), (8.9)の基本解 $\mathfrak{U}(t,s)$ が存在し次の定理が証明された．

定理 8.1 $u_0 \in D$, $u_1 \in D_{1/2}$, $f \in C^1([0, T]; X)$ ならば(8.1), (8.2)の解は存在して一意である.

注意 8.1 上述のことは(8.5)よりもう少し一般な次の方程式に対しても成立する:

$$\frac{\partial^2 u}{\partial t^2} = \sum_{i=1}^n a_i \frac{\partial^2 u}{\partial x_i \partial t} + \sum_{i,j=1}^n a_{ij} \frac{\partial^2 u}{\partial x_i \partial x_j} + \sum_{i=1}^n b_i \frac{\partial u}{\partial x_i} + cu + f.$$

ここで(a_{ij})に関する仮定は前と同様, a_i は実数値, b_i, c は複素数値でもよく

$$a_i, \quad \frac{\partial a_i}{\partial x_i}, \quad \frac{\partial a_i}{\partial t}, \quad \frac{\partial^2 a_i}{\partial x_i \partial t}, \quad b_i, \quad \frac{\partial b_i}{\partial t}, \quad c, \quad \frac{\partial c}{\partial x_i}$$

は $\Omega \times [0, T]$ で連続有界とする.

$$B_0(t) = \sum_{i=1}^n \left(a_i \frac{\partial}{\partial x_i} + \frac{1}{2} \frac{\partial a_i}{\partial x_i} \right), \qquad A_0(t) = -\sum_{i,j=1}^n \left(a_{ij} \frac{\partial^2}{\partial x_i \partial x_j} + \frac{\partial a_{ij}}{\partial x_j} \frac{\partial}{\partial x_i} \right),$$

$$B_1(t) = -\frac{1}{2} \sum_{i=1}^n \frac{\partial a_i}{\partial x_i}, \qquad A_1(t) = \sum_{i,j=1}^n \left(b_i - \frac{\partial a_{ij}}{\partial x^j} \right) \frac{\partial}{\partial x_i}, \qquad C(t) = c,$$

$$\mathfrak{A}_0(t) = \begin{pmatrix} 0 & i{A_0}^{1/2} \\ i{A_0}^{1/2} & B_0 \end{pmatrix}, \qquad \mathfrak{A}_1(t) = \begin{pmatrix} 0 & 0 \\ -iA_1 \cdot {A_0}^{-1/2} & B_1 \end{pmatrix},$$

$$\mathfrak{B}(t) = \begin{pmatrix} (d/dt){A_0}^{1/2} \cdot {A_0}^{-1/2} & 0 \\ -iC{A_0}^{-1/2} & 0 \end{pmatrix}, \qquad \mathfrak{A}(t) = \mathfrak{A}_0(t) + \mathfrak{A}_1(t)$$

とおくと(8.8)の代りに

$$dU(t)/dt = (\mathfrak{A}(t) + \mathfrak{B}(t))U(t) + F(t)$$

を考えることになる. $B_0(t)$ は $\mathfrak{D}$ の上で歪対称であるから $i\mathfrak{A}_0(t)$ は $\mathfrak{D}$ を定義域として自己共役, $\mathfrak{D}$ の上で強連続微分可能, $\mathfrak{A}_1(t)$ は $\mathfrak{X}$ で有界, 強連続微分可能である. 従って定理 7.2 により $\mathfrak{A}(t)$ は定理 4.2 系の仮定を満足する. $\mathfrak{A}_0(t)$ の有界な逆があり

$$\mathfrak{A}_0(t)^{-1} = \begin{pmatrix} {A_0}^{-1/2} B_0 {A_0}^{-1/2} & -i{A_0}^{-1/2} \\ -i{A_0}^{-1/2} & 0 \end{pmatrix},$$

$\mathfrak{A}_0(t)\mathfrak{B}(t)\mathfrak{A}_0(t)^{-1}$ が強連続であることも容易にわかり, これより $\mathfrak{A}(t)$, $\mathfrak{B}(t)$ が定理 4.3 の条件を満足することがわかる.

§7 と §8 に関係ある文献には R. W. Carroll–E. State[47], B. A. Погорелeнко–П. E. Соболевский[145]等がある. また J. L. Lions[11]第8章, J. L. Lions–E. Magenes[15]第2巻も参照.

第5章　放物型方程式

§1　放物型方程式

係数がtに関係する方程式を本章では

$$(1.1)\qquad du(t)/dt+A(t)u(t)=f(t),\qquad 0<t\leqq T$$

と書く．すなわち前章で$A(t)$と書いた代りに$-A(t)$と書くのである．これは$A(t)$の分数巾や Gårding の不等式を満足する二次型式が登場するから記号を簡単にするためである．

定義 1.1　各$t\in[0,T]$に対し$-A(t)$が解析的半群の生成素であるとき(1.1)を**放物型方程式**という．

前章と同様初期条件

$$(1.2)\qquad u(0)=u_0$$

を満足する(1.1)の解の存在と一意性を考察するのである．

放物型方程式に対しては前章と異なる方法で基本解を構成することができる．この方法は **E. E. Levi の方法**と呼ばれ楕円型並びに放物型偏微分方程式の基本解の構成に古くから用いられて来たものである．本章を通じ(1.1)は常に放物型と仮定し，さらに必要があれば十分大きな正の数kをとって$u(t)$の代りに$e^{-kt}u(t)$を未知関数とすることにより$0\in\rho(A(t))$としておく．すなわち

仮定 1.1　各$t\in[0,T]$に対し$A(t)$は Banach 空間Xで稠密に定義された閉作用素，$\rho(A(t))$は半平面$\mathrm{Re}\,\lambda\leqq 0$を含み$(1+|\lambda|)(A(t)-\lambda)^{-1}$は$0\leqq t\leqq T$, $\mathrm{Re}\,\lambda\leqq 0$で一様に有界である

と仮定する．従って第3章注意3.2によりある数M，角$\theta\in(0,\pi/2)$が存在し$\rho(A(t))$は閉角領域$\Sigma=\{\lambda:|\arg\lambda|\geqq\theta\}\cup\{0\}$を含み

$$(1.3)\qquad \|(A(t)-\lambda)^{-1}\|\leqq M/(1+|\lambda|)$$

が $0\leqq t\leqq T$, $\lambda\in\Sigma$ で成立する．本章を通じてそのときどきの仮定のみによって決まる数を C によって表わす．

§2 $A(t)$ の定義域が t に無関係な場合

本節では次の仮定が満足されるとする．

仮定 2.1 $A(t)$ の定義域 $D(A(t))\equiv D$ は t に無関係，従って $A(t)A(0)^{-1}$ は有界作用素であるが，これが $B(X)$ のノルムで t の Hölder 連続な関数である．すなわち正の数 $\alpha\leqq 1$ と L が存在して

$$\|A(t)A(0)^{-1}-A(s)A(0)^{-1}\| \leqq L|t-s|^{\alpha} \tag{2.1}$$

が $0\leqq s\leqq T$, $0\leqq t\leqq T$ で成立する．

本節では仮定 1.1, 2.1 のもとで (1.1) の基本解を構成する．仮定 2.1 が満たされると $A(t)A(0)^{-1}$ は t のノルム連続な関数だから $A(0)A(t)^{-1}=(A(t)A(0)^{-1})^{-1}$ も同様(第1章定理 1.15)，従って $A(0)A(t)^{-1}$ は一様有界である．故に必要があれば L を他の数で置き換えて

$$\|A(t)A(r)^{-1}-A(s)A(r)^{-1}\| \leqq L|t-s|^{\alpha} \tag{2.2}$$

がすべての $t, s, r\in[0, T]$ に対して成立するとしておく．基本解 $U(t, s)$ を次のようにして構成する．

$$U(t, s) = \exp(-(t-s)A(s))+W(t, s), \tag{2.3}$$

$$W(t, s) = \int_s^t \exp(-(t-\tau)A(\tau))R(\tau, s)d\tau \tag{2.4}$$

とおいて形式的な計算をすると

$$(\partial/\partial t)U(t, s) = -A(s)\exp(-(t-s)A(s))+R(t, s)$$
$$-\int_s^t A(\tau)\exp(-(t-\tau)A(\tau))R(\tau, s)d\tau,$$

$$A(t)U(t, s) = A(t)\exp(-(t-s)A(s))$$
$$+\int_s^t A(t)\exp(-(t-\tau)A(\tau))R(\tau, s)d\tau$$

となるが，辺々相加えて

$$(2.5)\quad \begin{aligned}(\partial/\partial t)U(t,s)+A(t)U(t,s) &= -R_1(t,s)+R(t,s)\\ &\quad -\int_s^t R_1(t,\tau)R(\tau,s)d\tau\end{aligned}$$

を得る．ここに

$$(2.6)\quad R_1(t,s) = -(A(t)-A(s))\exp(-(t-s)A(s))$$

である．第3章定理3.1によりある数C_0が存在して

$$(2.7)\quad \|\exp(-tA(s))\| \leqq C_0,$$

$$(2.8)\quad \|A(s)\exp(-tA(s))\| \leqq C_0 t^{-1}$$

が成立するから$s<t$のとき(2.2), (2.8)により

$$(2.9)\quad \begin{aligned}\|R_1(t,s)\| &\leqq \|(A(t)-A(s))A(s)^{-1}\|\,\|A(s)\exp(-(t-s)A(s))\|\\ &\leqq LC_0(t-s)^{\alpha-1}.\end{aligned}$$

(2.5)の右辺は$t>s$のとき0となるべきものであるから，$R(t,s)$を積分方程式

$$(2.10)\quad R(t,s)-\int_s^t R_1(t,\tau)R(\tau,s)d\tau = R_1(t,s)$$

の解として求めることにする．$\exp(-(t-s)A(s))$, $R_1(t,s)$は$0\leqq s<t\leqq T$で$B(X)$のノルムで連続であることは容易に確かめられる．(2.9)により(2.10)は逐次近似により解くことができる:

$$(2.11)\quad R(t,s) = \sum_{m=1}^{\infty} R_m(t,s),$$

$$(2.12)\quad R_m(t,s) = \int_s^t R_1(t,\tau)R_{m-1}(\tau,s)d\tau.$$

帰納法により容易に

$$\|R_m(t,s)\| \leqq (LC_0\Gamma(\alpha))^m(t-s)^{m\alpha-1}/\Gamma(m\alpha)$$

がわかる．従って

$$(2.13)\quad \begin{aligned}\|R(t,s)\| &\leqq \sum_{m=1}^{\infty}(LC_0\Gamma(\alpha))^m(t-s)^{m\alpha-1}/\Gamma(m\alpha)\\ &\leqq \sum_{m=1}^{\infty}(LC_0\Gamma(\alpha))^m T^{(m-1)\alpha}\Gamma(m\alpha)^{-1}(t-s)^{\alpha-1} = C(t-s)^{\alpha-1},\end{aligned}$$

$$(2.14)\quad \|W(t,s)\| \leqq C(t-s)^{\alpha},$$

$$(2.15)\quad \|U(t,s)\| \leqq C$$

となる．次にこの$U(t,s)$が実際に基本解になっていることを確かめる．そのために次の予備定理を準備する．

予備定理 2.1 β を $0<\beta<\alpha$ を満足する任意のと数すると，正の数 C_β が存在して $0\leqq s<\tau<t\leqq T$ で次の不等式が成立する．

$$\|R(t,s)-R(\tau,s)\|\leqq C_\beta(t-\tau)^\beta(\tau-s)^{\alpha-\beta-1}. \tag{2.16}$$

証明 まず

$$\begin{aligned}R_1(t,s)-R_1(\tau,s) &= -(A(t)-A(\tau))\exp(-(t-s)A(s))\\ &\quad -(A(\tau)-A(s))\{\exp(-(t-s)A(s))-\exp(-(\tau-s)A(s))\}\end{aligned} \tag{2.17}$$

の評価からはじめる．右辺第1項のノルムは

$$\begin{aligned}&\|(A(t)-A(\tau))A(s)^{-1}\|\|A(s)\exp(-(t-s)A(s))\|\\ &\leqq C(t-\tau)^\alpha(t-s)^{-1}\leqq C(t-\tau)^\alpha(\tau-s)^{-1}\end{aligned}$$

を越えない．第2項のノルムは

$$\begin{aligned}&\left\|(A(\tau)-A(s))\int_\tau^t(d/dr)\exp(-(r-s)A(s))dr\right\|\\ &=\left\|(A(\tau)-A(s))A(s)^{-1}\int_\tau^t A(s)^2\exp(-(r-s)A(s))dr\right\|\\ &\leqq C(\tau-s)^\alpha\int_\tau^t(r-s)^{-2}dr=C(t-\tau)(t-s)^{-1}(\tau-s)^{\alpha-1}\\ &\leqq C(t-\tau)(\tau-s)^{\alpha-2}\end{aligned}$$

を越えないが，他方

$$\begin{aligned}&\|(A(\tau)-A(s))\exp(-(t-s)A(s))\|+\|(A(\tau)-A(s))\exp(-(\tau-s)A(s))\|\\ &\leqq C(\tau-s)^\alpha(t-s)^{-1}+C(\tau-s)^{\alpha-1}\leqq C(\tau-s)^{\alpha-1}\end{aligned}$$

とも評価される．従って第2項のノルムは

$$C\{(t-\tau)(\tau-s)^{\alpha-2}\}^\alpha\{(\tau-s)^{\alpha-1}\}^{1-\alpha}\leqq C(t-\tau)^\alpha(\tau-s)^{-1}$$

を越えない．従って

$$\|R_1(t,s)-R_1(\tau,s)\|\leqq C(t-\tau)^\alpha(\tau-s)^{-1} \tag{2.18}$$

となるが，他方(2.9)より

$$\begin{aligned}\|R_1(t,s)-R_1(\tau,s)\| &\leqq \|R_1(t,s)\|+\|R_1(\tau,s)\|\\ &\leqq C(t-s)^{\alpha-1}+C(\tau-s)^{\alpha-1}\leqq C(\tau-s)^{\alpha-1}.\end{aligned} \tag{2.19}$$

(2.18)と(2.19)より

$$\begin{aligned}&\|R_1(t,s)-R_1(\tau,s)\|\\ &\leqq C\{(t-\tau)^\alpha(\tau-s)^{-1}\}^{\beta/\alpha}\{(\tau-s)^{\alpha-1}\}^{(\alpha-\beta)/\alpha}\\ &=C(t-\tau)^\beta(\tau-s)^{\alpha-\beta-1}\end{aligned} \tag{2.20}$$

を得る．(2.10)，(2.9)，(2.13)より

$$R(t,s)-R(\tau,s)=R_1(t,s)-R_1(\tau,s)$$
$$+\int_\tau^t R_1(t,\sigma)R(\sigma,s)d\sigma+\int_s^\tau (R_1(t,\sigma)-R_1(\tau,\sigma))R(\sigma,s)d\sigma,$$

$$\left\|\int_\tau^t R_1(t,\sigma)R(\sigma,s)d\sigma\right\| \leqq C\int_\tau^t (t-\sigma)^{\alpha-1}(\sigma-s)^{\alpha-1}d\sigma$$
$$\leqq C\int_\tau^t (t-\sigma)^{\alpha-1}d\sigma(\tau-s)^{\alpha-1}=C(t-\tau)^\alpha(\tau-s)^{\alpha-1}$$

に注意して(2.20)，(2.13)より容易に(2.16)を得る．▌

予備定理 2.2　uをXの任意の元とすると$\varepsilon\to+0$のとき$0\leqq t\leqq T$で一様に$\exp(-\varepsilon A(t))u\to u$（強）．

証明　$u\in D$のとき

$$\exp(-\varepsilon A(t))u-u=\int_0^\varepsilon (\partial/\partial\sigma)\exp(-\sigma A(t))ud\sigma$$
$$=-\int_0^\varepsilon \exp(-\sigma A(t))A(t)ud\sigma.$$

これと(2.7)および$A(t)A(0)^{-1}$が一様有界であることから

$$\|\exp(-\varepsilon A(t))u-u\|\leqq \varepsilon C\|A(0)u\|.$$

従って$u\in D$のとき予備定理は証明された．uが一般の元のときはuをDの元の列で近づければよい．▌

予備定理 2.3　$0\leqq s<t\leqq T$に対し

$$S(t,s)=A(t)\exp(-(t-s)A(t))-A(s)\exp(-(t-s)A(s))$$

とおくと

$$\|S(t,s)\|\leqq C(t-s)^{\alpha-1}. \tag{2.22}$$

証明　Γを$\infty e^{-i\theta}$と$\infty e^{i\infty}$とをΣの中で結ぶ滑らかな路として

$$S(t,s)=\frac{1}{2\pi i}\int_\Gamma \lambda e^{-\lambda(t-s)}\{(A(t)-\lambda)^{-1}-(A(s)-\lambda)^{-1}\}\,d\lambda \tag{2.23}$$

と表わしておく．(1.3)，(2.2)により

$$\|(A(t)-\lambda)^{-1}-(A(s)-\lambda)^{-1}\|=\|(A(t)-\lambda)^{-1}(A(t)-A(s))(A(s)-\lambda)^{-1}\|$$
$$\leqq \|(A(t)-\lambda)^{-1}\|\|(A(t)-A(s))A(s)^{-1}\|\|A(s)(A(s)-\lambda)^{-1}\|$$
$$\leqq C(t-s)^\alpha/|\lambda|.$$

これと(2.23)および第3章(3.2)の証明と同様にして(2.22)を得る．▌

$0<\varepsilon<t-s$ に対し

$$W_\varepsilon(t,s)=\int_s^{t-\varepsilon}\exp(-(t-\tau)A(\tau))R(\tau,s)d\tau$$

とおく．$\varepsilon\to 0$ のとき $W_\varepsilon(t,s)\to W(t,s)$ である．

$$(\partial/\partial t)W_\varepsilon(t,s)=\exp(-\varepsilon A(t-\varepsilon))R(t-\varepsilon,s)-\int_s^{t-\varepsilon}A(\tau)\exp(-(t-\tau)A(\tau))R(\tau,s)d\tau$$

であるが，右辺を適当に変形し

$$A(t)\exp(-(t-\tau)A(t))=(\partial/\partial\tau)\exp(-(t-\tau)A(t))$$

に注意すれば

$$\begin{aligned}(\partial/\partial t)W_\varepsilon(t,s)&=\exp(-\varepsilon A(t-\varepsilon))R(t-\varepsilon,s)+\int_s^{t-\varepsilon}S(t,\tau)R(\tau,s)d\tau\\&\quad-\int_s^{t-\varepsilon}A(t)\exp(-(t-\tau)A(t))(R(\tau,s)-R(t,s))d\tau\\&\quad-\{\exp(-\varepsilon A(t))-\exp(-(t-s)A(t))\}R(t,s)\end{aligned}\tag{2.24}$$

を得る．(2.7), (2.8), (2.13)，予備定理2.1，2.3により ε にも無関係な数 C が存在して

$$\|(\partial/\partial t)W_\varepsilon(t,s)\|\leqq C(t-s-\varepsilon)^{\alpha-1}\tag{2.25}$$

が成立すること，さらに予備定理2.2を用いれば $\varepsilon\to 0$ のとき(2.24)の右辺各項が強収束することは容易にわかる．$W'(t,s)=\lim_{\varepsilon\to 0}(\partial/\partial t)W_\varepsilon(t,s)$ とおくと(2.24), (2.25)より

$$\begin{aligned}W'(t,s)&=\int_s^t S(t,\tau)R(\tau,s)d\tau\\&\quad-\int_s^t A(t)\exp(-(t-\tau)A(t))(R(\tau,s)-R(t,s))d\tau\\&\quad+\exp(-(t-s)A(t))R(t,s),\end{aligned}\tag{2.26}$$

$$\|W'(t,s)\|\leqq C(t-s)^{\alpha-1}\tag{2.27}$$

となる．$t'>t>s+\varepsilon$ として

$$W_\varepsilon(t',s)-W_\varepsilon(t,s)=\int_t^{t'}(\partial/\partial r)W_\varepsilon(r,s)dr$$

で $\varepsilon\to 0$ とすると，(2.25)より

$$W(t', s) - W(t, s) = \int_t^{t'} W'(r, s)dr.$$

$W'(t, s)$は$0 \leqq s < t \leqq T$で強連続であるから$W(t, s)$はtに関し強連続微分可能,

(2.28)　$$(\partial/\partial t)W(t, s) = W'(t, s)$$

を得る．従って

(2.29)　$$(\partial/\partial t)U(t, s) = -A(s)\exp(-(t-s)A(s)) + (\partial/\partial t)W(t, s)$$

は存在し

$$\|(\partial/\partial t)U(t, s)\| \leqq C(t-s)^{-1}.$$

再び$0 < \varepsilon < t-s$のとき

$$U_\varepsilon(t, s) = \exp(-(t-s)A(s)) + W_\varepsilon(t, s)$$

とおくと$R(U_\varepsilon(t, s)) \subset D$であり

$$Y_\varepsilon(t, s) = (\partial/\partial t)U_\varepsilon(t, s) + A(t)U_\varepsilon(t, s)$$

とおくと

$$Y_\varepsilon(t, s) = -R_1(t, s) + \exp(-\varepsilon A(t-\varepsilon))R(t-\varepsilon, s) - \int_s^{t-\varepsilon} R_1(t, \tau)R(\tau, s)d\tau.$$

(2.10)と予備定理2.2により

$$\lim_{\varepsilon \to 0} Y_\varepsilon(t, s) = 0 \quad (強).$$

他方$\varepsilon \to 0$のとき$U_\varepsilon(t, s) \to U(t, s)$, $(\partial/\partial t)U_\varepsilon(t, s) \to (\partial/\partial t)U(t, s)$であるから$\lim_{\varepsilon \to 0} A(t)U_\varepsilon(t, s)$ (強)は存在, $A(t)$が閉作用素であるから$R(U(t, s)) \subset D$, $A(t)U(t, s) = \lim_{\varepsilon \to 0} A(t)U_\varepsilon(t, s)$である．従って$U(t, s)$は$s < t$で

$$(\partial/\partial t)U(t, s) + A(t)U(t, s) = 0$$

を満足する．次に$A(t)U(t, s)A(s)^{-1}$は一様有界であることを示す．

予備定理 2.4　$\|R_1(t, s)A(s)^{-1}\| \leqq C(t-s)^\alpha$.

証明　$R_1(t, s)A(s)^{-1} = -(A(t) - A(s))A(s)^{-1}\exp(-(t-s)A(s))$より明らかである．▌

予備定理 2.5　$\|R(t, s)A(s)^{-1}\| \leqq C(t-s)^\alpha$.

証明　$R(t, s)$は

$$R(t, s) - \int_s^t R(t, \tau)R_1(\tau, s)d\tau = R_1(t, s)$$

の解でもあることと前予備定理より明らかである．▌

予備定理2.1と同様にして

予備定理2.6 各 $0<\beta<\alpha$ に対してある数 C_β が存在して

$$\|R(t,s)A(s)^{-1}-R(\tau,s)A(s)^{-1}\|$$
$$\leqq C_\beta\left\{(t-\tau)^\alpha+(\tau-s)^\alpha\log\frac{t-s}{\tau-s}+(t-\tau)^\beta(\tau-s)^{2\alpha-\beta}\right\}.$$

(2.26)の両辺に右から $A(s)^{-1}$ を掛けて得られる等式と(2.28)，予備定理2.3, 2.5, 2.6とから容易に次の予備定理を得る.

予備定理2.7 $0\leqq s<t\leqq T$ で次の不等式が成立する.

$$\|(\partial/\partial t)W(t,s)A(s)^{-1}\|\leqq C(t-s)^\alpha.$$

予備定理2.8 $A(t)U(t,s)A(s)^{-1}$ は $0\leqq s\leqq t\leqq T$ で一様に有界である.

証明 (2.29), (2.8)と予備定理2.7から明らかである. ▌

次に各 $u\in D$ に対し $U(t,s)u$ は s に関し $[0,t]$ で強微分可能,

$$(\partial/\partial s)U(t,s)u=U(t,s)A(s)u \tag{2.30}$$

が成立することをやや迂遠な方法で証明する. まず各 $u\in D$ に対し $A(t)u$ は $[0,T]$ で強連続微分可能とする. このとき $(d/dt)A(t)A(0)^{-1}=A'(t)A(0)^{-1}$ は一様有界である. 各 $u\in D$ に対し

$$(\partial/\partial s)V(t,s)u=V(t,s)A(s)u,\qquad 0\leqq s<t\leqq T,$$
$$V(t,t)=I$$

を満足する作用素値関数 $V(t,s)$ を次のように構成する.

$$Q_1(t,s)=(\partial/\partial t+\partial/\partial s)\exp(-(t-s)A(s))$$

とおく. $(A(s)-\lambda)^{-1}$ は s に関し微分可能

$$(\partial/\partial s)(A(s)-\lambda)^{-1}=-(A(s)-\lambda)^{-1}A'(s)(A(s)-\lambda)^{-1}$$

であるから, (1.3)により各 $\lambda\in\Sigma$ に対して

$$\|(\partial/\partial s)(A(s)-\lambda)^{-1}\|\leqq C/|\lambda| \tag{2.31}$$

が成立する. Γ を予備定理2.3の証明にあるのと同様な曲線とすると, (2.31)より第3章(3.2)の証明と同様にして

$$\|Q_1(t,s)\|=\left\|\frac{1}{2\pi i}\int_\Gamma e^{-\lambda(t-s)}(\partial/\partial s)(A(s)-\lambda)^{-1}d\lambda\right\|\leqq C,$$
$$\|(\partial/\partial s)\exp(-(t-s)A(s))\|\leqq C(t-s)^{-1}$$

を得る.

$$V(t,s)=\exp(-(t-s)A(s))+\int_s^t Q(t,\tau)\exp(-(\tau-s)A(s))d\tau$$

とおく．$U(t,s)$の構成の際と同様な形式的な計算により積分方程式

$$Q(t,s)-\int_s^t Q(t,\tau)Q_1(\tau,s)d\tau=Q_1(t,s) \tag{2.32}$$

に到達する．(2.32)は逐次近似で解け，解$Q(t,s)$は一様有界，従って$V(t,s)$も同様であることがわかる．この$V(t,s)$が求める関数であることは容易にわかる．uをXの任意の元とすると$s<r<t$のとき

$$\begin{aligned}&(\partial/\partial r)\{V(t,r)U(r,s)u\}\\&\quad=V(t,r)A(r)U(r,s)u-V(t,r)A(r)U(r,s)u=0.\end{aligned}$$

故に$V(t,r)U(r,s)$は$s<r<t$でrに無関係，$r\to s$，$r\to t$として$V(t,s)=U(t,s)$を得る．これより(2.30)を得る．従って$U(t,s)$は求める基本解であることがわかった．次に$A(t)A(0)^{-1}$の連続微分可能性を除くために$A(t)$を軟化子によって微分可能なもので近似する．$j(t)$を$-\infty<t<\infty$で連続微分可能，$j(t)\geqq 0$，$|t|>1$で$j(t)=0$，$\int_{-\infty}^{\infty}j(t)dt=1$を満足する関数とし，各自然数$n$に対し$j_n(t)=nj(nt)$とおく．$t<0$のとき$A(t)=A(0)$，$t>T$のとき$A(t)=A(T)$として$A(t)$を$-\infty<t<\infty$で定義しておく．各$u\in D$に対し

$$A_n(t)u=\int_{-\infty}^{\infty}j_n(t-\tau)A(\tau)ud\tau \tag{2.33}$$

とおくと，各$\lambda\in\Sigma$，$u\in X$に対し

$$\begin{aligned}u-(A_n(t)-\lambda)(A(t)-\lambda)^{-1}u&=(A(t)-A_n(t))(A(t)-\lambda)^{-1}u\\&=\int_{-\infty}^{\infty}j_n(t-\tau)(A(t)-A(\tau))(A(t)-\lambda)^{-1}ud\tau.\end{aligned}$$

$j_n(t-\tau)\neq 0$ならば$\|(A(t)-A(\tau))(A(t)-\lambda)^{-1}\|\leqq Cn^{-\alpha}$だから

$$\|u-(A_n(t)-\lambda)(A(t)-\lambda)^{-1}u\|\leqq Cn^{-\alpha}\|u\|. \tag{2.34}$$

従って，特に$\lambda=0$として

$$\|(A_n(t)-A(t))A(t)^{-1}\|\leqq Cn^{-\alpha}. \tag{2.35}$$

(2.34)より各$v\in D$に対し

$$\begin{aligned}(1-Cn^{-\alpha})\|(A(t)-\lambda)v\|&\leqq\|(A_n(t)-\lambda)v\|\\&\leqq(1+Cn^{-\alpha})\|(A(t)-\lambda)v\|\end{aligned}$$

となるから$Cn^{-\alpha}<1$ならば$A_n(t)$は閉作用素であることがわかる．同様にこの

とき(2.34)により$(A_n(t)-\lambda)(A(t)-\lambda)^{-1}$の有界な逆があり，従って$R(A_n(t)-\lambda)=X$，$\rho(A_n(t))\supset\Sigma$がわかる．また$n$に無関係な数$C$があって$\lambda\in\Sigma$のとき$\|(A_n(t)-\lambda)^{-1}\|\leqq C/|\lambda|$が成立することも容易にわかる．また(2.35)より

$$A(0)A_n(0)^{-1}=\sum_{m=0}^{\infty}(1-A_n(0)A(0)^{-1})^m$$

は一様有界であるから，(2.1)により

$$\|A_n(t)A_n(0)^{-1}-A_n(s)A_n(0)^{-1}\|\leqq C|t-s|^\alpha$$

も明らかである．以上により

$$du(t)/dt+A_n(t)u(t)=0$$

の基本解$U_n(t,s)$が存在し，$\|U_n(t,s)\|$はnに関しても一様有界，$A_n(t)u$が各$u\in D$に対しtに関し連続微分可能であることから

(2.36) $$(\partial/\partial s)U_n(t,s)u=U_n(t,s)A_n(s)u$$

が$u\in D$のとき成立する．また，このとき(2.36)より

$$\begin{aligned}U(t,s)u-U_n(t,s)u&=\int_s^t(\partial/\partial r)\{U_n(t,r)U(r,s)u\}dr\\&=\int_s^t U_n(t,r)(A_n(r)-A(r))U(r,s)A(s)^{-1}A(s)udr\end{aligned}$$

となるが，(2.35)，予備定理2.8により

$$\|U(t,s)u-U_n(t,s)u\|\leqq Cn^{-\alpha}(t-s)\|A(s)u\|.$$

故にt,sに関し一様に$U_n(t,s)u\to U(t,s)u$．$s<s'<t$とする．

$$\begin{aligned}U_n(t,s')u-U_n(t,s)u&=\int_s^{s'}(\partial/\partial r)U_n(t,r)udr\\&=\int_s^{s'}U_n(t,r)A_n(r)udr\end{aligned}$$

で$n\to\infty$として

$$U(t,s')u-U(t,s)u=\int_s^{s'}U(t,r)A(r)udr.$$

従って(2.30)が得られた．

以上まとめて

定理2.1 仮定1.1，2.1のもとで(1.1)の基本解$U(t,s)$が存在する．$0\leqq s<t\leqq T$のとき$R(U(t,s))\subset D$，$(\partial/\partial t)U(t,s)$は$B(X)$の元として存在し，次の不等式が成立する．

$$\|(\partial/\partial t)U(t,s)\| = \|A(t)U(t,s)\| \leqq C(t-s)^{-1},$$
$$\|A(t)U(t,s)A(s)^{-1}\| \leqq C.$$

各$t\in(0,T]$，$u\in D$に対して$U(t,s)u$は$0\leqq s\leqq t$でsに関し微分可能，(2.30)が成立する．

この定理によりu_0がXの任意の元であれば$u(t)=U(t,0)u_0$は$0\leqq t\leqq T$で連続，$0<t\leqq T$で微分可能，$t=0$でu_0と一致する斉次方程式$du(t)/dt+A(t)u(t)=0$の解である．従って第3章§3と同様$u\in C([0,T];X)\cap C^1((0,T];X)$，各$t\in(0,T]$に対し$u(t)\in D$，$A(t)u(t)$が$C((0,T];X)$の元，(1.1)，(1.2)が満たされるとき$u$を(1.1)，(1.2)の**解**という．

定理2.2　$u_0\in X$，$f\in C([0,T];X)$とする．uが(1.1)，(1.2)の解とすると

$$u(t) = U(t,0)u_0+\int_0^t U(t,s)f(s)ds. \tag{2.37}$$

従って(1.1)，(1.2)の解はただ一つである．

証明　$0<\varepsilon<s<t$とすると(2.30)より

$$\begin{aligned}(\partial/\partial s)(U(t,s)u(s)) &= U(t,s)u'(s)+U(t,s)A(s)u(s)\\ &= U(t,s)f(s).\end{aligned} \tag{2.38}$$

(2.38)をεからtまで積分し$\varepsilon\to 0$とすれば(2.37)が得られる．▌

第3章定理3.4に相応して

定理2.3　u_0をXの任意の元，fを$[0,T]$でHölder連続な任意の関数とすると(2.37)で定義される関数uは(1.1)，(1.2)のただ一つの解である．

証明　(2.27)，(2.28)により

$$(\partial/\partial t)\int_0^t W(t,s)f(s)ds = \int_0^t (\partial/\partial t)W(t,s)f(s)ds. \tag{2.39}$$

また(2.26)の証明と同様にして

$$\begin{aligned}(\partial/\partial t)\int_0^t \exp(-(t-s)A(s))f(s)ds &= \int_0^t S(t,s)f(s)ds\\ &-\int_0^t A(t)\exp(-(t-s)A(s))(f(s)-f(t))ds+\exp(-tA(t))f(t).\end{aligned} \tag{2.40}$$

(2.39)，(2.40)および$\varepsilon\to+0$のとき

$$(\partial/\partial t)\int_0^{t-\varepsilon} U(t,s)f(s)ds - A(t)\int_0^{t-\varepsilon} U(t,s)f(s)ds - f(t)$$
$$= U(t,t-\varepsilon)f(t-\varepsilon)-f(t) \to 0$$

となることから定理の結論を得る. ▌

例 Ω を R^n の C^m 級の有界な領域とする.

$$A(x,t,D) = \sum_{|\alpha|\leqq m} a_\alpha(x,t)D^\alpha$$

は Ω で $t\in[0,T]$ に関し一様に強楕円型, 各 t に対し最高階の係数は $\bar{\Omega}$ で連続, その他の係数は Ω で有界可測とする. さらに t に関してはどの係数も一様に h 次 Hölder 連続:

$$\max_{|\alpha|\leqq m} \sup_{x\in\Omega} |a_\alpha(x,t)-a_\alpha(x,s)| \leqq L|t-s|^h$$

とする. $1<p<\infty$, $D(A(t))=W_p{}^m(\Omega)\cap \mathring{W}_p{}^{m/2}(\Omega)$, 各 $u\in D(A(t))$ に対し $(A(t)u)(x)=A(x,t,D)u(x)$ とおく. このとき第3章定理8.2により各 t に対し $-A(t)$ は $L^p(\Omega)$ で解析的半群を生成し, さらに仮定1.1, 2.1を満足する. 従って本節の結果を適用することができて, (1.1), (1.2) の解は次の混合問題の広義の解である.

$$\partial u(x,t)/\partial t + A(x,t,D)u(x,t) = f(x,t), \qquad x\in\Omega, 0<t\leqq T,$$
$$u(x,0) = u_0(x), \qquad x\in\Omega,$$
$$(\partial/\partial x)^\alpha u(x,t) = 0, \qquad |\alpha|\leqq m/2-1, \qquad x\in\partial\Omega, 0<t\leqq T.$$

§3 $A(t)$ の定義域が t と共に変わる場合

まず本節の仮定を述べる.

仮定 3.1 $A(t)^{-1}$ は t に関し $[0,T]$ で $B(X)$ のノルムで連続微分可能である.

仮定 3.2 $dA(t)^{-1}/dt$ は t に関し $B(X)$ のノルムで Hölder 連続である. すなわち正の数 K と $\alpha\leqq 1$ が存在し, 各 $t,s\in[0,T]$ に対し

(3.1) $$\|dA(t)^{-1}/dt - dA(s)^{-1}/ds\| \leqq K|t-s|^\alpha.$$

仮定1.1と3.1により各 $\lambda\in\Sigma$ に対し $(A(t)-\lambda)^{-1}$ も t の微分可能な関数で

(3.2) $$(\partial/\partial t)(A(t)-\lambda)^{-1} = A(t)(A(t)-\lambda)^{-1}dA(t)^{-1}/dt A(t)(A(t)-\lambda)^{-1}$$

が成立する. これと $A(t)(A(t)-\lambda)^{-1}=1+\lambda(A(t)-\lambda)^{-1}$ が一様有界なことから

(3.3) $$\|(\partial/\partial t)(A(t)-\lambda)^{-1}\| \leqq C$$

となるが，これより少し強く次のことを仮定する．

仮定 3.3　二つの正の数 N と $\rho \leqq 1$ が存在してすべての $\lambda \in \Sigma$ と $t \in [0, T]$ に対し次の不等式が成立する：

$$\|(\partial/\partial t)(A(t)-\lambda)^{-1}\| \leqq N/|\lambda|^{\rho}. \tag{3.4}$$

本節においても Γ は Σ の中で $\infty e^{-i\theta}$ と $\infty e^{i\theta}$ とを結ぶ滑らかな曲線を表わす．

予備定理 3.1　仮定 1.1，3.1 のもとで $\exp(-(t-s)A(t))$ は $0 \leqq s < t \leqq T$ で t, s に関し微分可能

$$\|(\partial/\partial t)\exp(-(t-s)A(t))\| \leqq C(t-s)^{-1}, \tag{3.5}$$

$$\|(\partial/\partial s)\exp(-(t-s)A(t))\| \leqq C(t-s)^{-1}. \tag{3.6}$$

証明　(3.6) は $(\partial/\partial s)\exp(-(t-s)A(t)) = A(t)\exp(-(t-s)A(t))$ より明らかである．(3.5) は

$$(\partial/\partial t)\exp(-(t-s)A(t))$$
$$= -A(t)\exp(-(t-s)A(t)) + \frac{1}{2\pi i}\int_{\Gamma} e^{-\lambda(t-s)}(\partial/\partial t)(A(t)-\lambda)^{-1}d\lambda$$

と (3.6) と (3.3) からわかる．▎

これからしばらくは仮定 1.1，3.1，3.3 のみが満たされるとする．基本解 $U(t, s)$ を前節と少しく異なった次の形に構成する．

$$U(t, s) = \exp(-(t-s)A(t)) + W(t, s), \tag{3.7}$$

$$W(t, s) = \int_s^t \exp(-(t-\tau)A(t))R(\tau, s)d\tau \tag{3.8}$$

とおいて前節と同様形式的な計算を行ない

$$R_1(t, s) = -(\partial/\partial t + \partial/\partial s)\exp(-(t-s)A(t)) \tag{3.9}$$

とおくと，(2.10) と同じ形の次の積分方程式に到達する．

$$R(t, s) - \int_s^t R_1(t, \tau)R(\tau, s)d\tau = R_1(t, s). \tag{3.10}$$

$R_1(t, s)$ は $0 \leqq s < t \leqq T$ でノルム連続であり，仮定 3.3 と

$$R_1(t, s) = \frac{-1}{2\pi i}\int_{\Gamma} e^{-\lambda(t-s)}\frac{\partial}{\partial t}(A(t)-\lambda)^{-1}d\lambda$$

より直ちに

$$\|R_1(t, s)\| \leqq C(t-s)^{\rho-1} \tag{3.11}$$

を得る．(3.11)により(3.10)は逐次近似で解くことができる：

$$R(t,s)=\sum_{m=1}^{\infty}R_m(t,s), \tag{3.12}$$

$$R_m(t,s)=\int_s^t R_1(t,\tau)R_{m-1}(\tau,s)d\tau. \tag{3.13}$$

(2.13)と同様

$$\|R(t,s)\|\leqq C(t-s)^{\rho-1} \tag{3.14}$$

が成立することもわかる．従って(3.7)，(3.8)によって$U(t,s)$が作られる．ここまでは仮定3.2を用いなかったが，この仮定がなければ構成された$U(t,s)$が求める基本解になっているか否かわからない．特に

$$u(t)=U(t,0)u_0+\int_0^t U(t,s)f(s)ds \tag{3.15}$$

が(1.1)，(1.2)の解であるか否かはわからないが，(3.15)は次の弱い意味の解であることはわかる．

定義 3.1 つぎの三条件を満足するすべての関数φに対し

$$\int_0^T(u(t),\varphi'(t)-A^*(t)\varphi(t))dt+\int_0^t(f(t),\varphi(t))dt+(u_0,\varphi(0))=0 \tag{3.16}$$

を満足する関数$u\in C([0,T];X)$を$[0,T]$での(1.1)，(1.2)の**弱解**という．

(i) 各tに対し$\varphi(t)\in D(A^*(t))$，

(ii) $\varphi,\varphi'(=d\varphi/dt),A^*\varphi$は$C([0,T];X^*)$に属す，

(iii) $\varphi(T)=0$.

(i)，(ii)，(iii)を満足する関数φが十分多くあるか否かは直ちには明らかでないが，後に示すように弱解は一意であるから結果的にはわかる．なおu^*をX^*の元，qを$[0,T]$で連続微分可能な複素数値関数，$q(T)=0$とすると$\varphi(t)=q(t)A^*(t)^{-1}u^*$は(i)，(ii)，(iii)を満足する．

定理 3.1 仮定1.1，3.1，3.3が満たされるとする．$u_0\in X$，$f\in C([0,T];X)$とすると(3.15)は$[0,T]$での(1.1)，(1.2)の弱解である．

証明 まずεを十分小さい正の数として

$$U_\varepsilon(t,s)=\exp(-(t-s)A(t))+\int_s^{t-\varepsilon}\exp(-(t-\tau)A(t))R(\tau,s)d\tau$$

とおく．$U_\varepsilon(t,s)$は$t>s+\varepsilon$でtに関し微分可能，$R(U_\varepsilon(t,s))\subset D(A(t))$，

(3.17)　$$Y_\varepsilon(t,s)=(\partial/\partial t)U_\varepsilon(t,s)+A(t)U_\varepsilon(t,s)$$

とおくと

(3.18)　$$\|Y_\varepsilon(t,s)\|\leqq C(t-s-\varepsilon)^{\rho-1}$$

(3.19)　$$\lim_{\varepsilon\to 0}Y_\varepsilon(t,s)=0\quad(強)$$

が容易にわかる．φを定義3.1の(i), (ii), (iii)を満足する関数とすると

(3.20)　$$\int_0^T(U(t,0)u_0,\varphi'(t))dt=\lim_{\eta\to+0}\lim_{\varepsilon\to+0}\int_\eta^T(U_\varepsilon(t,0)u_0,\varphi'(t))dt.$$

ただし右辺の逐次極限はまず$\varepsilon\to+0$として次に$\eta\to+0$としたときの極限である．部分積分と(3.17)により$0<\varepsilon<\eta$のとき

$$\int_\eta^T(U_\varepsilon(t,0)u_0,\varphi'(t))dt=-(U_\varepsilon(\eta,0)u_0,\varphi(\eta))$$
$$-\int_\eta^T(Y_\varepsilon(t,0)u_0,\varphi(t))dt+\int_\eta^T(U_\varepsilon(t,0)u_0,A^*(t)\varphi(t))dt$$

を得る．ここで$\varepsilon\to 0$とすると，右辺は(3.18), (3.19)により

$$\to-(U(\eta,0)u_0,\varphi(\eta))+\int_\eta^T(U(t,0)u_0,A^*(t)\varphi(t))dt$$

となるが，次に$\eta\to 0$とすると

$$\to-(u_0,\varphi(0))+\int_0^T(U(t,0)u_0,A^*(t)\varphi(t))dt.$$

従って(3.20)により

(3.21)　$$\int_0^T(U(t,0)u_0,\varphi'(t)-A^*(t)\varphi(t))dt+(u_0,\varphi(0))=0.$$

次に

$$\int_0^T\left(\int_0^t U(t,\sigma)f(\sigma)d\sigma,\varphi'(t)\right)dt=\int_0^T\int_\sigma^T(U(t,\sigma)f(\sigma),\varphi'(t))dtd\sigma$$
$$=\lim_{\eta\to+0}\lim_{\delta\to+0}\lim_{\varepsilon\to+0}\int_0^{T-\eta}\int_{\sigma+\delta}^T(U_\varepsilon(t,\sigma)f(\sigma),\varphi'(t))dtd\sigma$$

と表わす．$0<\varepsilon<\delta<\eta$のとき

$$\int_0^{T-\eta}\int_{\sigma+\delta}^T(U_\varepsilon(t,\sigma)f(\sigma),\varphi'(t))dtd\sigma=-\int_0^{T-\eta}(U_\varepsilon(\sigma+\delta,\sigma)f(\sigma),\varphi(\sigma+\delta))d\sigma$$
$$-\int_0^{T-\eta}\int_{\sigma+\delta}^T(Y_\varepsilon(t,\sigma)f(\sigma),\varphi(t))dtd\sigma+\int_0^{T-\eta}\int_{\sigma+\delta}^T(U_\varepsilon(t,\sigma)f(\sigma),A^*(t)\varphi(t))dtd\sigma$$

の右辺は $\varepsilon\to 0$ のとき(3.18), (3.19)により

$$\to -\int_0^{T-\eta}(U(\sigma+\delta,\sigma)f(\sigma),\varphi(\sigma+\delta))d\sigma+\int_0^{T-\eta}\int_{\sigma+\delta}^{T}(U(t,\sigma)f(\sigma),A^*(t)\varphi(t))dtd\sigma$$

更に $\delta\to 0$, 次に $\eta\to 0$ とすると

$$\to -\int_0^{T}(f(\sigma),\varphi(\sigma))d\sigma+\int_0^{T}\int_{\sigma}^{T}(U(t,\sigma)f(\sigma),A^*(t)\varphi(t))dtd\sigma.$$

かくて

(3.22)
$$\int_0^T\left(\int_0^t U(t,\sigma)f(\sigma)d\sigma,\varphi'(t)-A^*(t)\varphi(t)\right)dt+\int_0^T(f(\sigma),\varphi(\sigma))d\sigma=0$$

を得る. (3.21)と(3.22)とから(3.16)が得られる. ▌

次に弱解の一意性を証明するために次の性質を持つ作用素 $V(t,s)$ を構成する.

(3.23)　$V(t,s)$ は $0\leqq s\leqq t\leqq T$ で定義され強連続,

(3.24)　$$V(t,t)=I,$$

(3.25)　各 $0\leqq s<t\leqq T$ と $u\in D(A(s))$ に対し

$$\lim_{h\to 0}h^{-1}(V(t,s+h)-V(t,s))u\ (\text{強})$$

は存在し $V(t,s)A(s)u$ に等しい.

上の三つの条件を満足する作用素は前節の $V(t,s)$ と同じように次の形に構成される.

(3.26)　$$V(t,s)=\exp(-(t-s)A(s))+Z(t,s),$$

(3.27)　$$Z(t,s)=\int_s^t Q(t,\tau)\exp(-(\tau-s)A(s))d\tau,$$

(3.28)　$$Q(t,s)=\sum_{m=1}^{\infty}Q_m(t,s),$$

(3.29)　$$Q_1(t,s)=(\partial/\partial t+\partial/\partial s)\exp(-(t-s)A(s)),$$

(3.30)　$$Q_m(t,s)=\int_s^t Q_{m-1}(t,\tau)Q_1(\tau,s)d\tau.$$

(3.11)と同様仮定3.3により

(3.31)　$$\|Q_1(t,s)\|\leqq C(t-s)^{\rho-1}$$

が成立する. これより容易に次の不等式もわかる.

(3.32)　$$\|Q(t,s)\|\leqq C(t-s)^{\rho-1}.$$

$Q(t,s)$は(2.32)と同じ形の積分方程式の解であり，$V(t,s)$は(3.23), (3.24), (3.25)を満足することも容易に確かめられる．

定理 3.2　(1.1), (1.2)の弱解はただ一つである．

証明　$f(t)\equiv 0$ の場合(1.1), (1.2)の弱解 u が $u(t)=V(t,0)u_0$ に限ることを確かめればよい．まず $\varepsilon>0$, $s+\varepsilon<t$ のとき

$$V_\varepsilon(t,s)=\exp(-(t-s)A(s))+\int_{s+\varepsilon}^{t}Q(t,\tau)\exp(-(\tau-s)A(s))d\tau$$

とおくと，$(\partial/\partial s)V_\varepsilon(t,s)$ および $V_\varepsilon(t,s)A(s)$ の有界な拡張が存在し $0\leqq s\leqq t-\varepsilon$ で $B(X)$ のノルムで連続，従って $A^*(s)V_\varepsilon^*(t,s)=(V_\varepsilon(t,s)A(s))^*$ も有界，s に関してノルム連続である．

$$P_\varepsilon(t,s)=(\partial/\partial s)V_\varepsilon(t,s)-V_\varepsilon(t,s)A(s)\text{ の有界な拡張}$$

とおくと

(3.33)
$$\|P_\varepsilon(t,s)\|\leqq C(t-s-\varepsilon)^{\rho-1},$$

(3.34)
$$\lim_{\varepsilon\to 0}P_\varepsilon(t,s)=0 \quad (\text{強})$$

である．定義により

$$\int_0^T(u(t),\psi'(t)-A^*(t)\psi(t))dt+(u_0,\psi(0))=0$$

が定義 3.1 の(i), (ii), (iii)を満足する任意の関数 ψ に対して成立する．$0<t_0\leqq T$ を任意に固定し，φ を X^* の値をとる連続微分可能，その台が$(0,t_0)$に含まれる任意の関数とする．ε を φ の台と t_0 との距離より小さい正の数，t が φ の台に属するとき $\psi_\varepsilon(t)=V_\varepsilon^*(t_0,t)\varphi(t)$, その他のとき $\psi_\varepsilon(t)=0$ と定義すると，ψ_ε は定義 3.1 の(i), (ii), (iii)を満足する．

$$\begin{aligned}\int_0^{t_0}(V(t_0,t)u(t),\varphi'(t))dt&=\lim_{\varepsilon\to 0}\int_0^{t_0}(V_\varepsilon(t_0,t)u(t),\varphi'(t))dt\\&=\lim_{\varepsilon\to 0}\int_0^{t_0}(u(t),V_\varepsilon^*(t_0,t)\varphi'(t))dt\\&=\lim_{\varepsilon\to 0}\int_0^{t_0}(u(t),\psi_\varepsilon'(t)-(\partial/\partial t)V_\varepsilon^*(t_0,t)\cdot\varphi(t))dt\\&=\lim_{\varepsilon\to 0}\Big\{\int_0^{T}(u(t),\psi_\varepsilon'(t)-A^*(t)\psi_\varepsilon(t))dt\\&\qquad-\int_0^{t_0}(P_\varepsilon(t_0,t)u(t),\varphi(t))dt\Big\}.\end{aligned}$$

$u(t)$が弱解であることから右辺第1項は0，(3.33), (3.34)により第2項も0．これは$V(t_0, t)u(t)$の超関数の意味での導関数が$(0, t_0)$で0，従って$V(t_0, t)u(t)$がそこでtに無関係であることを示している．故に$t \to 0$, $t \to t_0$として$u(t_0) = V(t_0, 0)u_0$を得る．t_0は$(0, T]$で任意だから証明を終る．▌

$U(t, 0)u_0$が$f(t) \equiv 0$のときの(1.1), (1.2)の弱解であることは定理3.1で示されているから，前定理の証明とあわせて$V(t, 0)u_0 = U(t, 0)u_0$．また任意の$s \in (0, T)$を初期時刻としても同様の議論ができるから

$$V(t, s) = U(t, s) \tag{3.35}$$

が$0 \leqq s \leqq t \leqq T$で成立する．また弱解の一意性から$s \leqq r \leqq t$で

$$U(t, r)U(r, s) = U(t, s). \tag{3.36}$$

また$u \in D(A(s))$のとき次の式が成立する．

$$\lim_{h \to 0} h^{-1}(U(t, s+h) - U(t, s))u = U(t, s)A(s)u. \tag{3.37}$$

前節と同じように$u \in C([0, T]; X) \cap C^1((0, T]; X)$, すべての$t \in (0, T]$に対し$u(t) \in D(A(t))$, $Au \in C((0, T]; X)$かつ(1.1), (1.2)が成立するときuを(1.1), (1.2)の**解**という．この意味の解は弱解であることは明らかである．従って解の一意性は定理3.2で保障される．

次に仮定3.2も満たされるとして上で構成された$U(t, s)$が(1.1)の求める基本解であり，(3.15)が(1.1), (1.2)の解であることを示す．

予備定理 3.2 δ, βを$0 < \delta < \rho$, $0 < \beta < \alpha$を満足する任意の数とすると，次の不等式が$0 \leqq s < \tau < t \leqq T$で成立する．

$$\|R(t, s) - R(\tau, s)\| \leqq C_{\alpha\beta}\{(t-\tau)^{\delta}(\tau - s)^{\rho-\delta-1} + (t-\tau)^{\beta}(\tau - s)^{\alpha-\beta-1}\}.$$

証明 まず

$$\begin{aligned} R_1(t, s) - R_1(\tau, s) &= \frac{-1}{2\pi i}\int_\Gamma e^{-\lambda(t-s)}\left\{\frac{\partial}{\partial t}(A(t)-\lambda)^{-1} - \frac{\partial}{\partial \tau}(A(\tau)-\lambda)^{-1}\right\}d\lambda \\ &\quad - \frac{1}{2\pi i}\int_\Gamma (e^{-\lambda(t-s)} - e^{-\lambda(\tau-s)})\frac{\partial}{\partial \tau}(A(\tau)-\lambda)^{-1}d\lambda = \mathrm{I} + \mathrm{II} \end{aligned}$$

と表わす．(3.2)により

$$\begin{aligned} &(\partial/\partial t)(A(t)-\lambda)^{-1} - (\partial/\partial \tau)(A(\tau)-\lambda)^{-1} \\ &= -\{A(t)(A(t)-\lambda)^{-1} - A(\tau)(A(\tau)-\lambda)^{-1}\}\, dA(t)^{-1}/dt\, A(t)(A(t)-\lambda)^{-1} \\ &\quad - A(\tau)(A(\tau)-\lambda)^{-1}\{dA(t)^{-1}/dt - dA(\tau)^{-1}/d\tau\}\, A(t)(A(t)-\lambda)^{-1} \end{aligned}$$

$$-A(\tau)(A(\tau)-\lambda)^{-1}dA(\tau)^{-1}/d\tau\{A(t)(A(t)-\lambda)^{-1}-A(\tau)(A(\tau)-\lambda)^{-1}\}$$

と表わされる.

$$\begin{aligned}A(t)(A(t)-\lambda)^{-1}-A(\tau)(A(\tau)-\lambda)^{-1} &= \lambda\{(A(t)-\lambda)^{-1}-(A(\tau)-\lambda)^{-1}\}\\ &= \lambda\int_\tau^t(\partial/\partial\sigma)(A(\sigma)-\lambda)^{-1}d\sigma\end{aligned}$$

であるから, (3.4)により

$$\|A(t)(A(t)-\lambda)^{-1}-A(\tau)(A(\tau)-\lambda)^{-1}\| \leqq C(t-\tau)|\lambda|^{1-\rho}.$$

これと(3.1)とから

$$\|(\partial/\partial t)(A(t)-\lambda)^{-1}-(\partial/\partial\tau)(A(\tau)-\lambda)^{-1}\| \leqq C\{(t-\tau)|\lambda|^{1-\rho}+(t-\tau)^\alpha\}.$$

従って

$$\begin{aligned}\|\mathrm{I}\| &\leqq C\{(t-\tau)(t-s)^{\rho-2}+(t-\tau)^\alpha(t-s)^{-1}\}\\ &\leqq C\{(t-\tau)^\delta(t-s)^{-\delta}(\tau-s)^{\rho-1}+(t-\tau)^\beta(t-s)^{\alpha-\beta-1}\}.\end{aligned}\tag{3.38}$$

次に

$$\begin{aligned}\mathrm{II} &= -\int_{\tau-s}^{t-s}\frac{\partial}{\partial\sigma}\left\{\frac{1}{2\pi i}\int_\Gamma e^{-\lambda\sigma}\frac{\partial}{\partial\tau}(A(\tau)-\lambda)^{-1}d\lambda\right\}d\sigma\\ &= -\frac{1}{2\pi i}\int_{\tau-s}^{t-s}\left\{\int_\Gamma\lambda e^{-\lambda\sigma}\frac{\partial}{\partial\tau}(A(\tau)-\lambda)^{-1}d\lambda\right\}d\sigma,\end{aligned}$$

$$\left\|\int_\Gamma\lambda e^{-\lambda\sigma}\frac{\partial}{\partial\tau}(A(\tau)-\lambda)^{-1}d\lambda\right\| \leqq C\int_\Gamma e^{-\sigma\,\mathrm{Re}\,\lambda}|\lambda|^{1-\rho}|d\lambda| \leqq C\sigma^{\rho-2}$$

であるから

$$\begin{aligned}\|\mathrm{II}\| &\leqq C\int_{\tau-s}^{t-s}\sigma^{\rho-2}d\sigma = C\{(\tau-s)^{\rho-1}-(t-s)^{\rho-1}\}\\ &= C(\tau-s)^{\rho-1}\{1-(\tau-s)^{1-\rho}/(t-s)^{1-\rho}\}\\ &\leqq C(\tau-s)^{\rho-1}\{1-(\tau-s)/(t-s)\}\\ &= C(t-\tau)(t-s)^{-1}(\tau-s)^{\rho-1} \leqq C(t-\tau)^\delta(t-s)^{-\delta}(\tau-s)^{\rho-1}.\end{aligned}\tag{3.39}$$

(3.38)と(3.39)から

$$\|R_1(t,s)-R_1(\tau,s)\| \leqq C\{(t-\tau)^\delta(t-s)^{-\delta}(\tau-s)^{\rho-1}+(t-\tau)^\beta(t-s)^{\alpha-\beta-1}\}.\tag{3.40}$$

残りの部分は容易である. ▌

$0<\varepsilon<t-s$ のとき

$$W_\varepsilon(t,s) = \int_s^{t-\varepsilon}\exp(-(t-\tau)A(t))R(\tau,s)d\tau$$

とおくと，適当な変形により

$$(3.41)\quad \begin{aligned}(\partial/\partial t)W_\varepsilon(t,s) &= \exp(-\varepsilon A(t))R(t-\varepsilon,s)\\ &+\int_s^{t-\varepsilon}(\partial/\partial t)\exp(-(t-\tau)A(t))(R(\tau,s)-R(t,s))d\tau\\ &-\int_s^{t-\varepsilon}R_1(t,\tau)d\tau R(t,s)-\exp(-\varepsilon A(t))R(t,s)\\ &+\exp(-(t-s)A(t))R(t,s)\end{aligned}$$

となる．予備定理3.1，3.2，(3.11)，(3.14)より $\varepsilon\to 0$ のとき(3.41)は収束し

$$(3.42)\quad \begin{aligned}(\partial/\partial t)W(t,s) &= \int_s^t(\partial/\partial t)\exp(-(t-\tau)A(t))(R(\tau,s)-R(t,s))d\tau\\ &-\int_s^t R_1(t,\tau)d\tau R(t,s)+\exp(-(t-s)A(t))R(t,s)\end{aligned}$$

を得る．再び予備定理3.1，3.2，(3.11)，(3.14)により

$$(3.43)\quad \|(\partial/\partial t)U(t,s)\| \leqq C(t-s)^{-1},$$

$$(3.44)\quad \|(\partial/\partial t)W(t,s)\| \leqq C\{(t-s)^{\rho-1}+(t-s)^{\alpha-1}\}.$$

(3.17)，(3.19)より $s<t$ ならば $R(U(t,s))\subset D(A(t))$,

$$(3.45)\quad (\partial/\partial t)U(t,s)+A(t)U(t,s)=0,$$

従って

$$(3.46)\quad \|A(t)U(t,s)\| \leqq C(t-s)^{-1}$$

がわかる．(3.26)-(3.30)で構成された $V(t,s)$ に対しても(3.43)，(3.45)，(3.46)と類似のことを示すことができて，(3.35)により $V(t,s)=U(t,s)$ であるから

$$(3.47)\quad (\partial/\partial s)U(t,s) = U(t,s)A(s)\text{の有界な拡張},$$

$$(3.48)\quad \|(\partial/\partial s)U(t,s)\| \leqq C(t-s)^{-1}$$

が示される．以上まとめて

定理3.3　仮定1.1，3.1，3.2，3.3のもとで(1.1)の基本解 $U(t,s)$ が存在し，$0\leqq s<t\leqq T$ で $R(U(t,s))\subset D(A(t))$, $U(t,s)$ は t,s に関し $B(X)$ の中で微分可能，(3.43)，(3.46)，(3.47)，(3.48)が成立する．

非斉次方程式も前節と同様に扱われ，次の定理が得られる．

定理3.4　前定理の仮定のもとで u_0 を X の任意の元，f を $[0,T]$ で Hölder 連続な関数とすると，(3.15)で定義される関数 u は(1.1)，(1.2)のただ一つの解である．

証明は定理 2.3 と同様だから略す.

注意 3.1　仮定 1.1, 3.1 が満たされ, さらにある $0<\rho\leqq 1$ に対し $R(dA(t)^{-1}/dt)\subset D(A(t)^{\rho})$, かつ $A(t)^{\rho}dA(t)^{-1}/dt$ が一様有界:

$$\|A(t)^{\rho}dA(t)^{-1}/dt\|\leqq C \tag{3.49}$$

ならば(3.2), (3.49)および第2章命題 3.3 により $\|A(t)^{1-\rho}(A(t)-\lambda)^{-1}\|\leqq C|\lambda|^{-\rho}$ となることから

$$\begin{aligned}&\|(\partial/\partial t)(A(t)-\lambda)^{-1}\|\\&=\|A(t)^{1-\rho}(A(t)-\lambda)^{-1}A(t)^{\rho}dA(t)^{-1}/dtA(t)(A(t)-\lambda)^{-1}\|\\&\leqq C|\lambda|^{-\rho}\end{aligned}$$

となり仮定 3.3 が満たされる. この場合は仮定 3.2 が満たされなくても(3.7)-(3.10)で構成された $U(t,s)$ が求める基本解であり, (3.47), (3.48)を除いて定理 3.3 の結論が成立することを示すことができる([161]). 八木厚志はもう少し一般に $\lambda\in\Sigma$ に対して

$$\|A(t)(A(t)-\lambda)^{-1}dA(t)^{-1}/dt\|\leqq C|\lambda|^{-\rho} \tag{3.50}$$

のもとで同様な結果が得られることを示した. (3.49)から(3.50)が出ることは容易にわかる.

注意 3.2　П. Е. Соболевский は[152], [153]である $\rho\in(0,1)$ に対し $D(A(t)^{\rho})$ が t に無関係という仮定のもとで基本解を構成した. その方法は甚だしく繁雑である. T. Kato[75]は ρ^{-1} が自然数の場合同様な結果を得た. この方法は簡明である. いずれもある $\alpha\in(1-\rho,1)$ に対し $A(t)^{\rho}A(0)^{-\rho}$ が t に関し α 次 Hölder 連続を仮定するので, これらの結果は前節と本節の中間のものと考えられる. [75]の結果は $A(t)$ が Hilbert 空間での正則増大作用素である場合に応用されるが, このような場合は次節で述べるように別の方法で基本解を構成することができる. 一般に $D(A(t)^{\rho})$ を調べるのは困難であり, 本節は $D(A(t)^{\rho})=$一定という仮定を一切省くことを目指したものである. なおこれに関連したものとして J. L. Lions[11]の第7章を挙げておく.

本節の結果を放物型方程式の混合問題

$$\begin{cases}\partial u(x,t)/\partial t+A(x,t,D)u(x,t)=f(x,t), & x\in\Omega,\ 0<t\leqq T,\\ u(x,0)=u_0(x), & x\in\Omega,\\ B_j(x,t,D)u(x,t)=0, & x\in\partial\Omega,\ 0<t\leqq T,\ j=1,\cdots,m/2\end{cases} \tag{3.51}$$

に応用することを考える．前節の例と同じように $1<p<\infty$ として $L^p(\Omega)$ の中で考える．$\Omega, A(x,t,D)$ は前節の例におけると同様のものとする．このとき第3章§8で述べたようにある角 $\theta_0\in[0,\pi/2)$ が存在し，すべての $t,x,\xi\neq 0$, $\theta\in[\theta_0, 2\pi-\theta_0]$ に対し $\arg \mathring{A}(x,t,\xi)\neq\theta$ である．各 t に対し

$$B_j(x,t,D)=\sum_{|\beta|\leq m_j} b_{j\beta}(x,t)D^\beta, \qquad j=1,\cdots,m/2$$

は正規境界微分作用素，各 $B_j(x,t,D)$ の次数 m_j は t に無関係，その係数は $C^{m-m_j}(\partial\Omega)$ に属するとする．各 $t\in[0,T]$, $\theta\in[\theta_0, 2\pi-\theta_0]$ に対し第3章定理8.1の条件が満たされるとすると第3章定理8.2により

$$D(A(t))=\{u\in W_p^m(\Omega): B_j(x,t,D)u(x)=0, \quad x\in\partial\Omega,\ j=1,\cdots,m/2\},$$

$$u\in D(A(t)) \quad \text{に対し} \quad (A(t)u)(x)=A(x,t,D)u(x)$$

で定義される作用素 $-A(t)$ は $L^p(\Omega)$ で解析的半群を生成する．さらに $A(x,t,D)$, $\{B_j(x,t,D)\}$ の各係数が t に関し微分可能，その t に関する導関数が一様に t に関し Hölder 連続ならば本節の結果が適用できることを示す．いつものように必要ならば $A(t)$ に十分大きな正の数を加えて $0\in\rho(A(t))$ としておく．また $B_j(x,t,D)$ の各係数もその滑らかさを保って Ω の中に拡張しておく．まず係数が t に無関係として $A(t)=A$ と書き，さらに非斉次境界値問題

$$(3.52) \qquad A(x,D)u(x)=f(x), \qquad x\in\Omega,$$

$$(3.53) \qquad B_j(x,D)u(x)=g_j(x), \qquad x\in\partial\Omega,\ j=1,\cdots,m/2$$

を考える．

予備定理 3.3 すべての $f\in L^p(\Omega)$, $g_j\in W_p^{m-m_j-1/p}(\partial\Omega)$, $j=1,\cdots,m/2$ に対し (3.52), (3.53) の解 $u\in W_p^m(\Omega)$ が存在して一意である．

証明 $0\in\rho(A)$ より

$$(3.54) \qquad \|u\|_{m,p}\leqq C\{\|A(x,D)u\|_p+\sum_{j=1}^{m/2}[B_j(x,D)u]_{m-m_j-1/p}\}$$

が成立することは第1章予備定理2.2からわかる．各 $j=1,\cdots,m/2$ に対し $g_j\in C^{m-m_j}(\partial\Omega)$ のときは $\partial\Omega$ で $B_j(x,D)v(x)=g_j(x)$ $(j=1,\cdots,m/2)$ を満足する $v\in C^m(\bar{\Omega})$ を構成することができる．このとき (3.52), (3.53) は

$$A(x,D)(u(x)-v(x))=f(x)-A(x,D)v(x), \qquad x\in\Omega,$$

$$B_j(x,D)(u(x)-v(x))=0, \qquad x\in\partial\Omega, \qquad j=1,\cdots,m/2$$

と同値であるから $u=v+A^{-1}(f-A(x,D)v)$ が求める解である．一般の場合は

各$j=1,\cdots,m/2$に対し$\partial\Omega$でg_jと一致する関数$w_j\in W_p^{m-m_j}(\Omega)$をとり，$w_j$を$C^{m-m_j}(\bar{\Omega})$に属する関数列$\{w_{j\nu}\}$で$\|w_{j\nu}-w_j\|_{m-m_j,p}\to 0$となるように近似する．$g_{j\nu}$を$w_{j\nu}$の境界値とすると$g_{j\nu}\in C^{m-m_j}(\partial\Omega)$であるから

$$A(x,D)u_\nu(x)=f(x),\qquad x\in\Omega,$$
$$B_j(x,D)u_\nu(x)=g_{j\nu}(x),\qquad x\in\partial\Omega,\ j=1,\cdots,m/2$$

の解u_νが存在する．$u_\nu-u_\mu$に(3.54)を適用すると

$$\|u_\nu-u_\mu\|_{m,p}\leqq C\sum_{j=1}^{m/2}[g_{j\nu}-g_{j\mu}]_{m-m_j-1/p}$$
$$\leqq C\sum_{j=1}^{m/2}\|w_{j\nu}-w_{j\mu}\|_{m-m_j,p}$$

となるから$\{u_\nu\}$は$W_p^m(\Omega)$でCauchy列であり，その極限をuとすると明らかにuは求める解である．▌

係数がtに関係する場合に戻る．(3.54)に相応して各tに対し次の評価式が成立する．

(3.55)　$$\|u\|_{m,p}\leqq C\{\|A(x,t,D)u\|_p+\sum_{j=1}^{m/2}[B_j(x,t,D)u]_{m-m_j-1/p}\}.$$

予備定理 3.4　$f\in L^p(\Omega)$とすると

(3.56)　$$\|A(t)^{-1}f-A(s)^{-1}f\|_{m,p}\leqq C|t-s|\,\|f\|_p.$$

証明　$u(t)=A(t)^{-1}f$とおくと$A(t)u(t)=f$．これは

(3.57)　$A(x,t,D)u(x,t)=f(x),\qquad x\in\Omega,\ 0\leqq t\leqq T,$

(3.58)　$B_j(x,t,D)u(x,t)=0,\qquad x\in\partial\Omega,\ 0\leqq t\leqq T,\ j=1,\cdots,m/2$

を意味する．従って

$$A(x,t,D)(u(x,t)-u(x,s))=-(A(x,t,D)-A(x,s,D))u(x,s),\qquad x\in\Omega,$$
$$B_j(x,t,D)(u(x,t)-u(x,s))=-(B_j(x,t,D)-B_j(x,s,D))u(x,s),$$
$$x\in\partial\Omega,\qquad j=1,\cdots,m/2$$

であるが

$$\|(A(x,t,D)-A(x,s,D))u(s)\|_p\leqq C|t-s|\,\|u(s)\|_{m,p},$$
$$[(B_j(x,t,D)-B_j(x,s,D))u(s)]_{m-m_j-1/p}$$
$$\leqq\|(B_j(x,t,D)-B_j(x,s,D))u(s)\|_{m-m_j,p}\leqq C|t-s|\,\|u(s)\|_{m,p},$$
$$\|u(s)\|_{m,p}\leqq C\|f\|_p$$

は容易にわかる．故に$u(t)-u(s)$に(3.55)を適用して容易に(3.56)を得る．▌

予備定理 3.5 $f\in L^p(\Omega)$に対し，$A(t)^{-1}f$ は $W_p^m(\Omega)$で強連続微分可能である．

証明 再び $u(t)=A(t)^{-1}f$ とおく．(3.57), (3.58)を t に関する恒等式と見て両辺を形式的に微分すると

$$A(x,t,D)\dot{u}(x,t) = -\dot{A}(x,t,D)u(x,t) \equiv f(x,t), \qquad x\in\Omega,$$

$$B_j(x,t,D)\dot{u}(x,t) = -\dot{B}_j(x,t,D)u(x,t) \equiv g_j(x,t), \qquad x\in\partial\Omega$$

を得る．明らかに $f(t)\in L^p(\Omega)$, $g_j(t)\in W_p{}^{m-m_j-1/p}(\partial\Omega)$である．そこで境界値問題

$$A(x,t,D)w(x,t) = f(x,t), \qquad x\in\Omega, \tag{3.59}$$

$$B_j(x,t,D)w(x,t) = g_j(x,t), \qquad x\in\partial\Omega,\ j=1,\cdots,m/2 \tag{3.60}$$

を考える．予備定理 3.3 により解 $w(t)\in W_p{}^m(\Omega)$は存在する．

$$v_{\Delta t}(x,t) = (\Delta t)^{-1}(u(x,t+\Delta t)-u(x,t))-w(x,t)$$

に(3.55)を適用し，予備定理 3.4 を用いれば容易に

$$\lim_{\Delta t\to 0}\|v_{\Delta t}(t)\|_{m,p} = 0$$

を得る．$w(t)$が $W_p^m(\Omega)$の値をとる連続関数であることも容易にわかる．∎

第3章予備定理 8.1 によりすべての $u\in W_p^m(\Omega)$, $\theta_0\leqq\arg\lambda\leqq 2\pi-\theta_0$ を満たすすべての λ に対し

$$|\lambda|\|u\|_p+\|u\|_{m,p} \leqq C\Big\{\|(A(x,t,D)-\lambda)u\|_p + \sum_{j=1}^{m/2}|\lambda|^{(m-m_j)/m}\|g_j\|_p + \sum_{j=1}^{m/2}\|g_j\|_{m-m_j,p}\Big\} \tag{3.61}$$

が成立する．ただし g_j は $\partial\Omega$ で $B_j(x,t,D)u$ と一致する $W_p^{m-m_j}(\Omega)$に属する任意の関数である．

予備定理 3.6 $\theta_0\leqq\arg\lambda\leqq 2\pi-\theta_0$ を満足する任意の λ に対して$(A(t)-\lambda)^{-1}$は t に関して $B(L^p(\Omega))$のノルムで連続微分可能，次の不等式が成立する．

$$\|(\partial/\partial t)(A(t)-\lambda)^{-1}\| \leqq C/|\lambda|.$$

証明 $f\in L^p(\Omega)$として $u(t)=(A(t)-\lambda)^{-1}f$ とおくと

$$(A(x,t,D)-\lambda)u(x,t) = f(x), \qquad x\in\Omega,\ 0\leqq t\leqq T,$$

$$B_j(x,t,D)u(x,t) = 0, \qquad x\in\partial\Omega,\ 0\leqq t\leqq T,\ j=1,\cdots,m/2$$

である．前予備定理と同様にして $u(t)$は $W_p^m(\Omega)$の中で強連続微分可能

$$(3.62)\qquad (A(x,t,D)-\lambda)\dot{u}(x,t) = -\dot{A}(x,t,D)u(x,t), \qquad x\in\Omega,$$

$$(3.63)\qquad \begin{gathered} B_j(x,t,D)\dot{u}(x,t) = -\dot{B}_j(x,t,D)u(x,t), \\ x\in\partial\Omega,\ \ j=1,\cdots,m/2 \end{gathered}$$

が成立する．$\dot{u}(t)$に(3.61)を適用する．このとき(3.63)の右辺$-\dot{B}_j(x,t,D)u\equiv g_j$を(3.61)の$g_j$にとることができる．ここで$B_j(x,t,D)$の係数は$\Omega$の内部にも拡張してあることに注意する．こうすると

$$|\lambda|\|\dot{u}(t)\|_p \leqq C\Big\{\|\dot{A}(x,t,D)u(t)\|_p + \sum_{j=1}^{m/2}|\lambda|^{(m-m_j)/m}\|g_j(t)\|_p + \sum_{j=1}^{m/2}\|g_j(t)\|_{m-m_j,p}\Big\}$$

となるが，これより

$$\|(\partial/\partial t)(A(t)-\lambda)^{-1}f\|_p = \|\dot{u}(t)\|_p \leqq C\|f\|_p/|\lambda|$$

が容易にわかる．▌

以上で仮定3.1，3.3が満たされることがわかったが，仮定3.2も同様にして証明することができる．

§4 $A(t)$が正則増大作用素の場合

X, Vを第2章§2で述べたHilbert空間として各$t\in[0,T]$に対し$a(t;u,v)$は$V\times V$で定義された二次型式，ある数Mが存在して

$$(4.1)\qquad |a(t;u,v)| \leqq M\|u\|\|v\|$$

がすべての$u,v\in V$，$0\leqq t\leqq T$に対して成立するとする．また正の数$\delta>0$，実数kが存在し，すべての$t\in[0,T], u\in V$に対し

$$(4.2)\qquad \mathrm{Re}\, a(t;u,u) \geqq \delta\|u\|^2 - k|u|^2$$

が成立すると仮定する．さらに$a(t;u,v)$はtに関し次の意味でHölder連続とする：ある数$\alpha\in(0,1]$が存在してすべての$t\in[0,T], u,v\in V$に対し

$$(4.3)\qquad |a(t;u,v)-a(s;u,v)| \leqq K|t-s|^\alpha\|u\|\|v\|.$$

$A(t)$を$a(t;u,v)$によって定まる作用素とする．すなわち

$$a(t;u,v) = (A(t)u,v).$$

以上の仮定のもとでXでの発展方程式(1.1),(1.2)を解くことを本節の目的とする．第3章定理6.1により$-A(t)$はX, V^*の双方で解析的半群を生成し，

V^* の中の作用素と見ると，その定義域は V に一致するから t に無関係である．従って(1.1), (1.2)を V^* の中の方程式と見て§2の結果を適用して基本解 $U(t,s)$ を構成し，次に $\alpha>1/2$ ならば $U(t,s)$ の X への制限が求める(1.1), (1.2)の基本解であることを示す．$e^{-kt}u(t)$ を新たに未知関数と考えることにより $k=0$ で(4.2)が成立するとしておく．そうすると第2章(2.10)により

$$\delta\|u\| \leqq \|A(t)u\|_* \leqq M\|u\| \tag{4.4}$$

がすべての $t\in[0,T]$, $u\in V$ に対して成立する．A を $A(s)$ で置き換えて第3章§6の不等式が s に関し一様に成立することも明らかである．すなわち

$$|(A(s)-\lambda)^{-1}f| \leqq C|\lambda|^{-1}|f|, \tag{4.5}$$

$$|(A(s)-\lambda)^{-1}f| \leqq C|\lambda|^{-1/2}\|f\|_*, \tag{4.6}$$

$$\|(A(s)-\lambda)^{-1}f\| \leqq C|\lambda|^{-1/2}|f|, \tag{4.7}$$

$$\|(A(s)-\lambda)^{-1}f\| \leqq C\|f\|_*, \tag{4.8}$$

$$\|(A(s)-\lambda)^{-1}f\|_* \leqq C|\lambda|^{-1}\|f\|_*, \tag{4.9}$$

$$|\exp(-tA(s))| \leqq 1, \tag{4.10}$$

$$\|\exp(-tA(s))\|_* \leqq C, \tag{4.11}$$

$$|\exp(-tA(s))f| \leqq Ct^{-1/2}\|f\|_*, \tag{4.12}$$

$$\|\exp(-tA(s))f\| \leqq Ct^{-1/2}|f|, \tag{4.13}$$

$$\|\exp(-tA(s))f\| \leqq Ct^{-1}\|f\|_*, \tag{4.14}$$

$$|A(s)\exp(-tA(s))f| \leqq Ct^{-3/2}\|f\|_*, \tag{4.15}$$

$$\|A(s)\exp(-tA(s))f\| \leqq Ct^{-3/2}|f|. \tag{4.16}$$

(4.3)より直ちに

$$\|A(t)u-A(s)u\|_* \leqq K|t-s|^{\alpha}\|u\|. \tag{4.17}$$

これと(4.4)とから

$$\|A(t)A(0)^{-1}-A(s)A(0)^{-1}\|_* \leqq C|t-s|^{\alpha}. \tag{4.18}$$

従って§2の方法で V^* での方程式と見た(1.1)の基本解 $U(t,s)$ を(2.3), (2.4), (2.6), (2.11), (2.12)により構成することができる．$U(t,s)$ は V^* での有界作用素であるが，それを X に制限したものを次に考える．§2で示したように

$$\|R_1(t,s)\|_* \leqq C(t-s)^{\alpha-1}, \qquad 0\leqq s<t\leqq T, \tag{4.19}$$

$$\begin{aligned}&\|R_1(t,s)-R_1(\tau,s)\|_* \leqq C_\beta(t-\tau)^{\beta}(\tau-s)^{\alpha-\beta-1},\\ &\qquad 0\leqq s<\tau<t\leqq T,\end{aligned} \tag{4.20}$$

が成立する．ただしβはαより小さい任意の正の数である．また$f\in X$のとき(4.13), (4.17)から

$$\|R_1(t,s)f\|_* \leqq C(t-s)^{\alpha-1/2}|f|. \tag{4.21}$$

予備定理 4.1　$f\in X$, $0\leqq s<t\leqq T$のとき

$$\|R(t,s)f\|_* \leqq C(t-s)^{\alpha-1/2}|f|. \tag{4.22}$$

証明　ある数C_0, C_1が存在してすべてのmに対し

$$\|R_m(t,s)f\|_* \leqq C_0\Gamma(\rho+1/2)C_1{}^{m-1}\Gamma(\rho)^{m-1}(t-s)^{m\rho-1/2}|f|/\Gamma(m\rho+1/2)$$

が成立することが帰納法により示される．これより直ちに(4.22)を得る．▌

予備定理 4.2　各$f\in X$, $0\leqq s<\tau<t\leqq T$, $0<\beta<\alpha$に対し

$$\begin{aligned}\|R(t,s)f-R(\tau,s)f\|_*\\ \leqq C_\beta\Big\{(t-\tau)^\alpha(\tau-s)^{-1/2}+\int_\tau^t(t-\sigma)^{\alpha-1}(\sigma-s)^{\alpha-1/2}d\sigma\\ +(t-\tau)^\beta(\tau-s)^{2\alpha-\beta-1/2}\Big\}|f|.\end{aligned} \tag{4.23}$$

証明　$R_1(t,s)$の定義(2.6)により

$$\begin{aligned}\|R_1(t,s)f-R_1(\tau,s)f\|_* &\leqq \|(A(t)-A(\tau))\exp(-(t-s)A(s))f\|_*\\ &+\|(A(\tau)-A(s))\{\exp(-(t-s)A(s))-\exp(-(\tau-s)A(s))\}f\|_*\end{aligned} \tag{4.24}$$

であるが(4.13)と(4.17)により右辺第1項は$C(t-\tau)^\alpha(t-s)^{-1/2}|f|$を越えない．(4.16)より

$$\begin{aligned}&\|\{\exp(-(t-s)A(s))-\exp(-(\tau-s)A(s))\}f\|\\ &=\left\|\int_\tau^t A(s)\exp(-(r-s)A(s))f\,dr\right\|\\ &\leqq C\int_\tau^t(r-s)^{-3/2}|f|dr = C\{(\tau-s)^{-1/2}-(t-s)^{-1/2}\}|f|\\ &= C(\tau-s)^{-1/2}\{1-(\tau-s)^{1/2}(t-s)^{-1/2}\}|f|\\ &\leqq C(\tau-s)^{-1/2}\{1-(\tau-s)/(t-s)^{-1}\}|f|\\ &= C(t-\tau)(t-s)^{-1}(\tau-s)^{-1/2}|f| \leqq C(t-\tau)(\tau-s)^{-3/2}|f|\end{aligned}$$

であり，これと(4.17)により(4.24)の右辺第2項は$C(t-\tau)(\tau-s)^{\alpha-3/2}|f|$を越えない．他方(4.24)の右辺第2項は(4.13)と(4.17)により

$$\begin{aligned}&\|(A(\tau)-A(s))\exp(-(t-s)A(s))f\|_*+\|(A(\tau)-A(s))\exp(-(\tau-s)A(s))f\|_*\\ &\leqq C(t-s)^\alpha(t-s)^{-1/2}|f|+C(\tau-s)^{\alpha-1/2}|f| \leqq C(\tau-s)^{\alpha-1/2}|f|\end{aligned}$$

を越えない．従って(4.24)の右辺第2項は

$$C\{(t-\tau)(\tau-s)^{\alpha-3/2}\}^{\alpha}\{(\tau-s)^{\alpha-1/2}\}^{1-\alpha}|f|$$
$$= C(t-\tau)^{\alpha}(\tau-s)^{-1/2}|f|$$

でおさえられる．故に

(4.25) $$\|R_1(t,s)f-R_1(\tau,s)f\|_* \leqq C(t-\tau)^{\alpha}(\tau-s)^{-1/2}|f|.$$

(2.10), (4.19), (4.20), (4.22), (4.25)より容易に(4.23)を得る．▌

予備定理 4.3 $0\leqq s<t\leqq T$ に対し

$$Y(t,s)=\exp(-(t-s)A(s))-\exp(-(t-s)A(t))$$

とおくと

(4.26) $$\|Y(t,s)f\| \leqq C(t-s)^{\alpha-1}\|f\|_*.$$

証明

$$Y(t,s)=\frac{1}{2\pi i}\int_{\Gamma}e^{-\lambda(t-s)}(A(s)-\lambda)^{-1}(A(t)-A(s))(A(t)-\lambda)^{-1}d\lambda$$

と表わされる．(4.8)と(4.17)により

$$\|(A(s)-\lambda)^{-1}(A(s)-A(t))(A(t)-\lambda)^{-1}f\| \leqq C(t-s)^{\alpha}\|f\|_*.$$

これより容易に(4.26)を得る．▌

予備定理 4.4 $f\in X$, $0\leqq s<t\leqq T$ のとき

(4.27) $$|W(t,s)f| \leqq C(t-s)^{\alpha}|f|,$$

(4.28) $$\|W(t,s)f\| \leqq C(t-s)^{\alpha-1/2}|f|.$$

証明 (4.27)は予備定理4.1と(4.12)から直ちに得られる．次に

$$W(t,s)=\int_s^t Y(t,\tau)R(\tau,s)d\tau+\int_s^t \exp(-(t-\tau)A(t))(R(\tau,s)-R(t,s))d\tau$$
$$+A(t)^{-1}\{1-\exp(-(t-s)A(t))\}R(t,s)$$

と変形しておいて右辺第1項に予備定理4.1, 4.3, 第2項に(4.14), 予備定理4.2, 第3項に(4.4), (4.11), 予備定理4.1を適用すれば(4.28)を得る．▌

定理 4.1 $U(t,s)$ は $0\leqq s\leqq t\leqq T$ で $B(X)$ の値をとる強連続関数であり $f\in X$, $0\leqq s<t\leqq T$ のとき

(4.29) $$|U(t,s)f| \leqq C|f|,$$

(4.30) $$\|U(t,s)f\| \leqq C(t-s)^{-1/2}|f|.$$

また $f\in V^*$ のとき

(4.31)
$$|U(t,s)f| \leqq C(t-s)^{-1/2}\|f\|_*.$$

証明　(4.29), (4.30)は予備定理4.4と(2.3)から明らかである．(4.31)は(4.12)と(4.19)からでる．∎

この定理により $u_0 \in X$, $f \in C([0,T];X)$ ならば

(4.32)
$$u(t) = U(t,0)u_0 + \int_0^t U(t,s)f(s)ds$$

は $C([0,T];X)$ に属するが，f が Hölder 連続であっても(4.32)は(1.1), (1.2)の解であるか否かはわからない．しかし V^* の中での方程式(1.1), (1.2)の解になっていることは定理2.3によりわかる．

$S(t,s)$ を予備定理2.3で定義された作用素とする：
$$S(t,s) = A(t)\exp(-(t-s)A(t)) - A(s)\exp(-(t-s)A(s)).$$

予備定理4.5　各 $f \in V^*$, $0 \leqq s < t \leqq T$ に対し

(4.33)
$$|S(t,s)f| \leqq C(t-s)^{\alpha-3/2}\|f\|_*.$$

証明　(4.6), (4.8), (4.17)により
$$\begin{aligned}&|\{(A(t)-\lambda)^{-1}-(A(s)-\lambda)^{-1}\}f|\\ &= |(A(t)-\lambda)^{-1}(A(s)-A(t))(A(s)-\lambda)^{-1}f| \leqq C(t-s)^{\alpha}|\lambda|^{-1/2}\|f\|_*.\end{aligned}$$
これと $S(t,s)$ の表現式(2.23)より容易に(4.33)を得る．∎

今後は $\alpha > 1/2$ を仮定する．

予備定理4.6　$0 \leqq s < t \leqq T$ で次の不等式が成立する．

(4.34)
$$|(\partial/\partial t)W(t,s)| \leqq C(t-s)^{\alpha-1}.$$

証明　$(\partial/\partial t)W(t,s)$ は(2.26)の右辺によって表わされるから，(4.12), (4.15), 予備定理4.1, 4.2, 4.5および仮定 $\alpha > 1/2$ を用いて容易に(4.34)を確かめることができる．∎

予備定理4.6により $U(t,s)$ は $B(X)$ の中で t に関し微分可能，$0 \leqq s < t \leqq T$ のとき $R(U(t,s)) \subset D(A(t))$, $(\partial/\partial t)U(t,s) + A(t)U(t,s) = 0$,

(4.35)
$$|(\partial/\partial t)U(t,s)| = |A(t)U(t,s)| \leqq C(t-s)^{-1}$$

が成立する．

$a(t;u,v)$ に共役な二次形式を $a^*(t;u,v)$ と表わす．すなわち $a^*(t;u,v) = \overline{a(t;v,u)}$．$a^*(t;u,v)$ で定まる作用素を $A^*(t)$ と表わすと，上と同様にして
$$-(\partial/\partial s)V(t,s) + A^*(s)V(t,s) = 0, \quad 0 \leqq s < t \leqq T,$$

$$V(t,t)=I, \quad 0\leqq t\leqq T$$

を満足する作用素値関数 $V(t,s)(0\leqq s\leqq t\leqq T)$ を構成することができる. $f,g\in X$. $s<r<t$ とすると

$$\begin{aligned}(\partial/\partial r)&(U(r,s)f,\ V(t,r)g)\\ &= -(A(r)U(r,s)f,\ V(t,r)g)+(U(r,s)f, A^*(r)V(t,r)g)\\ &= -a(r;U(r,s)f,\ V(t,r)g)+a(r;U(r,s)f,\ V(t,r)g)=0\end{aligned}$$

となるから $(U(r,s)f,\ V(t,r)g)$ は (s,t) で r に無関係である. 故に $r\to s$, $r\to t$ として

(4.36) $$U(t,s)=V^*(t,s)$$

を得る. (4.35) と同様 $V(t,s)$ は s に関し微分可能,

(4.37) $$|(\partial/\partial s)V(t,s)|=|A^*(s)V(t,s)|\leqq C(t-s)^{-1}$$

が成立することがわかる. これと (4.36) とから $U(t,s)$ は s に関しても $0\leqq s<t$ で微分可能,

(4.38) $(\partial/\partial s)U(t,s)=U(t,s)A(s)$ の X での有界な拡張,

(4.39) $$|(\partial/\partial s)U(t,s)|\leqq C(t-s)^{-1}$$

がわかる.

定理 4.2 (4.1), (4.2) および $\alpha>1/2$ で (4.3) が満たされれば X での方程式 (1.1) の基本解 $U(t,s)$ が存在し, $U(t,s)$ は $0\leqq s<t\leqq T$ で t,s について微分可能, $R(U(t,s))\subset D(A(t))$, $U(t,s)A(s)$ は X での有界な拡張を持ち (4.35), (4.38), (4.39) が成立する.

前節と同様 $u\in C([0,T];X)\cap C^1((0,T];X)$, 各 t に対し $u(t)\in D(A(t))$, $Au\in C((0,T];X)$ で, u が (1.1), (1.2) を満足するとき u を (1.1), (1.2) の**解**ということにする.

定理 4.3 前定理の仮定が満たされるとする. $u_0\in X$, f は X の値をとる Hölder 連続な関数とすると (4.32) は (1.1), (1.2) のただ一つの解である.

証明は定理 1.3 と同様である.

§5 J. L. Lions の一定理の別証明

X, V は前節におけると同様な Hilbert 空間でさらに可分とする. $a(t;u,v)$ は

各 $t\in[0, T]$ に対し (4. 1), (4. 2) を満足する $V\times V$ 上の二次型式で t の関数としては

(5. 1)　　各 $u, v\in V$ に対し $a(t;u,v)$ は t の可測関数

のみを仮定する．前節と同様 $a(t;u,v)$ で定まる作用素を $A(t)$ と書く．$u\in L^2(0, T; V)$ のとき $(Au)(t)=A(t)u(t)$ とおくと $Au\in L^2(0, T; V^*)$ である．J. L. Lions は上の仮定のもとで次の定理を証明した．

定理 5.1　u_0, f をそれぞれ $X, L^2(0, T; V^*)$ の任意の元とすると $u\in L^2(0, T; V)$ が存在し

(5. 2)　$$u'\in L^2(0, T; V^*),$$

(5. 3)　$$u'+Au = f,$$

(5. 4)　$$u(0) = u_0$$

を満足する．このような u はただ一つである．

次に証明する予備定理 5. 1 により $u\in C([0, T]; X)$ となるから X の元として (5. 4) は意味がある．また (5. 3) において u', Au, f はいずれも $L^2(0, T; V^*)$ の元であることに注意する．

Lions は[11]である種の二次型式による線型汎関数の巧妙な表現定理により，[12]では Galerkin の方法によって定理 5. 1 を証明した．本節では前節の結果を使った別証明を述べる．前節同様 $k=0$ で (4. 2) が満たされると仮定する．

予備定理 5.1　$u\in L^2(0, T; V)$,　$u'\in L^2(0, T; V^*)$ とすると $u\in C([0, T]; X)$ である．v を同様の条件を満足するもう一つの関数とすると，$(u(t), v(t))$ は絶対連続で次式が成立する．

(5. 5)　$$(d/dt)(u(t), v(t)) = (u'(t), v(t))+(u(t), v'(t)).$$

証明　$0<a<T$ として $-a<t<0$ のとき $u(t)=u(-t)$,　$T<t<T+a$ のとき $u(t)=u(2T-t)$ とおいて u を $(-a, T+a)$ に拡張すると $u\in L^2(-a, T+a; V)$, $u'\in L^2(-a, T+a; V^*)$ である．θ を $[0, T]$ で 1, $-a$ と $T+a$ のある近傍で 0 となる実数値連続微分可能な関数として $w(t)=\theta(t)u(t)$ とおく．j_n を §2 におけるような軟化子として

$$w_n(t) = \int_{-a}^{T+a} j_n(t-s)w(s)ds$$

とおくと，$n\to\infty$ のとき $L^2(-a, T+a; V)$ で $w_n\to w$,　$L^2(-a, T+a; V^*)$ で

$w_n' \to w'$ である．また $w_n'(t) \in V$ に注意して

$$
\begin{aligned}
|w_n(t)-w_m(t)|^2 &= \int_{-a}^{t} (d/ds)|w_n(s)-w_m(s)|^2 ds \\
&= \int_{-a}^{t} 2\,\mathrm{Re}(w_n'(s)-w_m'(s),\, w_n(s)-w_m(s))ds \\
&\leqq \int_{-a}^{T+a} \|w_n'(s)-w_m'(s)\|_*{}^2 ds + \int_{-a}^{T+a} \|w_n(s)-w_m(s)\|^2 ds
\end{aligned}
$$

だから $\{w_n\}$ は $C([-a, T+a]; X)$ で Cauchy 列である．故に零集合での値を修正すれば，すべての t に対し $w(t) \in X$, $[-a, T+a]$ で一様に $|w_n(t)-w(t)| \to 0$. これより $u \in C([0, T]; X)$ が得られる．次に(5.5)を示すために $\varphi \in C_0^\infty(0, T)$ とすると

$$
\begin{aligned}
&\int_0^T (w_n(t), v(t))\varphi'(t)dt \\
&\quad = \int_0^T ((d/dt)(\varphi(t)w_n(t)), v(t))dt - \int_0^T (\varphi(t)w_n'(t), v(t))dt \\
&\quad = -\int_0^T (\varphi(t)w_n(t), v'(t))dt - \int_0^T (\varphi(t)w_n'(t), v(t))dt.
\end{aligned}
$$

ここで $n \to \infty$ とすると

$$
\int_0^T (u(t), v(t))\varphi'(t)dt = -\int_0^T \{(u(t), v'(t)) + (u'(t), v(t))\}\,\varphi(t)dt
$$

となり(5.5)が超関数の意味で成立することがわかった．(5.5)の右辺は t の絶対可積な関数だから $(u(t), v(t))$ は絶対連続である．▌

系 定理5.1の結論を満足する関数 u はただ一つである．

証明 $u_0=0, f=0$ のとき $u=0$ を証明すればよい．予備定理5.1により $|u(t)|^2$ は絶対連続

$$
\begin{aligned}
&(d/dt)|u(t)|^2 + 2\,\mathrm{Re}\,a(t; u(t), u(t)) \\
&\quad = 2\,\mathrm{Re}(u'(t), u(t)) + 2\,\mathrm{Re}(A(t)u(t), u(t)) \\
&\quad = 2\,\mathrm{Re}(u'(t)+A(t)u(t), u(t)) = 0
\end{aligned}
$$

だから $(d/dt)|u(t)|^2 \leqq 0$ となり $|u(t)|$ は減少関数である．$|u(0)|=0$ だから $u(t) \equiv 0$ である．▌

定理をまず(4.3)が満たされる場合に証明する．このときは V^* の中の方程式と見た(1.1)の基本解 $U(t, s)$ が存在する．

予備定理 5.2　$u_0 \in X$, $f \in L^2(0, T; V^*)$ に対して (4.32) で定義される関数 u は $C([0, T]; X) \cap L^2(0, T; V)$ に属し，$0 \leqq t \leqq T$ で次式が成立する．

$$(5.6)\quad \begin{aligned} &\frac{1}{2}|u(t)|^2 + \int_0^t \mathrm{Re}\, a(s; u(s), u(s))ds \\ &= \frac{1}{2}|u_0|^2 + \int_0^t \mathrm{Re}(f(s), u(s))ds, \end{aligned}$$

$$(5.7)\quad |u(t)|^2 + \delta \int_0^t \|u(s)\|^2 ds \leqq |u_0|^2 + \frac{1}{\delta}\int_0^t \|f(s)\|_*{}^2 ds.$$

証明　まず $f \in C^1([0, T]; V^*)$ とする．このときは $u \in C((0, T]; V) \cap C^1((0, T]; V^*)$, $Au \in C((0, T]; V^*)$,

$$(5.8)\quad u'(t) + A(t)u(t) = f(t), \qquad 0 < t \leqq T$$

であるから

$$\begin{aligned} (d/dt)|u(t)|^2 &= 2\,\mathrm{Re}(u'(t), u(t)) \\ &= 2\,\mathrm{Re}(-A(t)u(t) + f(t), u(t)) = -2\,\mathrm{Re}\, a(t; u(t), u(t)) + 2\,\mathrm{Re}(f(t), u(t)), \end{aligned}$$

$0 < \varepsilon < T$ として上式を ε から T まで積分すると

$$(5.9)\quad \begin{aligned} &\frac{1}{2}|u(t)|^2 + \int_\varepsilon^t \mathrm{Re}\, a(s; u(s), u(s))ds \\ &= \frac{1}{2}|u(\varepsilon)|^2 + \int_\varepsilon^t \mathrm{Re}(f(s), u(s))ds. \end{aligned}$$

従って (4.2)($k=0$) と Schwarz の不等式によって

$$(5.10)\quad |u(t)|^2 + \delta \int_\varepsilon^t \|u(s)\|^2 ds \leqq |u(\varepsilon)|^2 + \frac{1}{\delta}\int_\varepsilon^t \|f(s)\|_*{}^2 ds$$

となるが，定理 4.1 により X で $\lim_{\varepsilon \to 0} u(\varepsilon) = u_0$ だから (5.9)，(5.10) で $\varepsilon \to 0$ として $u \in L^2(0, T; V)$ および (5.6), (5.7) を得る．一般の $f \in L^2(0, T; V^*)$ に対しては f を $C^1([0, T]; V^*)$ に属する関数 f_n で $L^2(0, T; V^*)$ の強位相で近づける．各 n に対し

$$(5.11)\quad u_n(t) = U(t, 0)u_0 + \int_0^t U(t, s)f_n(s)ds$$

とおくと

$$u_n(t) - u_m(t) = \int_0^t U(t, s)(f_n(s) - f_m(s))ds$$

だから (5.7) によりすべての $t \in [0, T]$ に対して

$$|u_n(t)-u_m(t)|^2+\delta\int_0^t\|u_n(s)-u_m(s)\|^2ds \leqq \frac{1}{\delta}\int_0^t\|f_n(s)-f_m(s)\|_*{}^2ds.$$

故に$\{u_n\}$は$C([0, T]; X)$, $L^2(0, T; V)$の双方でCauchy列である．他方，各tに対しV^*で$u_n(t)\to u(t)$であることは容易にわかる．このことから直ちに(5.6), (5.7)を得る．▌

命題 5.1 (4.3)が満たされるとする．各$u_0\in X$, $f\in L^2(0, T; V^*)$に対し(4.32)で定義されるuは定理5.1の結論を満足するただ一つの関数である．

証明 $f\in C^1([0, T]; V^*)$のときは明らかである．fが$L^2(0, T; V^*)$の一般の元のときは$f_n\in C^1([0, T]; V^*)$, $L^2(0, T; V^*)$で$f_n\to f$ (強)とすると(5.11)で定義される関数u_nは$u_n\in C((0, T]; V)\cap C^1((0, T]; V^*)$, $Au_n\in C((0, T]; V^*)$,

(5.12) $$u_n'(t)+A(t)u_n(t)=f_n(t), \qquad u_n(0)=u_0$$

を満足する．予備定理5.2の証明により$L^2(0, T; V)$で$u_n\to u$だから$L^2(0, T; V^*)$で$Au_n\to Au$, 従って(5.12)により$L^2(0, T; V^*)$で$u_n'\to u'$となる．以上によりuは(5.2), (5.3), (5.4)を満足する．▌

次に一般の場合に移る．$a(t; u, v)$を$[0, T]$の外に拡張して$(-\infty, \infty)$で(4.1), (4.2), (5.1)を満足するようにしておく．ただし(4.2)は$k=0$として満たされるとしておく．j_nを§2にあるような軟化子として

$$a_n(t; u, v)=\int_{-\infty}^{\infty}j_n(t-s)a(s; u, v)ds$$

とおくと$a_n(t; u, v)$は(4.1)-(4.3)を満足する．この二次型式で定められる作用素を$A_n(t)$と表わす．すべての$t\in[0, T]$, $u\in V$に対し

(5.13) $$\|A_n{}^*(t)u\|_*\leqq M\|u\|, \qquad \|A^*(t)u\|_*\leqq M\|u\|$$

が成立することは明らかである．$u'+A_n(t)u=0$の基本解を$U_n(t, s)$と書く．$u_0\in X$, $f\in L^2(0, T; V^*)$に対し

(5.14) $$u_n(t)=U_n(t, 0)u_0+\int_0^t U_n(t, s)f(s)ds$$

とおく．予備定理5.2によりuをu_nで置き換えて(5.7)が成立するから$\{u_n\}$は$L^2(0, T; V^*)$で有界，故に部分列で置き換えて$L^2(0, T; V)$で$u_n\to u$ (弱)としておく．

予備定理 5.3 $[0, T]$の零集合Nが存在してすべての$t\in[0, T]\backslash N$, $v\in V$に対し

$$\lim_{n\to\infty}\|A_n{}^*(t)v-A^*(t)v\|_*=0. \tag{5.15}$$

証明　w を V の任意の元とすると

$$\begin{aligned}(w, A_n{}^*(t)v-A^*(t)v) &= a_n(t; w, v)-a(t; w, v)\\ &= \int_{-\infty}^{\infty} j_n(t-s)(a(s; w, v)-a(t; w, v))ds\\ &= \int_{-\infty}^{\infty} j_n(s)(w, A^*(t-s)v-A^*(t)v)ds\end{aligned}$$

だから

$$\begin{aligned}\|A_n{}^*(t)v-A^*(t)v\|_* &\leqq \int_{-\infty}^{\infty} j_n(s)\|A^*(t-s)v-A^*(t)v\|_*ds\\ &\leqq Cn\int_{-n^{-1}}^{n^{-1}}\|A^*(t-s)v-A^*(t)v\|_*ds.\end{aligned} \tag{5.16}$$

$A^*(t)v$ は t の関数として明らかに弱可測，V^* は可分だから $A^*(t)v$ は強可測である．(5.13)により $A^*(t)v$ は t の有界可測関数である．故に第1章予備定理3.2により零集合 N_v が存在しすべての $t\in[0, T]\backslash N_v$ に対し $n\to\infty$ のとき(5.16)の右辺→0．故に $\|A_n{}^*(t)v-A^*(t)v\|_*\to 0$．$\{v_j\}$ を V で稠密な可算集合，$N=\bigcup_j N_{v_j}$ とおくと N も $[0, T]$ の零集合である．v を V の任意の元，$t\in[0, T]\backslash N$ とすると(5.13)により各 j に対し

$$\begin{aligned}&\|A_n{}^*(t)v-A^*(t)v\|_* \leqq \|A_n{}^*(t)(v-v_j)\|_*+\|A_n{}^*(t)v_j-A^*(t)v_j\|_*\\ &\quad+\|A^*(t)(v_j-v)\|_* \leqq 2M\|v-v_j\|+\|A_n{}^*(t)v_j-A^*(t)v_j\|_*.\end{aligned}$$

これより(5.15)を得る．▌

(5.14)で定義される u_n は命題5.1により $u_n{}'\in L^2(0, T; V^*)$,

$$u_n{}'+A_nu_n=f, \qquad u_n(0)=u_0 \tag{5.17}$$

を満足する．g を $L^2(0, T; V)$ の任意の元とすると(5.13)，予備定理5.3により $A_n{}^*g$ は A^*g に $L^2(0, T; V^*)$ で強収束する．$L^2(0, T; V)$ で $u_n\to u$ (弱)であったから

$$\begin{aligned}&\int_0^T (A_n(t)u_n(t), g(t))dt = \int_0^T (u_n(t), A_n{}^*(t)g(t))dt\\ &\to \int_0^T (u(t), A^*(t)g(t))dt = \int_0^T (A(t)u(t), g(t))dt.\end{aligned}$$

従って $L^2(0, T; V^*)$ で $A_nu_n\to Au$ (弱)である．従って $u_n{}'$ も $L^2(0, T; V^*)$ で弱

収束し，$u_n(0)\to u(0)$ (弱) も容易にわかるから u が(5.2), (5.3), (5.4)を満足することがわかる．これで定理5.1の証明が終った．▌

§6　$t\to\infty$ のときの解の行動

本節では $0\leqq t<\infty$ における方程式(1.1)の解の $t\to\infty$ のときの行動を考える．仮定1.1, 2.1が $0\leqq t<\infty$ で一様に満たされるとする．従って特に $\delta>0$, $\theta\in(0,\pi/2)$, $K>0$ が存在し $\Sigma=\{\lambda:|\arg(\lambda-\delta)|\geqq\theta\}\subset\rho(A)$, すべての $\lambda\in\Sigma$, $0\leqq t<\infty$ に対し次の不等式が成立する．

$$\|(A(t)-\lambda)^{-1}\|\leqq K(1+|\lambda|)^{-1}.$$

さらに次の仮定を加える．

(6.1)
$$\begin{cases} A(t)A(s)^{-1}\text{ は一様有界である．すなわち} \\ \sup_{0\leqq t,s<\infty}\|A(t)A(s)^{-1}\|<\infty. \end{cases}$$

(6.2)
$$\begin{cases} D\text{ を定義域とする閉作用素 }A(\infty)\text{ が存在し，} \\ t\to\infty\text{ のとき }\|(A(t)-A(\infty))A(0)^{-1}\|\to 0. \end{cases}$$

(6.3)
$$\begin{cases} f(t)\text{ は }0\leqq t<\infty\text{ で一様に Hölder 連続，すなわち }F>0, \\ \gamma\in(0,1)\text{ が存在し，すべての }0\leqq t,s<\infty\text{ に対し} \\ \|f(t)-f(s)\|\leqq F|t-s|^{\gamma}. \end{cases}$$

(6.4)　X の元 $f(\infty)$ が存在し $t\to\infty$ のとき $\|f(t)-f(\infty)\|\to 0$.

定理6.1　以上の仮定のもとで $t\to\infty$ のとき(1.1)の解 $u(t)$ は X のある元 $u(\infty)$ に強収束する．さらに

(6.5)
$$u(\infty)\in D,\qquad A(\infty)u(\infty)=f(\infty),$$

(6.6)
$$t\to\infty\quad\text{のとき}\quad \|du(t)/dt\|\to 0,$$

(6.7)
$$t\to\infty\quad\text{のとき}\quad \|A(t)u(t)-A(\infty)u(\infty)\|\to 0.$$

まず仮定より $A(t)-\delta$ も一様有界な放物型半群を生成するから

(6.8)
$$\|\exp(-tA(s))\|\leqq Ce^{-\delta t},$$

(6.9)
$$\|A(s)\exp(-tA(s))\|\leqq Ct^{-1}e^{-\delta t}$$

がすべての t,s に対して成立する．

$$\eta(\mu)=\sup_{\mu\leqq s<t,\,0<\tau<\infty}\|(A(t)-A(s))A(\tau)^{-1}\|$$

とおくと仮定より $\mu\to\infty$ のとき $\eta(\mu)\to\infty$ である．これと(2.2)より

(6.10) $$\|(A(t)-A(s))A(\tau)^{-1}\| \leqq C\sqrt{\eta(\mu)}(t-s)^{\alpha/2}$$

が $\mu\leqq s<t$ のとき成立する．

予備定理 6.1　$\lim_{\mu\to\infty}\eta_1(\mu)=0$ を満足する関数 $\eta_1(\mu)>0$ が存在し

(6.11) $$\|R(t,s)\| \leqq C\sqrt{\eta(\mu)}(t-s)^{\alpha/2-1}e^{-\delta(t-s)}\exp\{\eta_1(\mu)(t-s)\}.$$

証明　(6.9)と(6.10)により正の数 C_1 が存在し

$$\|R_1(t,s)\| \leqq C_1\sqrt{\eta(\mu)}(t-s)^{\alpha/2-1}e^{-\delta(t-s)}$$

が $0\leqq\mu\leqq s<t$ のとき成立する．帰納法により各 $m=1,2,\cdots$ に対し

$$\|R_m(t,s)\| \leqq (C_1\sqrt{\eta(\mu)})^m\Gamma(\alpha/2)^m\Gamma(\alpha m/2)^{-1}(t-s)^{m\alpha/2-1}e^{-\delta(t-s)}.$$

これより予備定理の結論は容易に得られる．▌

予備定理 6.2　任意の $0<\theta<\delta$，$0<\beta<\alpha/2$ に対して正の数 $\mu_{\beta,\theta}, C_{\beta,\theta}$ が存在し $\mu_{\beta,\theta}\leqq\mu<s<t$ のとき次の不等式が成立する．

(6.12) $$\|R(t,s)-R(\tau,s)\| \leqq C_{\beta,\theta}\sqrt{\eta(\mu)}(t-\tau)^{\beta}(\tau-s)^{\alpha/2-\beta-1}e^{-\theta(\tau-s)}.$$

証明　(2.20)の証明と同様にして

(6.13) $$\|R_1(t,s)-R_1(\tau,s)\| \leqq C\sqrt{\eta(\mu)}(t-\tau)^{\beta}(\tau-s)^{\alpha/2-\beta-1}e^{-\delta(\tau-s)}.$$

$1-\beta/\alpha>1/2$ だから

$$\begin{aligned}\|(A(t)-A(s))A(\tau)^{-1}\| &\leqq C\{\eta(\mu)\}^{1-\beta/\alpha}\{(t-s)^{\alpha}\}^{\beta/\alpha}\\ &\leqq C\sqrt{\eta(\mu)}(t-s)^{\beta}.\end{aligned}$$

従って(6.9)と合わせて

(6.14) $$\|R_1(t,s)\| \leqq C\sqrt{\eta(\mu)}(t-s)^{\beta-1}e^{-\delta(t-s)}.$$

(6.11)と(6.14)とから

$$\begin{aligned}&\left\|\int_{\tau}^{t}R_1(t,\sigma)R(\sigma,s)d\sigma\right\|\\ &\qquad\leqq C\eta(\mu)(t-\tau)^{\beta}(\tau-s)^{\alpha/2-1}\exp\{-(\delta-\eta_1(\mu))(t-s)\}.\end{aligned}$$

後は初等的な計算によって(6.12)を得る．▌

予備定理 6.3　$\mu\leqq s<t<\infty$ のとき

(6.15) $$\|S(t,s)\| \leqq C\sqrt{\eta(\mu)}(t-s)^{\alpha/2-1}e^{-\delta(t-s)}.$$

証明　$\Gamma=\{\lambda:|\arg\lambda|=\theta\}$，$\Gamma_\delta=\{\lambda:\lambda-\delta\in\Gamma\}$ とおく．

$$S(t,s)=\frac{1}{2\pi i}\int_{\Gamma_\delta}\lambda e^{-\lambda(t-s)}\{(A(t)-\lambda)^{-1}-(A(s)-\lambda)^{-1}\}\,d\lambda$$

と表わし，変数変換 $\lambda\to\lambda+\delta$ を行なうと

$$S(t,s)=\frac{e^{-\delta(t-s)}}{2\pi i}\int_\Gamma(\lambda+\delta)e^{-\lambda(t-s)}\{(A(t)-\lambda-\delta)^{-1}-(A(s)-\lambda-\delta)^{-1}\}d\lambda$$

となり，これと

$$\begin{aligned}&\|(A(t)-\lambda-\delta)^{-1}-(A(s)-\lambda-\delta)^{-1}\|\\ &\leqq\|(A(t)-\lambda-\delta)^{-1}\|\|(A(t)-A(s))A(s)^{-1}\|\|A(s)(A(s)-\lambda-\delta)^{-1}\|\\ &\leqq C\sqrt{\eta(\mu)}(t-s)^{\alpha/2}/|\lambda+\delta|\end{aligned}$$

より(6.15)を得る．▌

予備定理 6.4　各 $0<\theta<\delta$，$0<\beta<\alpha/2$ に対し $\mu_{\beta,\theta}\leqq\mu<s<t$ で次の不等式が成立する．

$$\|(\partial/\partial t)W(t,s)\|\leqq C_{\beta,\theta}\sqrt{\eta(\mu)}(t-s)^{\alpha/2-1}e^{-\theta(t-s)}.$$

証明　(2.26), (2.28), (6.9)，予備定理 6.1，6.2，6.3 を用いて容易になされる．▌

予備定理 6.5　すべての s に対し

$$\lim_{t\to\infty}\|(\partial/\partial t)U(t,s)\|=0.$$

証明　(6.9)と予備定理 6.4 から直ちに得られる．▌

以上の準備のもとで定理 6.1 を証明する．(6.6)の証明から始める．そのために $\mu_{\beta,\theta}\leqq\mu\leqq s<t$ として

$$u(t)=v(t)+w(t),$$

$$v(t)=U(t,s)u(s),\qquad w(t)=\int_s^t U(t,\sigma)f(\sigma)d\sigma$$

と表わしておく．定理 2.3 の証明により

$$dw(t)/dt=\mathrm{I}+\mathrm{II}+\mathrm{III}+\mathrm{IV},$$

$$\mathrm{I}=\int_s^t S(t,\sigma)f(\sigma)d\sigma,$$

$$\mathrm{II}=-\int_s^t A(t)\exp(-(t-\sigma)A(t))(f(\sigma)-f(t))d\sigma,$$

$$\mathrm{III}=\exp(-(t-s)A(t))f(t),$$

$$\mathrm{IV}=\int_s^t(\partial/\partial t)W(t,\sigma)f(\sigma)d\sigma.$$

予備定理 6.3，6.4, (6.8)により

$$\|\mathrm{I}\| \leqq C\sqrt{\eta(\mu)}, \qquad \|\mathrm{IV}\| \leqq C\sqrt{\eta(\mu)}, \qquad \|\mathrm{III}\| \leqq Ce^{-\delta(t-s)}.$$

次に

$$\delta(\mu) = \sup_{\mu \leqq s < t} \|f(t)-f(s)\|$$

とおくと仮定により $\mu\to\infty$ のとき $\delta(\mu)\to 0$ である．(6.3)により $\mu\leqq s<t$ で

$$\|f(t)-f(s)\| \leqq C\sqrt{\delta(\mu)}(t-s)^{\gamma/2}$$

が成立する．従って(6.9)より $\|\mathrm{II}\|\leqq C\sqrt{\delta(\mu)}$ を得る．また予備定理6.5により $t\to\infty$ のとき $\|dv(t)/dt\|\to 0$ である．以上合わせて(6.6)が得られる．(1.1)と(6.6)により

(6.16) $$A(t)u(t) \to f(\infty) \quad (強)$$

である．仮定により $t\to\infty$ のとき

$$\|I-A(\infty)A(t)^{-1}\| = \|(A(t)-A(\infty))A(t)^{-1}\| \to 0$$

であるから，t が十分大きければ $A(\infty)A(t)^{-1}$ の有界な逆が存在し，さらに $A(\infty)^{-1}$ も存在して有界であることがわかる．$A(\infty)u(t)=A(\infty)A(t)^{-1}\cdot A(t)u(t)\to f(\infty)$ (強)であるから $u(\infty)=\lim_{t\to\infty} u(t)$ (強)が存在し(6.5)が成立する．(6.16)と(6.5)から(6.7)を得る．これで定理6.1の証明を終った．§3，§4のような場合にも類似の定理を証明することができる．

A. Pazy[142]は $t\to\infty$ で

(6.17) $$A(t)\sim A_0+t^{-1}A_1+t^{-2}A_2+\cdots, \qquad f(t)\sim f_0+t^{-1}f_1+t^{-2}f_2+\cdots$$

と漸近展開されるとき，解も

(6.18) $$u(t)\sim u_0+t^{-1}u_1+t^{-2}u_2+\cdots$$

と展開されることを示した．(6.18)の係数は(6.17)の展開の係数から一意的に決まる．そしてこれを放物型方程式の混合問題に応用した．

§7 解の正則性

1. 複素解析性

H. Komatsu[90]は[0, T]のある複素近傍 $\varDelta$ で仮定1.1，2.1が満たされ，$A(t)A(0)^{-1}$，$f(t)$ が $\varDelta$ で t の正則関数ならば(1.1),(1.2)の解は(0, T]のある複素近傍で正則になることを示した．同様のことは§3の仮定が $\varDelta$ で満たされ，

そこで $A(t)^{-1}$ が t の正則関数であるときも成立する．本項ではそれの証明を述べる．方法は[90]に従う．

$\varDelta$ を閉区間$[0, T]$の凸な複素近傍とする．

仮定 7.1　各 $t\in\bar{\varDelta}$ に対し $A(t)$ は X で稠密に定義された閉作用素，ある角 $\theta\in(0,\pi/2)$ が存在し，$\rho(A(t))$ は閉角領域 $\Sigma=\{\lambda:|\arg\lambda|\geqq\theta\}\cup\{0\}$ を含み

$$\|(A(t)-\lambda)^{-1}\|\leqq K/(1+|\lambda|) \tag{7.1}$$

が $t\in\bar{\varDelta}, \lambda\in\Sigma$ で成立する．ここに K は t にも λ にも無関係な数である．

仮定 7.2　$A(t)^{-1}$ は $\varDelta$ で $B(X)$ の値をとる正則関数である．

仮定 7.1 のもとで仮定 3.3 が $t\in\bar{\varDelta}$ で $\rho=1$ として満たされることは Cauchy の積分表示で

$$(A(t)-\lambda)^{-1}=\frac{1}{2\pi i}\int(\tau-t)^{-1}(A(\tau)-\lambda)^{-1}d\tau$$

と表わされることからわかる．従ってある数 N が存在して次の不等式が $t\in\bar{\varDelta}$, $\lambda\in\Sigma$ で成立する:

$$\|(\partial/\partial t)(A(t)-\lambda)^{-1}\|\leqq N/|\lambda|. \tag{7.2}$$

$A(t)$ が仮定 7.1 を満足し，さらに $D(A(t))$ が $\bar{\varDelta}$ で t に無関係，$A(t)A(0)^{-1}$ が $\bar{\varDelta}$ で t の正則関数ならば仮定 7.2 が満たされることは容易にわかる．

$\phi=\pi/2-\theta$ とおく．複素数 t, s に対し $t\neq s, |\arg(t-s)|<\phi$ であるとき A. Friedman[6] に従って $t>s \pmod{\phi}$ と表わす．$t>s \pmod{\phi}$ または $t=s$ のとき $t\geqq s \pmod{\phi}$ と表わす．各 $s\in\bar{\varDelta}$ に対し $\exp(-tA(s))$ は t に関し $t>0 \pmod{\phi}$ で正則，$t\geqq 0 \pmod{\phi}$ で強連続である．

定理 7.1　仮定 7.1, 7.2 が満たされているとすると(1.1)の基本解 $U(t, s)$ は $t\in\varDelta$, $s\in\varDelta$, $t>s \pmod{\phi}$ に二変数 t, s の正則関数として延長される．さらに $U(t, s)$ は $t\in\varDelta$, $s\in\varDelta$, $t\geqq s \pmod{\phi}$ で強連続である．

定理 7.2　仮定 7.1, 7.2 が満たされるとする．$u_0\in X, f$ は$[0, T]$のある複素近傍で正則ならば(1.1), (1.2)の解は$(0, T]$のある複素近傍で正則である．

予備定理 7.1　$P(t, s), Q(t, s)$ は $\varXi=\{(t, s): t\in\varDelta, s\in\varDelta, t>s \pmod{\phi}\}$ で定義され，$B(X)$ の値をとる一様有界な正則関数とすると

$$\int_s^t P(t,\tau)Q(\tau, s)d\tau \tag{7.3}$$

も Ξ で定義され，正則，一様有界である．

証明　(7.3) が一様有界であることは明らかである．s を固定して t に関する正則性を証明すれば十分である．$t_0 \in \Delta$, $s \in \Delta$, $t_0 > s \pmod{\phi}$ とする．t_0 の ε 近傍を N_ε と表わす．$t \in N_{\varepsilon_0}$ ならば $t > \tau_0 > s \pmod{\phi}$ となるように $\varepsilon_0 > 0$, τ_0 をとる．

$$\int_s^t P(t,\tau)Q(\tau,s)d\tau = \int_s^{\tau_0} + \int_{\tau_0}^t \tag{7.4}$$

と表わすと右辺第1項は明らかに t に関し N_{ε_0} で正則である．$t-\tau=\sigma$ と変数変換して $P(t,t-\sigma)Q(t-\sigma,s)=S(t,\sigma,s)$ とおくと右辺第2項は $\int_0^{t-\tau_0} S(t,\sigma,s)d\sigma$ となる．$S(t,\sigma,s)$ は $\sigma>0 \pmod{\phi}$, $t-\sigma>s \pmod{\phi}$ で正則である．$r>0 \pmod{\phi}$, $|r|$ が十分小さければ $\int_r^{t_0-\tau_0} S(t,\sigma,s)d\sigma$ は t に関し正則，$r\to 0$ のとき t に関し一様にノルム位相では 0 に収束するから $\int_0^{t_0-\tau_0} S(t,\sigma,s)d\sigma$ は $t \in N_{\varepsilon_0}$ で正則である．従って

$$K(t,s) = \int_{t_0-\tau_0}^{t-\tau_0} S(t,\sigma,s)d\sigma$$

の正則性を示せばよい．$\varepsilon \leqq \varepsilon_0$ を十分小さくとって $t \in N_\varepsilon$ ならば $t_0-\tau_0$ と $t-\tau_0$ を結ぶ線分上の σ に対し $t-\sigma>s \pmod{\phi}$ となるようにする．$t\in N_\varepsilon$, h が十分小さいとき

$$\frac{1}{h}(K(t+h,s)-K(t,s)) = \frac{1}{h}\int_{t-\tau_0}^{t+h-\tau_0} S(t+h,\sigma,s)d\sigma + \frac{1}{h}\int_{t_0-\tau_0}^{t-\tau_0} \{S(t+h,\sigma,s)-S(t,\sigma,s)\}d\sigma$$

に注意すれば，$(\partial/\partial t)K(t,s)$ が存在し

$$S(t,t-\tau_0,s)+\int_{t_0-\tau_0}^{t-\tau_0} (\partial/\partial t)S(t,\sigma,s)d\sigma$$

に等しいことがわかる．▌

定理 7.1，7.2 の証明　仮定 7.1，7.2 のもとで

$$\exp(-(t-s)A(t)), \qquad R_1(t,s) = -(\partial/\partial t+\partial/\partial s)\exp(-(t-s)A(t))$$

が予備定理 7.1 の条件を満足することと，$U(t,s)$ の構成法とから容易に定理 7.1 の結論を得る．定理 7.2 の証明も容易である．▌

2. 解の逐次導関数の評価

前項では解が複素近傍へ正則関数として延長されることを証明した．本項で

は既知関数が Gevrey のクラスに属する場合，解も同様であることを示す．特に既知関数が解析的ならば解も解析的である．

$\{M_k\}_{k=0}^{\infty}$ を次の条件を満足する正の数の列とする．正の数 d_0, d_1, d_2 が存在して

(7.5)　　すべての $k \geqq 0$ に対し $M_{k+1} \leqq d_0{}^k M_k$,

(7.6)　　$0 \leqq j \leqq k$ のとき $\binom{k}{j} M_{k-j} M_j \leqq d_1 M_k$,

(7.7)　　すべての $k \geqq 0$ に対し $M_k \leqq M_{k+1}$,

(7.8)　　すべての $j, k \geqq 0$ に対し $M_{j+k} \leqq d_2{}^{j+k} M_j M_k$.

$M_k = k!$ に対しては(7.5), (7.6), (7.7)が満たされることは明らかである．さらに二項定理により

$$2^{j+k} = (1+1)^{j+k} = \sum_{l=0}^{j+k} \binom{j+k}{l} \geqq \binom{j+k}{j} = \frac{(j+k)!}{j!k!}$$

であるから(7.8)も満たされる．同様にして任意の $s>1$ に対して $M_k = (k!)^s$ が(7.5)から(7.8)までを満足することもわかる．(a, b) を実軸の開区間，$f \in C^\infty(a, b)$ とする．(a, b) の各コンパクト集合 K に対し正の数 C_0, C が存在して

$$\sup_{t \in K} |f^{(k)}(t)| \leqq C_0 C^k M_k$$

がすべての整数 $k \geqq 0$ に対して成立するとき f は (a, b) で **$\{M_k\}$ クラス**に属するといい，そのような関数の全体を $D(a, b; \{M_k\})$ と表わす．同様な定義は Banach 空間の値をとる関数に対してなされる．$M_k = k!$ のとき $D(a, b; \{M_k\})$ は (a, b) で解析的な関数の全体と一致する．$s>1$, $M_k = (k!)^s$ のときは **s 次 Gevrey クラス**の関数の全体である．Stirling の公式により

$$D(a, b; \{(k!)^s\}) = D(a, b; \{\Gamma(sk+1)\})$$

である．f およびそのすべての導関数が (a, b) のある一点で 0 であるような $f \in D(a, b; \{M_k\})$ は $f \equiv 0$ に限るとき $D(a, b; \{M_k\})$ は**準解析的**であるという．準解析的であるための必要十分条件は $\sum_{k=0}^{\infty} M_k{}^{-1/k} = \infty$ である(S. Mandelbrojt[16])．その他 $\{M_k\}$ クラスの関数については A. Friedman[5], J. L. Lions-E. Magenes[113], [114]が詳しい．

(7.6)で $j = k-1$ ととると

$$kM_{k-1} \leqq \frac{d_1}{M_1} M_k \tag{7.9}$$

となる．これより $M_j \geqq (M_1/d_1)^j j! d_1$ となるから，再び(7.6)により

$$0 \leqq j \leqq k \quad \text{のとき} \quad M_{k-j} \leqq \left(\frac{d_1}{M_1}\right)^j \frac{(k-j)!}{k!} M_k. \tag{7.10}$$

ここで $j=k$ とすると

$$k! \leqq \left(\frac{d_1}{M_1}\right)^k \frac{M_k}{M_0}. \tag{7.11}$$

本節では仮定1.1の他，次の仮定が満たされるとする．

仮定 7.3 $A(t)^{-1}$ は $0 \leqq t \leqq T$ で $B(X)$ の値をとる無限回微分可能な関数である．

仮定 7.4 正の数 K_0, K が存在してすべての $\lambda \in \Sigma$, $0 \leqq t \leqq T$, 整数 $n \geqq 0$ に対し次の不等式が成立する．

$$\|(\partial/\partial t)^n (A(t)-\lambda)^{-1}\| \leqq K_0 K^n M_n / |\lambda|. \tag{7.12}$$

Σ は本節でも§1で述べた角領域を表わす．

定理3.3により本節の仮定のもとで(1.1)の基本解 $U(t,s)$ が構成される．本節の主定理は次の二つである．

定理 7.3 仮定1.1, 7.3, 7.4が満たされるとすると(1.1)の基本解 $U(t,s)$ は $0 \leqq s < t \leqq T$ で s, t につき無限回微分可能，正の数 L_0, L が存在しすべての非負整数 n, m, l に対し次の不等式が成立する．

$$\left\| \left(\frac{\partial}{\partial t}\right)^n \left(\frac{\partial}{\partial t} + \frac{\partial}{\partial s}\right)^m \left(\frac{\partial}{\partial s}\right)^l U(t,s) \right\| \leqq L_0 L^{n+m+l} M_{n+m+l} (t-s)^{-n-l}. \tag{7.13}$$

定理 7.4 $f \in C^\infty([0, T]; X)$, 正の数 F_0, F が存在しすべての整数 $n \geqq 0$ に対し，$0 \leqq t \leqq T$ で

$$\|d^n f(t)/dt^n\| \leqq F_0 F^n M_n \tag{7.14}$$

が成立するとする．v を $v(0)=0$ を満足する(1.1)の解とすると，正の数 $\bar{F}_0, \bar{F}$ が存在し，すべての $n \geqq 0$ に対し

$$\|d^n v(t)/dt^n\| \leqq \bar{F}_0 \bar{F}^n M_n t^{1-n} \tag{7.15}$$

が $0 < t \leqq T$ で成立する．従って $u(0)=u_0$ を満足する(1.1)の解 u に対しては正の数 H_0, H が存在して

$$\|d^n u(t)/dt^n\| \leqq H_0 H^n M_n \|u_0\| t^{-n} + \bar{F}_0 \bar{F}^n M_n t^{1-n} \tag{7.16}$$

が成立する．

§3で述べたように基本解の構成は二通りある．§3と同じ記号を用い，さらに各非負整数 n, m, l に対し

$$R_{0,n,m}(t,s) = -(\partial/\partial t)^n(\partial/\partial t+\partial/\partial s)^m \exp(-(t-s)A(t)),$$
$$R_{l,n,m}(t,s) = (\partial/\partial t)^n(\partial/\partial t+\partial/\partial s)^m R_l(t,s),$$
$$Q_{0,n,m}(t,s) = (\partial/\partial t)^n(\partial/\partial t+\partial/\partial s)^m \exp(-(t-s)A(s)),$$
$$Q_{l,n,m}(t,s) = (\partial/\partial t)^n(\partial/\partial t+\partial/\partial s)^m Q_l(t,s)$$

とおく．次の式が成立することは明らかである．

$$(7.17)\qquad R_{1,n,m}(t,s) = (\partial/\partial t+\partial/\partial s)R_{0,n,m}(t,s),$$

$$(7.18)\qquad Q_{1,n,m}(t,s) = (\partial/\partial t+\partial/\partial s)Q_{0,n,m}(t,s).$$

予備定理 7.2　正の数 N_0, N が存在し $l=0,1$ およびすべての非負整数 n, m に対し

$$(7.19)\qquad \|R_{l,n,m}(t,s)\| \leqq N_0 N^{n+m} M_n M_m (t-s)^{-n},$$

$$(7.20)\qquad \|Q_{l,n,m}(t,s)\| \leqq N_0 N^{n+m} M_n M_m (t-s)^{-n}.$$

証明　Γ を $\infty e^{-i\theta}$ と $\infty e^{i\theta}$ とを Σ の中で結ぶ区分的に滑らかな路として

$$R_{0,n,m}(t,s) = \mathrm{I}+\mathrm{II},$$

$$(7.21)\qquad \mathrm{I} = -\frac{1}{2\pi i}\int_\Gamma e^{-\lambda(t-s)}\left(\frac{\partial}{\partial t}\right)^{n+m}(A(t)-\lambda)^{-1}d\lambda,$$

$$(7.22)\qquad \mathrm{II} = -\frac{1}{2\pi i}\int_\Gamma \sum_{k=0}^{n-1}\binom{n}{k}(-\lambda)^{n-k}e^{-\lambda(t-s)}\left(\frac{\partial}{\partial t}\right)^{m+k}(A(t)-\lambda)^{-1}d\lambda$$

と表わしておく．$\Gamma=\Gamma_1\cup\Gamma_2\cup\Gamma_3$,

$$\Gamma_1 = \{re^{-i\theta}:(t-s)^{-1}\leqq r<\infty\},$$
$$\Gamma_2 = \{(t-s)^{-1}e^{i\varphi}:\theta\leqq\varphi\leqq 2\pi-\theta\},$$
$$\Gamma_3 = \{re^{i\theta}:(t-s)^{-1}\leqq r<\infty\}$$

と変形すれば(7.12)により

$$\|\mathrm{I}\| \leqq c_0 K_0 (d_2 K)^{n+m} M_n M_m$$
$$\leqq c_0 K_0 (d_2 KT)^n (d_2 K)^m M_n M_m (t-s)^{-n},$$
$$c_0 = \frac{1}{\pi}\int_{\cos\theta}^\infty e^{-\xi}\frac{d\xi}{\xi}+\frac{1}{2\pi}\int_\theta^{2\pi-\theta} e^{-\cos\varphi}d\varphi$$

を得る．(7.22)では Γ を Σ の境界にとり $\lambda=re^{i\theta}$ または $re^{-i\theta}$ と表わして

$$\|\mathrm{II}\| \leqq \frac{1}{\pi}\int_0^\infty \sum_{k=0}^{n-1}\binom{n}{k} r^{n-k}e^{-(t-s)r\cos\theta}K_0K^{m+k}M_{m+k}r^{-1}dr$$

$$= \frac{K_0}{\pi}\sum_{k=0}^{n-1}\binom{n}{k}K^{m+k}M_{m+k}\frac{(n-k-1)!}{\{(t-s)\cos\theta\}^{n-k}}.$$

(7.8)と(7.10)により

$$M_{m+k} \leqq d_2{}^{m+k}M_mM_k \leqq d_2{}^{m+k}M_m\left(\frac{d_1}{M_1}\right)^{n-k}\frac{k!}{n!}M_n$$

であるから $c_1 = \max(1, d_1{}^{-1}M_1d_2KT\cos\theta)$ とおくと

$$\|\mathrm{II}\| \leqq \frac{K_0}{\pi}\left(\frac{d_1}{M_1}\right)^n\frac{(d_2K)^mM_nM_m}{\{(t-s)\cos\theta\}^n}\sum_{k=0}^{n-1}\{d_1{}^{-1}M_1d_2K(t-s)\cos\theta\}^k$$

$$\leqq \frac{K_0}{\pi}\frac{n}{c_1}\left(\frac{c_1d_1}{M_1}\right)^n\frac{(d_2K)^mM_nM_m}{\{(t-s)\cos\theta\}^n}$$

$$\leqq \frac{K_0}{\pi c_1}\left(\frac{c_1d_1e}{M_1}\right)^n\frac{(d_2K)^mM_nM_m}{\{(t-s)\cos\theta\}^n}.$$

従って

$$(7.23)\qquad N_0 = \frac{K_0}{\pi c_1}+c_0K_0,\qquad N = \max\left(\frac{c_1d_1e}{M_1\cos\theta}, d_2K, d_2KT\right)$$

とおけば $l=0$ のときの(7.19)を得る．(7.17)により必要あれば N_0, N を他の数に置き換えて $l=1$ のときの(7.19)も得られる．(7.20)の証明も同様である．▌

まず $U(t,s)$ が何回でも微分可能であることを証明する．そのために仮定7.4をそれより弱い次の仮定で置き換える．

仮定 7.4′ 正の数の列 $\{B_n\}$ が存在し，すべての $n\geqq 0$, $\lambda\in\Sigma$, $0\leqq t\leqq T$ に対し次の不等式

$$(7.24)\qquad \|(\partial/\partial t)^n(A(t)-\lambda)^{-1}\| \leqq B_n/|\lambda|$$

が成立する．

予備定理 7.3 $F(t,s), G(t,s)$ を $0\leqq s<t\leqq T$ で m 回連続微分可能な $B(X)$ の値をとる関数とする．

$$F_{k,l}(t,s) = (\partial/\partial t)^k(\partial/\partial t+\partial/\partial s)^lF(t,s)$$

とおく．$G_{k,l}(t,s)$ も同様に定義する．$F_{0,j}(t,s)\ (0\leqq j\leqq m)$ は $0\leqq s<t\leqq T$ で一様に有界とする．このとき $s<r<t$ に対して

$$(\partial/\partial t)^m \int_r^t F(t,\tau)G(\tau,s)d\tau$$

$$(7.25)\qquad = \sum_{k=0}^{m-1}\sum_{j=0}^{m-1-k}\binom{m-1-k}{j}F_{k,m-1-k-j}(t,r)G_{j,0}(r,s)$$

$$+\int_r^t \sum_{k=0}^{m}\binom{m}{k}F_{0,m-k}(t,\tau)G_{k,0}(\tau,s)d\tau.$$

$s<\rho<r<t$ に対しては

$$(\partial/\partial t)^m \int_\rho^r F(t,\tau)G(\tau,s)d\tau$$

$$(7.26)\qquad = -\sum_{k=0}^{m-1}\sum_{j=1}^{m-1-k}\binom{m-1-k}{j}\left[F_{k,m-1-k-j}(t,\tau)G_{j,0}(\tau,s)\right]_{\tau=\rho}^{\tau=r}$$

$$+\int_\rho^r \sum_{k=0}^{m}\binom{m}{k}F_{0,m-k}(t,\tau)G_{k,0}(\tau,s)d\tau.$$

証明 ε を十分小さい正の数とする.

$$(\partial/\partial t)\int_r^{t-\varepsilon} F(t,\tau)G(\tau,s)d\tau = F(t,t-\varepsilon)G(t-\varepsilon,s)$$

$$+\int_r^{t-\varepsilon}\left(\frac{\partial}{\partial t}+\frac{\partial}{\partial \tau}\right)F(t,\tau)\cdot G(\tau,s)d\tau - \int_r^{t-\varepsilon}\frac{\partial}{\partial \tau}F(t,\tau)\cdot G(\tau,s)d\tau$$

の最後の項で部分積分をすると

$$= F(t,r)G(r,s)+\int_r^{t-\varepsilon}\left(\frac{\partial}{\partial t}+\frac{\partial}{\partial \tau}\right)F(t,\tau)\cdot G(\tau,s)d\tau$$

$$+\int_r^{t-\varepsilon}F(t,\tau)\frac{\partial}{\partial \tau}G(\tau,s)d\tau.$$

$\varepsilon\to 0$ として

$$(\partial/\partial t)\int_r^{t} F(t,\tau)G(\tau,s)d\tau = F(t,r)G(r,s)$$

$$+\int_r^{t}\left(\frac{\partial}{\partial t}+\frac{\partial}{\partial \tau}\right)F(t,\tau)\cdot G(\tau,s)d\tau + \int_r^{t}F(t,\tau)\frac{\partial}{\partial \tau}G(\tau,s)d\tau$$

を得る. この操作を繰返して(7.25)を得る. (7.26)の証明も同様である. このときは $\varepsilon>0$ をとって積分の範囲を減らす必要がないだけ(7.25)より簡単である. ▌

$l=2,3,\cdots$ に対し

$$(7.27)\qquad R_l(t,s) = \int_s^t R_{l-1}(t,\tau)R_1(\tau,s)d\tau$$

が成立することは容易にわかる.

予備定理 7.4 各 $l \geqq 1$ に対し $R_l(t,s)$ は t,s の無限回微分可能な関数であり，正の数の列 $\{C_{l,n,m}\}$ が存在し，すべての $l \geqq 1, m, n \geqq 0$ に対し

$$\|R_{l,n,m}(t,s)\| \leqq C_{l,n,m}(t-s)^{l-n-1} \tag{7.28}$$

が $0 \leqq s < t \leqq T$ で成立する.

証明 $l=1$ のときは(7.19)と同様である. 一般の場合 $l-1$ まで証明できたとする. (7.27)と予備定理 7.3 の証明法により

$$R_{l,0,m}(t,s) = \int_s^t \sum_{i=0}^m \binom{m}{i} R_{l-1,0,m-i}(t,\tau) R_{1,0,i}(\tau,s)d\tau \tag{7.29}$$

であることがわかる. $s<r<t$ として積分を s から r までの部分と r から t までの部分にわけ，後者に予備定理 7.3 を適用すると

$$\begin{aligned} &R_{l,n,m}(t,s) \\ &= \sum_{i=0}^m \binom{m}{i} \Biggl\{ \sum_{k=0}^{n-1} \sum_{j=0}^{n-1-k} \binom{n-1-k}{j} R_{l-1,k,n-1-k-j+m-i}(t,r) R_{1,j,i}(r,s) \\ &\quad + \int_r^t \sum_{k=0}^n \binom{n}{k} R_{l-1,0,n-k+m-i}(t,\tau) R_{1,k,i}(\tau,s)d\tau \\ &\quad + \int_s^r R_{l-1,n,m-i}(t,\tau) R_{1,0,i}(\tau,s)d\tau \Biggr\}. \end{aligned} \tag{7.30}$$

$r=(t+s)/2$ ととり帰納法の仮定を用いれば容易に(7.28)を示すことができる. ▌

予備定理 7.5 正の数の列 $\{B_{n,m}\}$ が存在し $n \geqq 0, m \geqq 0, l \geqq n+1$ のとき

$$\|R_{l,m,n}(t,s)\| \leqq B_{n,m}^{l-n}(t-s)^{l-n-1}/(l-n-1)!. \tag{7.31}$$

証明 $B_{n,m}$ を

$$C_{n+1,n,m} \leqq B_{n,m}, \qquad 2^m \max_{0 \leqq i \leqq m} C_{1,0,i} \leqq B_{n,m} \tag{7.32}$$

を満足し，しかも m に関しては増加列になっているようにとればよいことを示す. まず前予備定理と(7.32)により $l=n+1$ のとき(7.31)は成立する. 次に $l-1$ に対し(7.31)が成立したとする. (7.29)の両辺を t に関して n 回微分する. $l-n-2 \geqq 0$ と(7.28)に注意して

$$R_{l,n,m}(t,s) = \int_s^t \sum_{i=0}^m \binom{m}{i} R_{l-1,n,m-i}(t,\tau) R_{1,0,i}(\tau,s)d\tau$$

を得る. 帰納法の仮定により

$$\|R_{l,n,m}(t,s)\| \leqq \int_s^t \sum_{i=0}^m \binom{m}{i} B_{n,m-i}^{l-n-1} \frac{(t-\tau)^{l-n-2}}{(l-n-2)!} C_{1,0,i} d\tau$$

$$\leqq 2^m B_{n,m}^{l-n-1} \max_{0\leqq i\leqq m} C_{1,0,i} \frac{(t-s)^{l-n-1}}{(l-n-1)!}.$$

(7.32)より直ちに(7.31)を得る. ▌

予備定理 7.6 $R(t,s)$は$0\leqq s<t\leqq T$で無限回微分可能, 正の数の列$\{C_{n,m}\}$が存在してすべての$n, m\geqq 0$, $0\leqq s<t\leqq T$に対し次の式が成立する.

(7.33) $$\|(\partial/\partial t)^n(\partial/\partial t+\partial/\partial s)^m R(t,s)\| \leqq C_{n,m}(t-s)^{-n}.$$

証明 予備定理 7.4, 7.5により

$$(7.33)\text{の左辺} \leqq \sum_{l=1}^{\infty} \|R_{l,n,m}(t,s)\|$$

$$\leqq \sum_{l=1}^{n} C_{l,n,m}(t-s)^{l-n-1} + \sum_{l=n+1}^{\infty} B_{n,m}^{l-n}(t-s)^{l-n-1}/(l-n-1)!$$

$$\leqq \sum_{l=1}^{n} C_{l,n,m}(t-s)^{l-n-1} + B_{n,m}\exp(B_{n,m}(t-s)).$$

これより直ちに(7.33)を得る. ▌

予備定理 7.7 $U(t,s)$は$0\leqq s<t\leqq T$で無限回微分可能, 正の数の列$\{\overline{C}_{n,m}\}$が存在して, すべての$n, m\geqq 0$, $0\leqq s<t\leqq T$に対して次の式が成立する.

(7.34) $$\|(\partial/\partial t)^n(\partial/\partial t+\partial/\partial s)^m U(t,s)\| \leqq \overline{C}_{n,m}(t-s)^{-n}.$$

証明 予備定理 7.2の証明と同様にして正の数の列$\{C'_{n,m}\}$があって

(7.35) $$\|R_{0,n,m}(t,s)\| \leqq C'_{n,m}(t-s)^{-n}$$

が成立する.

$$R_{k,l}(t,s) = (\partial/\partial t)^k(\partial/\partial t+\partial/\partial s)^l R(t,s)$$

とおく. (7.29)の証明と同様にして次式を得る.

(7.36) $$\left(\frac{\partial}{\partial t}+\frac{\partial}{\partial s}\right)^m W(t,s) = \int_s^t \sum_{i=0}^m \binom{m}{i} R_{0,0,m-i}(t,\tau) R_{0,i}(\tau,s) d\tau.$$

$s<r<t$として(7.30)の証明と同様にして

$$(\partial/\partial t)^n(\partial/\partial t+\partial/\partial s)^m W(t,s)$$

$$= \sum_{i=0}^m \binom{m}{i} \sum_{k=0}^{n-1} \sum_{j=0}^{n-1-k} \binom{n-1-k}{j} R_{0,k,n-1-k-j+m-i}(t,r) R_{j,i}(r,s)$$

$$+ \sum_{i=0}^m \binom{m}{i} \int_r^t \sum_{k=0}^n \binom{n}{k} R_{0,0,n-k+m-i}(t,\tau) R_{k,i}(\tau,s) d\tau$$

$$+\sum_{i=0}^{m}\binom{m}{i}\int_s^r R_{0,n,m-i}(t,\tau)R_{0,i}(\tau,s)d\tau$$

を得る．再び $r=(t+s)/2$ ととり予備定理 7.4，7.6 を用いて

$$\|(\partial/\partial t)^n(\partial/\partial t+\partial/\partial s)^m W(t,s)\| \leqq C''_{n,m}(t-s)^{1-n} \tag{7.37}$$

を得る．ここで $\{C''_{n,m}\}$ はある正の数の列である．(7.35) と (7.37) より (7.34) を得る．∎

予備定理 7.8

$$Z(t,s)=\int_s^t Q_1(t,\tau)U(\tau,s)d\tau. \tag{7.38}$$

証明 帰納法により $l\geqq 2$ に対し

$$Q_l(t,s)=\int_s^t Q_1(t,\tau)Q_{l-1}(\tau,s)d\tau$$

であることがわかる．(2.32) により

$$Q(t,s)=Q_1(t,s)+\int_s^t Q_1(t,\tau)Q(\tau,s)d\tau. \tag{7.39}$$

これを (3.27) に代入すれば (7.38) が得られる．

予備定理 7.9 $s=r_0<r_1<\cdots<r_n<r_{n+1}=t$ とすると

$$\begin{aligned}\left(\frac{\partial}{\partial t}\right)^n Z(t,s) &= \sum_{i=1}^{n}\sum_{j=0}^{i-1}\binom{i-1}{j}Q_{1,n-i,i-1-j}(t,r_i)\left(\frac{\partial}{\partial t}\right)^j U(r_i,s)\\ &\quad+\sum_{i=0}^{n}\int_{r_i}^{r_{i+1}}\sum_{j=0}^{i}\binom{i}{j}Q_{1,n-i,i-j}(t,\tau)\left(\frac{\partial}{\partial \tau}\right)^j U(\tau,s)d\tau.\end{aligned} \tag{7.40}$$

証明 (7.38) により

$$\begin{aligned}\left(\frac{\partial}{\partial t}\right)^n Z(t,s) &= \left(\frac{\partial}{\partial t}\right)^n \sum_{i=0}^{n}\int_{r_i}^{r_{i+1}} Q_1(t,\tau)U(\tau,s)d\tau\\ &= \left(\frac{\partial}{\partial t}\right)^n \int_{r_n}^{t} Q_1(t,\tau)U(\tau,s)d\tau\\ &\quad+\sum_{i=1}^{n-1}\left(\frac{\partial}{\partial t}\right)^{n-i}\left\{\left(\frac{\partial}{\partial t}\right)^{i}\int_{r_i}^{r_{i+1}} Q_1(t,\tau)U(\tau,s)d\tau\right\}\\ &\quad+\left(\frac{\partial}{\partial t}\right)^n \int_{s}^{r_1} Q_1(t,\tau)U(\tau,s)d\tau.\end{aligned}$$

右辺第 1 項に (7.25)，第 2 項に (7.26) を適用して

$$=\sum_{k=0}^{n-1}\sum_{j=0}^{n-1-k}\binom{n-1-k}{j}Q_{1,k,n-1-k-j}(t,r_n)\left(\frac{\partial}{\partial t}\right)^j U(r_n,s)$$

$$+\int_{r_n}^{t}\sum_{k=0}^{n}\binom{n}{k}Q_{1,0,n-k}(t,\tau)\left(\frac{\partial}{\partial\tau}\right)^k U(\tau,s)d\tau$$

$$+\sum_{i=1}^{n-1}\left(\frac{\partial}{\partial t}\right)^{n-i}\left\{-\sum_{k=0}^{i-1}\sum_{j=0}^{i-1-k}\binom{i-1-k}{j}\left[Q_{1,k,i-1-k-j}(t,\tau)\left(\frac{\partial}{\partial\tau}\right)^j U(\tau,s)\right]_{\tau=r_i}^{\tau=r_{i+1}}\right.$$

$$\left.+\int_{r_i}^{r_{i+1}}\sum_{k=0}^{i}\binom{i}{k}Q_{1,0,i-k}(t,\tau)\left(\frac{\partial}{\partial\tau}\right)^k U(\tau,s)d\tau\right\}$$

$$+\int_s^{r_1}\left(\frac{\partial}{\partial t}\right)^n Q_1(t,\tau)U(\tau,s)d\tau.$$

これを整頓して

$$(\partial/\partial t)^n Z(t,s)=\mathrm{I}+\mathrm{II}+\mathrm{III}, \tag{7.41}$$

$$\mathrm{I}=\sum_{i=1}^{n}\sum_{k=0}^{i-1}\sum_{j=0}^{i-1-k}\binom{i-1-k}{j}Q_{1,n-i+k,i-1-k-j}(t,r_i)\left(\frac{\partial}{\partial t}\right)^j U(r_i,s),$$

$$\mathrm{II}=-\sum_{i=1}^{n-1}\sum_{k=0}^{i-1}\sum_{j=0}^{i-1-k}\binom{i-1-k}{j}Q_{1,n-i+k,i-1-k-j}(t,r_{i+1})\left(\frac{\partial}{\partial t}\right)^j U(r_{i+1},s),$$

$$\mathrm{III}=\sum_{i=0}^{n}\int_{r_i}^{r_{i+1}}\sum_{k=0}^{i}\binom{i}{k}Q_{1,n-i,i-k}(t,\tau)\left(\frac{\partial}{\partial\tau}\right)^k U(\tau,s)d\tau.$$

IIで i を $i-1$ に，k を $k-1$ で置き換えると

$$\mathrm{II}=-\sum_{i=2}^{n}\sum_{k=1}^{i-1}P_{i,k},$$

$$P_{i,k}=\sum_{j=0}^{i-1-k}\binom{i-1-k}{j}Q_{1,\,n-i+k,i-1-k-j}(t,r_i)\left(\frac{\partial}{\partial t}\right)^j U(r_i,s)$$

となる．従って

$$\mathrm{I}+\mathrm{II}=\sum_{i=1}^{n}\sum_{k=0}^{i-1}P_{i,k}-\sum_{i=2}^{n}\sum_{k=1}^{i-1}P_{i,k}$$

$$=P_{1,0}+\sum_{i=2}^{n}\sum_{k=0}^{i-1}P_{i,k}-\sum_{i=2}^{n}\sum_{k=1}^{i-1}P_{i,k}=P_{1,0}+\sum_{i=2}^{n}P_{i,0}$$

$$=\sum_{i=1}^{n}P_{i,0}=\sum_{i=1}^{n}\sum_{j=0}^{i-1}\binom{i-1}{j}Q_{1,n-i,i-1-j}(t,r_i)\left(\frac{\partial}{\partial t}\right)^j U(r_i,s).$$

これと(7.41)より(7.40)を得る．

はじめに戻って仮定1.1, 7.3, 7.4を満足されていると仮定する．Stirlingの公式によって正の数 ω が存在してすべての $n\geqq 1$ に対し次の不等式が成立する．

$$\omega^{-1}n^n e^{-n}\sqrt{n}\leqq n!\leqq \omega n^n e^{-n}\sqrt{n} \tag{7.42}$$

命題7.1　正の数 H_0, H が存在してすべての $n\geqq 0$ に対し次の不等式が成立

する．

(7.43) $$\|(\partial/\partial t)^n U(t,s)\| \leqq H_0 H^n M_n (t-s)^n.$$

証明 $H_0=\bar{C}_{0,0}$((7.34)を見よ)ととると(7.43)は$n=0$に対しては成立する．

(7.44) $$C_0 = 2ed_1N_0(\omega^3 ed_1{}^2 M_1{}^{-1}+\omega^3 d_1 N+M_0NT)$$

とおく．N_0, Nは(7.19), (7.20)の中にあるものである．C_0は$\theta, K_0, K, T, \{M_k\}$のみで決まる数である．$J=\exp(eN_0M_0{}^2T)$とおき，$H$を

(7.45) $$H \geqq \max(2N, 2NT), \qquad H_0H \geqq 2N_0M_0NJ, \qquad H \geqq 2C_0JT$$

を満足するある数とすると，このH_0, Hでもって(7.43)が成立することを示す．0から$n-1$までに対しては(7.43)が成立すると仮定する．予備定理7.9により

(7.46) $$(\partial/\partial t)^n U(t,s) = \mathrm{I}+\mathrm{II}+\mathrm{III}+\mathrm{IV}+\mathrm{V},$$

$$\mathrm{I} = (\partial/\partial t)^n \exp(-(t-s)A(s)),$$

$$\mathrm{II} = (7.40)\text{の右辺第1項},$$

$$\mathrm{III} = \sum_{i=0}^{n-1}\int_{r_i}^{r_{i+1}}\sum_{j=0}^{i}\binom{i}{j}Q_{1,n-i,i-j}(t,\tau)\left(\frac{\partial}{\partial\tau}\right)^j U(\tau,s)d\tau,$$

$$\mathrm{IV} = \int_{r_n}^{t}\sum_{j=0}^{n-1}\binom{n}{j}Q_{1,0,n-j}(t,\tau)\left(\frac{\partial}{\partial\tau}\right)^j U(\tau,s)d\tau,$$

$$\mathrm{V} = \int_{r_n}^{t}Q_1(t,\tau)\left(\frac{\partial}{\partial\tau}\right)^n U(\tau,s)d\tau$$

と表わされる．予備定理7.2により

(7.47) $$\|\mathrm{I}\| \leqq N_0M_0N^nM_n(t-s)^{-n}.$$

今後

(7.48) $$r_i = s+i(t-s)/(n+1), \qquad i=1,\cdots,n$$

とする．(7.20), (7.6)により

$$\|\mathrm{II}\| \leqq \sum_{i=1}^{n}\sum_{j=0}^{i-1}\binom{i-1}{j}\frac{N_0N^{n-1-j}M_{n-i}M_{i-1-j}}{(t-r_i)^{n-i}}\frac{H_0H^jM_j}{(r_i-s)^j}$$

$$\leqq d_1N_0H_0N^{n-1}\sum_{i=1}^{n}\frac{M_{i-1}M_{n-i}}{(t-r_i)^{n-i}}\sum_{j=0}^{i-1}\left(\frac{H}{N}\right)^j\frac{1}{(r_i-s)^j}$$

となるが(7.45)により

$$\sum_{j=0}^{i-1}\left(\frac{H}{N}\right)^j\frac{1}{(r_i-s)^j} = \left(\frac{H}{N}\right)^{i-1}\frac{1}{(r_i-s)^{i-1}}\left\{1+\frac{N(r_i-s)}{H}+\cdots+\left(\frac{N(r_i-s)}{H}\right)^{i-1}\right\}$$

$$\leqq 2\left(\frac{H}{N}\right)^{i-1}\frac{1}{(r_i-s)^{i-1}}$$

である．これと再び(7.6)により

(7.49)

$$\|\mathrm{II}\| \leqq 2d_1{}^2N_0H_0H^{n-1}M_{n-1}\sum_{i=1}^{n}\frac{(i-1)!(n-i)!}{(n-1)!}(t-r_i)^{i-n}(r_i-s)^{1-i}\left(\frac{N}{H}\right)^{n-i}.$$

(7.42)と(7.48)により(7.49)右辺の和の部分は

$$\left(\frac{n+1}{n}\right)^{n-1}(t-s)^{1-n}\left(\frac{N}{H}\right)^{n-1}+\left(\frac{n+1}{n}\right)^{n-1}(t-s)^{1-n}$$

$$+\sum_{i=2}^{n-1}\omega^3\left(\frac{n+1}{n-1}\right)^{n-1}\left(\frac{i-1}{i}\right)^{i-1}\left(\frac{n-i}{n+1-i}\right)^{n-i}\left\{\frac{(i-1)(n-i)}{n-1}\right\}^{1/2}\left(\frac{N}{H}\right)^{n-i}(t-s)^{1-n}$$

$$\leqq e(t-s)^{1-n}\left(\frac{N}{H}\right)^{n-1}+e(t-s)^{1-n}$$

$$+\omega^3e^2(t-s)^{1-n}\sum_{i=2}^{n-1}\left\{\frac{(i-1)(n-i)}{n-1}\right\}^{1/2}\left(\frac{N}{H}\right)^{n-i}$$

を越えないが，$(i-1)(n-i)\leqq(n-1)^2/4$ により

$$\leqq e(t-s)^{1-n}2^{1-n}+e(t-s)^{1-n}+\omega^3e^2(t-s)^{1-n}2^{-1}\sqrt{n-1}\sum_{i=2}^{n-1}2^{i-n}$$

$$\leqq \omega^3e^2(t-s)^{1-n}2^{-1}\sqrt{n-1}\sum_{i=1}^{n}2^{i-n} \leqq \omega^3e^2\sqrt{n-1}(t-s)^{1-n}$$

で抑えられる．これを(7.49)に代入して

$$\|\mathrm{II}\| \leqq 2\omega^3e^2d_1{}^2N_0H_0\sqrt{n-1}H^{n-1}M_{n-1}(t-s)^{1-n}$$

となるが，ここで(7.9)を用いると

$$\|\mathrm{II}\| \leqq 2\omega^3e^2d_1{}^3N_0H_0M_1{}^{-1}H^{n-1}n^{-1/2}M_n(t-s)^{1-n}$$

を得る．III, IV も同様にして

$$\|\mathrm{III}\| \leqq N_0H_0N^n\sum_{i=0}^{n-1}\int_{r_i}^{r_{i+1}}(t-\tau)^{i-n}\sum_{j=0}^{i}\binom{i}{j}M_{n-i}M_{i-j}M_j\left(\frac{H}{N}\right)^j(\tau-s)^{-j}d\tau,$$

右辺の $\displaystyle\sum_{i=0}^{n-1}\int_{r_i}^{r_{i+1}}\cdots$ の部分

$$\leqq d_1{}^2M_n\sum_{i=0}^{n-1}\frac{i!(n-i)!}{n!}\int_{r_i}^{r_{i+1}}(t-\tau)^{i-n}\sum_{j=0}^{i}\left(\frac{H}{N}\right)^j(\tau-s)^{-j}d\tau$$

$$\leqq 2d_1{}^2M_n\sum_{i=0}^{n-1}\frac{i!(n-i)!}{n!}\left(\frac{H}{N}\right)^i\int_{r_i}^{r_{i+1}}(t-\tau)^{i-n}(\tau-s)^{-i}d\tau$$

$$\leqq 2d_1{}^2M_n\left\{\sum_{i=1}^{n-1}\frac{i!(n-i)!}{n!}\left(\frac{H}{N}\right)^i\frac{r_{i+1}-r_i}{(t-r_{i+1})^{n-i}(r_i-s)^i}+(t-r_1)^{-n}(r_1-s)\right\}$$

$$\leqq 2d_1{}^2 M_n\left\{\frac{e\omega^3}{2\sqrt{n+1}}\sum_{i=1}^{n-1}\left(\frac{H}{N}\right)^i+\frac{e}{n+1}\right\}(t-s)^{1-n}$$

$$\leqq 2d_1{}^2 M_n\frac{e\omega^3}{2\sqrt{n+1}}\sum_{i=0}^{n-1}\left(\frac{H}{N}\right)^i(t-s)^{1-n}$$

となるから

$$\|\mathrm{III}\| \leqq 2\omega^3 e d_1{}^2 N_0 H_0 N(n+1)^{-1/2}H^{n-1}M_n(t-s)^{1-n},$$

$$\|\mathrm{IV}\| \leqq 2ed_1 N_0 H_0 M_0 N(n+1)^{-1}H^{n-1}M_n(t-s)^{2-n}$$

$$\leqq 2ed_1 N_0 H_0 M_0 NT(n+1)^{-1}H^{n-1}M_n(t-s)^{1-n}.$$

最後に V については

$$\|\mathrm{V}\| \leqq N_0 M_0{}^2\int_{r_n}^t \|(\partial/\partial\tau)^n U(\tau,s)\|d\tau.$$

以上合わせて

$$\|(\partial/\partial t)^n U(t,s)\| \leqq N_0 M_0 N^n M_n(t-s)^{-n}$$

$$+C_0 H_0 H^{n-1}M_n(t-s)^{1-n}+N_0 M_0{}^2\int_{r_n}^t \|(\partial/\partial\tau)^n U(\tau,s)\|d\tau$$

となるが，(7.45)を用いると

$$\|(\partial/\partial t)^n U(t,s)\|$$

$$\leqq J^{-1}H_0 H^n M_n(t-s)^{-n}+N_0 M_0{}^2\int_{r_n}^t \|(\partial/\partial\tau)^n U(\tau,s)\|d\tau. \tag{7.50}$$

$Y(t,s)=(t-s)^n\|(\partial/\partial t)^n U(t,s)\|$ とおく．(7.50)の両辺に $(t-s)^n$ を掛け，$r_n<\tau<t$ のとき

$$(t-s)^n < (1+n^{-1})^n(\tau-s)^n < e(\tau-s)^n$$

に注意すると

$$Y(t,s) \leqq J^{-1}H_0 H^n M_n + eN_0 M_0{}^2\int_s^t Y(\tau,s)d\tau$$

となる．予備定理 7.7 により右辺の積分は収束する．これを Y に関する積分不等式と見て積分すると

$$Y(t,s) \leqq J^{-1}H_0 H^n M_n \exp(eN_0 M_0{}^2(t-s)) \leqq H_0 H^n M_n$$

となり(7.43)が n に対しても成立することがわかった.

定理 7.3 の証明　(7.29)あるいは(7.36)と同様にして

$$(\partial/\partial t+\partial/\partial s)^m U(t,s) = Q_{0,0,m}(t,s)$$

$$(7.51) \qquad + \sum_{k=0}^{m}\binom{m}{k}\int_s^t Q_{1,0,m-k}(t,\tau)\left(\frac{\partial}{\partial\tau}+\frac{\partial}{\partial s}\right)^k U(\tau,s)d\tau$$

を示すことができる．(7.51)の右辺各項に命題7.1の証明を適用して$n+m$に関する帰納法により$l=0$のときの(7.13)が導かれる．一般の場合は$l=0$のときの(7.13)により

$$\|(\partial/\partial t)^n(\partial/\partial t+\partial/\partial s)^m(\partial/\partial s)^l U(t,s)\|$$

$$= \left\|\sum_{k=0}^{l}(-1)^k\binom{l}{k}\left(\frac{\partial}{\partial t}\right)^{n+k}\left(\frac{\partial}{\partial t}+\frac{\partial}{\partial s}\right)^{m+l-k} U(t,s)\right\|$$

$$\leqq \sum_{k=0}^{l}\binom{l}{k}L_0L^{n+m+l}M_{n+k}M_{m+l-k}(t-s)^{-n-k}$$

$$\leqq d_1L_0L^{n+m+l}M_{n+m+l}\sum_{k=0}^{l}\binom{l}{k}\left\{\binom{n+m+l}{n+k}\right\}^{-1}(t-s)^{-k-n}$$

となるが

$$\binom{l}{k}\left\{\binom{n+m+l}{n+k}\right\}^{-1} \leqq \binom{l}{k}\left\{\binom{n+l}{n+k}\right\}^{-1} = \frac{l!}{(n+l)!}\frac{(n+k)!}{k!} \leqq 1$$

に注意して

$$\leqq d_1L_0L^{n+m+l}M_{n+m+l}\sum_{k=0}^{l}(t-s)^{-k-n}$$

$$\leqq d_1L_0L^{n+m+l}M_{n+m+l}(t-s)^{-n-l}\sum_{k=0}^{l}\{\max(T,1)\}^{l-k}$$

$$\leqq d_1 l L_0L^{n+m+l}M_{n+m+l}(t-s)^{-n-l}\{\max(T,1)\}^{l}.$$

これより必要ならばL_0, Lを他の数で置き換えれば(7.13)が一般のlに対しても成立することがわかる．∎

定理7.4の証明　まず次のことに注意する．

$$u(t) = U(t,0)u_0+v(t), \qquad v(t) = \int_0^t U(t,\sigma)f(\sigma)d\sigma.$$

容易にわかるように

$$\frac{d^n v(t)}{dt^n} = \sum_{i=1}^{n}\sum_{j=0}^{i-1}\binom{i-1}{j}\left(\frac{\partial}{\partial t}\right)^{n-i}\left(\frac{\partial}{\partial t}+\frac{\partial}{\partial s}\right)^{i-1-j} U(t,0)f^{(j)}(0)$$

$$+\int_0^t\sum_{j=0}^{n}\binom{n}{j}\left(\frac{\partial}{\partial t}+\frac{\partial}{\partial \sigma}\right)^{n-j} U(t,\sigma)\cdot f^{(j)}(\sigma)d\sigma.$$

定理7.3により

$$\left\|\frac{d^n v(t)}{dt^n}\right\| \leqq \sum_{i=1}^{n}\sum_{j=0}^{i-1}\binom{i-1}{j}L_0L^{n-1-j}M_{n-1-j}t^{i-n}F_0F^jM_j$$
$$+\int_0^t\sum_{j=0}^{n}\binom{n}{j}L_0L^{n-j}M_{n-j}F_0F^jM_jd\sigma.$$

ここで $j<i\leqq n$ のとき

$$\binom{i-1}{j}M_{n-1-j}M_j \leqq d_1M_{n-1}\binom{i-1}{j}\left\{\binom{n-1}{j}\right\}^{-1} \leqq d_1M_{n-1}$$

に注意すれば

$$\leqq d_1L_0F_0L^{n-1}M_{n-1}\sum_{i=1}^{n}\sum_{j=0}^{i-1}(F/L)^jt^{i-n}$$
$$+d_1L_0F_0L^nM_n\sum_{j=0}^{n}(F/L)^jt$$

従って

$$\bar{F}_0 = 6d_1L_0F_0, \qquad \bar{F} = \max\{1, FT, 2L, 2LT\}$$

として(7.15)が成立することがわかる．(7.16)は命題7.1と(7.15)から直ちに得られる．▌

応用1. $D(A(t))$**が** t **に無関係な場合**

定理7.5 $A(t)$は仮定1.1を満足し，さらに$D(A(t))\equiv D$はtに無関係，$A(t)A(0)^{-1}$は$0\leqq t\leqq T$で無限回微分可能，正の数B_0, Bが存在し，すべての$n\geqq 0$, $0\leqq t\leqq T$に対し

(7.52) $$\|(d/dt)^nA(t)A(0)^{-1}\| = \|A^{(n)}(t)A(0)^{-1}\| \leqq B_0B^nM_n$$

が成立すると仮定する．このとき仮定7.3, 7.4は満足される．

証明 各固定されたsに対し$A(t)A(s)^{-1}$もtに関し無限回微分可能である．必要あればB_0を他の数で置き換えて

(7.53) $$\|A^{(n)}(t)A(t)^{-1}\| \leqq B_0B^nM_n$$

が成立するとしておく．ある数K_0, Kに対して(7.12)および

(7.54) $$\|A(t)(\partial/\partial t)^n(A(t)-\lambda)^{-1}\| \leqq K_0K^nM_n$$

が成立することを証明する．まずK_0を十分大きい数とすれば$n=0$に対しては(7.12), (7.54)が成立する．それらがnまで確かめられたとして

(7.55) $$(\partial/\partial t)(A(t)-\lambda)^{-1} = -(A(t)-\lambda)^{-1}A'(t)(A(t)-\lambda)^{-1}$$

の両辺をn回微分すると

$$(\partial/\partial t)^{n+1}(A(t)-\lambda)^{-1}$$

$$=-\sum_{j=0}^{n}\binom{n}{j}\left(\frac{\partial}{\partial t}\right)^{n-j}(A(t)-\lambda)^{-1}\sum_{k=0}^{j}\binom{j}{k}A^{(j-k+1)}(t)\left(\frac{\partial}{\partial t}\right)^{k}(A(t)-\lambda)^{-1}.$$

(7.53)と帰納法の仮定により

$$\|(\partial/\partial t)^{n+1}(A(t)-\lambda)^{-1}\|$$

$$\leqq\sum_{j=0}^{n}\binom{n}{j}K_0K^{n-j}M_{n-j}|\lambda|^{-1}\sum_{k=0}^{j}\binom{j}{k}B_0B^{j-k+1}M_{j-k+1}K_0K^kM_k.$$

(7.8)と(7.6)により

$$\binom{n}{j}M_{n-j}\binom{j}{k}M_{j-k+1}M_k\leqq\binom{n}{j}M_{n-j}\binom{j}{k}d_2{}^{j-k+1}M_{j-k}M_1M_k$$

$$\leqq d_1M_1d_2{}^{j-k+1}\binom{n}{j}M_{n-j}M_j\leqq d_1{}^2M_1d_2{}^{j-k+1}M_n$$

であるから

$$\|(\partial/\partial t)^{n+1}(A(t)-\lambda)^{-1}\|$$

$$\leqq d_1{}^2B_0K_0{}^2M_1M_n|\lambda|^{-1}\sum_{j=0}^{n}K^{n-j}(d_2B)^{j+1}\sum_{k=0}^{j}(K/d_2B)^k.$$

$K\geqq 2d_2B$ ならばこの式の右辺は

$$2d_1{}^2B_0K_0{}^2M_1M_n|\lambda|^{-1}\sum_{j=0}^{n}K^{n-j}(d_2B)^{j+1}(K/d_2B)^j$$

$$\leqq\bar{B}K_0{}^2K^nnM_n|\lambda|^{-1}$$

を越えない．ただし $\bar{B}=2d_1{}^2d_2B_0BM_1$ である．かくて

$$\|(\partial/\partial t)^{n+1}(A(t)-\lambda)^{-1}\|\leqq\bar{B}K_0{}^2K^nnM_n|\lambda|^{-1}$$

が成立することがわかる．同様にして

$$\|A(t)(\partial/\partial t)^{n+1}(A(t)-\lambda)^{-1}\|\leqq\bar{B}K_0{}^2K^nnM_n$$

もわかる．(7.9)に注意して

$$K\geqq\max(2Bd_2,\bar{B}K_0d_1/M_1)$$

ならば $n+1$ に対しても(7.12), (7.54)が成立することがわかる．▌

応用2．$A(t)$ が正則消散作用素の場合

Hilbert 空間 X, V，二次型式 $a(t;u,v)$ は§4におけるものとする．§4と同様(4.2)が $k=0$ で満足されると仮定する．さらに各 $u,v\in V$ に対し $a(t;u,v)$ は $0\leqq t\leqq T$ で無限回微分可能，正の数 B_0, B があってすべての $n\geqq 0$, $0\leqq t\leqq T$ に対し

(7.56) $$|a^{(n)}(t;u,v)| \leqq B_0B^nM_n\|u\|\|v\|$$

が成立することを仮定する．このとき

定理 7.6 $\lambda\in\Sigma$ のとき $(A(t)-\lambda)^{-1}$ は $0\leqq t\leqq T$ で無限回微分可能，正の数 K_0, K が存在しすべての $n\geqq 0$，$0\leqq t\leqq T$，$f\in X$ または V^* に対し次の不等式が成立する．

(7.57) $$|(\partial/\partial t)^n(A(t)-\lambda)^{-1}f| \leqq K_0K^nM_n|f|/|\lambda|,$$

(7.58) $$\|(\partial/\partial t)^n(A(t)-\lambda)^{-1}f\| \leqq K_0K^nM_n|f|/|\lambda|^{1/2},$$

(7.59) $$|(\partial/\partial t)^n(A(t)-\lambda)^{-1}f| \leqq K_0K^nM_n\|f\|_*/|\lambda|^{1/2},$$

(7.60) $$\|(\partial/\partial t)^n(A(t)-\lambda)^{-1}f\| \leqq K_0K^nM_n\|f\|_*$$

証明 §4 で行なったように $A(t)$ を V^* での閉作用素と考えればその定義域 V は t に無関係，(7.56) により

$$|(A^{(n)}(t)u,v)| = |a^{(n)}(t;u,v)| \leqq B_0B^nM_n\|u\|\|v\|$$

であるから

$$\|A^{(n)}(t)u\|_* \leqq B_0B^nM_n\|u\|.$$

従って V^* での作用素として定理 7.5 の仮定が満たされ，$\lambda\in\Sigma$，$f\in V^*$ に対し $(A(t)-\lambda)^{-1}f$ は V でも無限回微分可能である．このことに注意して定理 7.5 と全く同様にして (7.57) から (7.60) までを証明することができる．∎

応用 3. 放物型方程式の混合問題

§3 の例 (3.51) で $A(x,t,D)$, $\{B_j(x,t,D)\}$ の係数がすべて t の関数として $\{M_k\}$ クラスに属する場合を考える．$B_j(x,t,D)$ の各係数も $\bar{\Omega}$ 全体で定義されているとして

(7.61) $$|(\partial/\partial t)^l a_\alpha(x,t)| \leqq B_0B^lM_l,$$

(7.62) $$|(\partial/\partial t)^l b_{j,\beta}(x,t)| \leqq B_0B^lM_l$$

がすべての $x\in\bar{\Omega}, t\in[0,T], |\alpha|\leqq m, |\beta|\leqq m_j, j=1,\cdots,m/2, l=1,2,\cdots$ に対して成立しているとする．このとき，ある数 K_0, K が存在し

$$\|(\partial/\partial t)^l(A(t)-\lambda)^{-1}\| \leqq K_0K^lM_l/|\lambda|$$

が $0\leqq t\leqq T$，$\theta_0\leqq\arg\lambda\leqq 2\pi-\theta_0$，$l=1,2,\cdots$ に対して成立することを次に証明する．まず $(A(t)-\lambda)^{-1}$ が t に関し無限回微分可能であることは予備定理 3.5 と同様に示すことができる．$f\in L^p(\Omega)$ に対し $u(t)=(A(t)-\lambda)^{-1}f$ とおくと (3.62), (3.63) と同様

$$(A(x,t,D)-\lambda)(\partial/\partial t)^l u(x,t)$$
$$=-\sum_{k=0}^{l-1}\binom{l}{k}A^{(l-k)}(x,t,D)\left(\frac{\partial}{\partial t}\right)^k u(x,t)\equiv f(x,t), \qquad x\in\Omega,$$
$$B_j(x,t,D)(\partial/\partial t)^l u(x,t)$$
$$=-\sum_{k=0}^{l-1}\binom{l}{k}B_j^{(l-k)}(x,t,D)\left(\frac{\partial}{\partial t}\right)^k u(x,t)\equiv g_j(x,t),$$
$$x\in\partial\Omega, \qquad j=1,\cdots,m/2$$

となる．ここで $A^{(l-k)}, B_j^{(l-k)}$ は A, B_j の係数を t に関し $l-k$ 回微分して得られる作用素である．(3.61) の g_j を $g_j(x,t)$ として $(\partial/\partial t)^l u(x,t)$ に (3.61) を適用すると

$$\|(d/dt)^l u(t)\|_{m,p}+|\lambda|\,\|(d/dt)^l u(t)\|_p$$
$$\leqq C\left\{\|f(t)\|_p+\sum_{j=1}^{m/2}|\lambda|^{(m-m_j)/m}\|g_j(t)\|_p+\sum_{j=1}^{m/2}\|g_j(t)\|_{m-m_j,p}\right\}$$

となるが (7.61), (7.62) により右辺は

$$C\left\{\sum_{k=0}^{l-1}\binom{l}{k}B_0B^{l-k}M_{l-k}\|(\partial/\partial t)^k u(t)\|_{m,p}\right.$$
$$\left.+\sum_{j=1}^{m/2}\sum_{k=0}^{l-1}\binom{l}{k}B_0B^{l-k}M_{l-k}|\lambda|^{(m-m_j)/m}\|(\partial/\partial t)^k u(t)\|_{m_j,p}\right\}.$$

ここで補間不等式

$$\|u\|_{m_j,p}\leqq c\|u\|_{m,p}^{m_j/m}\|u\|_p^{(m-m_j)/m}$$

を用いると

$$|\lambda|\,\|(d/dt)^l u(t)\|_p+\|(d/dt)^l u(t)\|_{m,p}$$
$$\leqq C_0\sum_{k=0}^{l-1}\binom{l}{k}B_0B^{l-k}M_{l-k}\{\|(d/dt)^k u(t)\|_{m,p}+|\lambda|\,\|(d/dt)^k u(t)\|_p\}.$$

これより $l=0$ に対して

$$(7.63) \qquad |\lambda|\,\|(d/dt)^l u(t)\|_p+\|(d/dt)^l u(t)\|_{m,p}\leqq K_0K^lM_l\|f\|_p$$

が成立するように K_0 を十分大きく，そして

$$K\geqq \max(2B, 2d_1C_0B_0B)$$

であるように K をとると，すべての l に対し (7.63) が成立することを帰納法で示すことができる．

本節と関係の深いものに J. L. Lions–E. Magenes[113], [114] がある．そこでは技術的な理由により準解析的でない場合のみを扱っている．また仮定 1.1,

3.3が満たされ，$A(t)^{-1}$ が何回か微分可能であるときの解の高階微分可能性についてはP. Suryanarayana[158]がある.

第5章のあとがき

第5章だけに関係することではないが本章で述べなかったものに特異摂動がある．これに関しては J. L. Lions の講義録[14]がある．放物型方程式の特異摂動に関しては H. Tanabe[161], H. Tanabe–M. Watanabe[163]がある．退化した方程式については A. Friedman–Z. Schuss[62], П. Е. Соболевский[154], S. Matsuzawa[122], [123]がある．t に関して高階の放物型方程式については J. Lagnese[108]がある．$t\to\infty$ の際の解の行動に関しては S. Agmon–L. Nirenberg[20]でも扱われている．[20], [21]は解の存在とは無関係に解の性質の非常に深い研究をしている．解の滑らかさについて C. Bardos[25]は§4で扱った方程式で $u_0\in V$, $f\in L^2(0, T;X)$ のとき解 u に関して $u'\in L^2(0, T;X)$, $Au\in L^2(0, T;X)$ となるための十分条件を求めた．K. Masuda[121]は§7とは逆に定理7.1の結論を満足する作用素値関数 $U(t, s)$ が与えられているとして生成素の族 $\{A(t)\}$ を構成した．その他 R. W. Carroll, T. Mazumdar, J. M. Cooper 等の論文[45], [46], [48], [49]にも注目すべきである．

T. Burak[171], [172], [173]は2点問題

$$du(t)/dt=A(t)u(t)+f(t), \quad \alpha\leqq t\leqq\beta,$$
$$E_1(\alpha)u(\alpha)=u_\alpha, \quad E_2(\beta)u(\beta)=u_\beta$$

の解の存在，一意性，正則性を調べた．ここに $E_1(t), E_2(t)$ は $A(t)$ を約する射影作用素で，$X=E_1(t)X\oplus E_2(t)X$ を満足するものであり，$A(t)$ が楕円型境界値問題で定義される作用素のとき，このような射影作用素が存在することはレゾルベント，複素巾に関する R. Seeley[174], [175]の鋭い結果を用いて証明される．

第6章　非線型方程式

§1　半線型波動方程式

K. Jörgens[70], [71], F. E. Browder[37]等は場の量子論で重要な次の半線型波動方程式

$$\partial^2 u/\partial t^2 - \Delta u + F'(|u|^2)u = 0 \tag{1.1}$$

の解法を論じた．その概要を述べる．なお溝畑茂[17]第7章, B. A. Погореленко–П. Е. Соболевский[145]も参照．準備として Hilbert 空間 X における次の半線型方程式の初期値問題を考える．

$$du(t)/dt = Au(t) + f(u(t)), \qquad t \geqq 0, \tag{1.2}$$

$$u(0) = u_0. \tag{1.3}$$

仮定 1.1　A は X における縮小半群の生成素である．

仮定 1.2　f は X 全体で定義された X への非線型写像である．すべての $C>0$ に対しある数 $k_C>0$ が存在し，$\|u\|\leqq C, \|v\|\leqq C$ のとき次の不等式が成立する．

$$\|f(u)\| \leqq k_C, \qquad \|f(u)-f(v)\| \leqq k_C\|u-v\|.$$

A が生成する半群を $T(t)$ と表わす．$\|T(t)\|\leqq 1$ である．第3章定理1.5により各 $u\in D(A)$ に対して

$$\mathrm{Re}(Au, u) \leqq 0 \tag{1.4}$$

が成立する．k_C は C の増加関数としておく．

まず(1.2), (1.3)の広義の解として次の積分方程式の解を求める．

$$u(t) = T(t)u_0 + \int_0^t T(t-s)f(u(s))ds. \tag{1.5}$$

逐次近似によって(1.5)の局所解の存在を示す．まず

$$(1.6)\qquad u_0(t) = T(t)u_0$$

とおき，$u_j(t)$ まで定義されたとき $u_{j+1}(t)$ を次の式で定義する．

$$(1.7)\qquad u_{j+1}(t) = u_0(t)+\int_0^t T(t-s)f(u_j(s))ds.$$

$C>\|u_0\|$ とすると，$\|u_0(t)\|<C$ であるから $\|f(u_0(t))\|\leqq k_C$. 従って $0\leqq t\leqq Ck_C^{-1}$ で

$$\|u_1(t)\| \leqq C+k_Ct \leqq 2C$$

である．帰納法によってすべての $j=1,2,\cdots$ に対し $0\leqq t\leqq Ck_{2C}^{-1}$ で

$$(1.8)\qquad \|u_j(t)\| \leqq 2C$$

であることが示される．また

$$u_{j+1}(t)-u_j(t) = \int_0^t T(t-s)(f(u_j(s))-f(u_{j-1}(s)))ds$$

と(1.8)，仮定1.2によりすべての $j=0,1,2,\cdots$ に対し $0\leqq t\leqq Ck_{2C}^{-1}$ で

$$\|u_{j+1}(t)-u_j(t)\| \leqq \frac{(k_{2C}t)^j}{j!}\max_{0\leqq s\leqq Ck_{2C}^{-1}}\|u_1(s)-u_0(s)\|$$

が成立することがわかる．従って $\{u_j(t)\}$ は $0\leqq t\leqq Ck_{2C}^{-1}$ で，ある関数 $u(t)$ に一様に強収束する．(1.7)で $j\to\infty$ として(1.5)を得る．v を(1.5)のもう一つの解，$\|u(t)\|\leqq C'$, $\|v(t)\|\leqq C'$ とすると

$$\|u(t)-v(t)\| \leqq k_{C'}\int_0^t \|u(s)-v(s)\|ds.$$

これより直ちに $u(t)\equiv v(t)$ を得る．従って

定理 1.1 仮定1.1, 1.2が満たされるとする．$\|u_0\|<C$ とすると(1.5)の解は $0\leqq t\leqq Ck_{2C}^{-1}$ で存在して一意である．

注意 1.1 ここまでは X が Banach 空間，A が t に関係しても $u'(t)=A(t)u(t)$ の基本解が存在すれば同様のことができる．

次に(1.5)の解の大域的存在について考える．閉区間$[0,b]$で(1.5)の解 $u\in C([0,b];X)$ が存在したとすると，定理1.1により

$$v(t) = T(t-b)u(b)+\int_b^t T(t-s)f(v(s))ds$$

の解 v がある区間$[b,\hat{b})$で存在する．$0\leqq t\leqq b$ で $\hat{u}(t)=u(t)$, $b\leqq t<\hat{b}$ で $\hat{u}(t)=v(t)$ によって $\hat{u}$ を定義すると，$\hat{u}$ は$[0,\hat{b}]$での(1.5)の解であることは容易にわかる．

従ってuはbを越えて解として延長できる．uが$[0,b]$で有界な(1.5)の解：$\|u(t)\| \leqq C' < \infty$とする．このとき仮定1.2により$0 \leqq t < b$で$\|f(u(t))\| \leqq k_{C'}$が成立するから

$$\int_0^b T(b-s)f(u(s))ds = \lim_{b' \to b-0} \int_0^{b'} T(b'-s)f(u(s))ds \quad (\text{強})$$

は存在することが容易にわかる．従って

$$u(b) = T(b)u_0 + \int_0^b T(b-s)f(u(s))ds$$

とおくとuは$0 \leqq t \leqq b$で連続，しかも(1.5)を満足する．故にuはbを越えて解として延長できる．以上の準備のもとで次の定理を証明する．

定理 1.2　次の仮定が満たされるとする．bは正の数，uが$0 \leqq t < b$で(1.5)の解であるならば

$$\sup_{0 \leqq t < b} \int_0^t \mathrm{Re}(f(u(s)), u(s))\, ds < \infty.$$

このとき(1.5)の解は$0 \leqq t < \infty$で存在する．

証明　uが$0 \leqq t < b < \infty$での解ならば$u(t)$は$0 \leqq t < b$で有界であることを示せばよい．各自然数nに対して$I_n = (1-n^{-1}A)^{-1}$，$u_n(t) = I_n u(t)$とおくと第3章(1.12)により$\lim_{n \to \infty}(1-n^{-1}A)^{-1} = I$ (強)，$0 \leqq t < b$で

$$u_n(t) = T(t)I_n u_0 + \int_0^t T(t-s)I_n f(u(s))ds$$

である．第3章定理2.3により$u_n \in C^1([0,b);X)$，$0 \leqq t < b$で$u_n \in D(A)$,

$$u_n'(t) = Au_n(t) + I_n f(u(t))$$

が成立する．従って(1.4)により

$$\begin{aligned}(d/dt)\|u_n(t)\|^2 &= 2\mathrm{Re}(u_n'(t), u_n(t)) \\ &= \mathrm{Re}(Au_n(t) + I_n f(u(t)), u_n(t)) \\ &\leqq \mathrm{Re}(I_n f(u(t)), u_n(t)).\end{aligned}$$

これを積分して

$$\|u_n(t)\|^2 \leqq \|I_n u_0\|^2 + 2\mathrm{Re}\int_0^t (I_n f(u(s)), u_n(s))ds.$$

$n\to\infty$ として

$$(1.9)\qquad \|u(t)\|^2 \leqq \|u_0\|^2+2\mathrm{Re}\int_0^t (f(u(s)), u(s))ds.$$

仮定により(1.9)の右辺は $0\leqq t<b$ で有界である. ▌

次に(1.5)の解が実際に(1.2), (1.3)の解になるための十分条件として f が Fréchet 微分可能であることを仮定する. 通常 Banach 空間 X から Banach 空間 Y への写像 f が, $u_0\in X$ で Fréchet 微分可能であるとは, $z\in X, \|z\|\to 0$ のとき

$$f(u_0+z) = f(u_0)+Tz+o(\|z\|)$$

ならしめる $T\in B(X, Y)$ が存在することと定義し, T を f の u_0 における Fréchet 微分という. X, Y が共に実 Banach 空間ならばこれでよいが複素 Banach 空間のときは, この定義に従えば Fréchet 微分可能な関数は正則関数に相当するものに限られるので少し修正して次のように定義する.

定義 1.1 X, Y を複素 Banach 空間, X から Y への作用素 S が各 $u, v\in X$, $\lambda\in \boldsymbol{C}$ に対し $S(u+v)=Su+Sv$, $S(\lambda u)=\bar{\lambda}Su$ を満足するとき**反線型作用素**という.

線型作用素に対すると同様反線型作用素に対しても有界性, ノルム, 強収束等を定義することができる. X から Y への有界な反線型作用素の全体を $\bar{B}(X, Y)$ と表わす.

定義 1.2 X, Y を複素 Banach 空間, f を X の元 u_0 のある近傍で定義された Y への写像とする. $T\in B(X, Y), S\in \bar{B}(X, Y)$ が存在して $z\in X$, $\|z\|\to 0$ のとき

$$f(u_0+z) = f(u_0)+Tz+Sz+o(\|z\|)$$

と表わされるとき f は u_0 で **Fréchet 微分可能**といい, 対 $\{T, S\}$ を f の u_0 における **Fréchet 微分**という. f がある集合の各点で Fréchet 微分可能であるとき f はその集合で Fréchet 微分可能といい, u における f の Fréchet 微分を $\{Df(u), \bar{D}f(u)\}$ と表わす.

$X=Y=\boldsymbol{C}$ のときは $Df=\partial f/\partial z$, $\bar{D}f=\partial f/\partial \bar{z}$ である.

仮定 1.3 f は X で Fréchet 微分可能, Fréchet 微分 $\{Df(u), \bar{D}f(u)\}$ は u に関し強連続である. すべての $C>0$ に対し $k_C>0$ が存在して $\|u\|\leqq C$ のとき

$$\|Df(u)\| \leqq k_C/2, \qquad \|\bar{D}f(u)\| \leqq k_C/2.$$

仮定1.1,1.2の他に仮定1.3が満たされ，さらに$u_0 \in D$ならば(1.5)の解は(1.2),(1.3)の解になっていることを次に示す．まず$u \in C^1([0, T]; X)$ならば$f(u(\cdot))$も同様，

$$(1.10) \qquad (d/dt)f(u(t)) = Df(u(t))u'(t) + \bar{D}f(u(t))u'(t)$$

が成立することは容易にわかる．$\|u\| \leqq C$, $\|v\| \leqq C$とすると各$0 \leqq t \leqq 1$に対して$\|tu+(1-t)v\| \leqq C$であるから

$$\begin{aligned} \|f(u)-f(v)\| &= \left\|\int_0^1 (d/dt)f(tu+(1-t)v)dt\right\| \\ &= \left\|\int_0^1 \{Df(tu+(1-t)v)(u-v) + \bar{D}f(tu+(1-t)v)(u-v)\}\, dt\right\| \\ &\leqq k_C\|u-v\|. \end{aligned}$$

従って必要ならばk_Cを他の数に置き換えれば仮定1.2は仮定1.3から導かれる．

定理1.3 仮定1.1,1.3が満たされるとする．$u_0 \in D(A)$ならば$[0, b)$での(1.5)の解uは$[0, b)$での(1.2),(1.3)の解である．

証明 uが強連続微分可能として第3章定理2.2の証明のように計算すれば

$$(1.11) \qquad \begin{aligned} u'(t) &= \phi(t) + \int_0^t T(t-s)\{Df(u(s))u'(s) + \bar{D}f(u(s))u'(s)\}\, ds, \\ \phi(t) &= T(t)\{Au_0 + f(u_0)\} \end{aligned}$$

を得る．そこでvを

$$(1.12) \qquad v(t) = \phi(t) + \int_0^t T(t-s)\{Df(u(s))v(s) + \bar{D}f(u(s))v(s)\}\, ds$$

の解とする．$\phi \in C([0, \infty); X)$と$Df(u(s)), \bar{D}f(u(s))$がそれぞれ$B(X, Y), \bar{B}(X, Y)$の値をとる強連続な関数であることから，(1.12)は逐次近似で解けて$C([0, b); X)$に属する解が一意的に存在する．$\|u_0\| < C$としてまず$C/k_{2C} < b$と仮定する．(1.6),(1.7)で定義される$u_j(t)$はどれも$0 \leqq t \leqq C/k_{2C}$で微分可能で次式が成立する．

$$(1.13) \qquad \begin{aligned} u'_j(t) &= \phi(t) \\ &\quad + \int_0^t T(t-s)\{Df(u_{j-1}(s))u'_{j-1}(s) + \bar{D}f(u_{j-1}(s))u'_{j-1}(s)\}\, ds, \end{aligned}$$

(1.12)と(1.13)から

$$
\begin{aligned}
u'_j(t)-v(t) &= \int_0^t T(t-s)Df(u_{j-1}(s))(u'_{j-1}(s)-v(s))ds \\
&\quad + \int_0^t T(t-s)\{Df(u_{j-1}(s))-Df(u(s))\}v(s)ds \\
&\quad + \int_0^t T(t-s)\bar{D}f(u_{j-1}(s))(u'_{j-1}(s)-v(s))ds \\
&\quad + \int_0^t T(t-s)\{\bar{D}f(u_{j-1}(s))-\bar{D}f(u(s))\}v(s)ds \\
&= \mathrm{I}+\mathrm{II}+\mathrm{III}+\mathrm{IV}
\end{aligned}
$$

を得る．各 $j\geqq 0$ に対し

(1.15) $$\omega_j(t) = \|u'_j(t)-v(t)\|$$

とおく．

$$\|\mathrm{II}\| \leqq \int_0^T \|\{Df(u_{j-1}(s))-Df(u(s))\}v(s)\|ds$$

の右辺の被積分関数は(1.8)と仮定1.2により一様有界，仮定1.3により $j\to\infty$ のとき各 s に対して0に収束する．従って $j\to\infty$ のとき $[0, C/k_{2C}]$ で一様に $\lim \mathrm{II}=0$ (強)．同様のことはIVに対しても成立する．従って $\lim_{j\to\infty}\varepsilon_j=0$ を満足する正数列 $\{\varepsilon_j\}$ が存在して

(1.16) $$\omega_j(t) \leqq \varepsilon_j+k_{2C}\int_0^t \omega_{j-1}(s)ds$$

がすべての $j=1,2,\cdots$, $t\in[0, C/k_{2C}]$ に対し成立する．$0<j\leqq l$ のとき(1.16)より

(1.17) $$\omega_l(t) \leqq \sum_{i=0}^{j-1}\frac{(k_{2C}t)^i}{i!}\varepsilon_{l-i}+(k_{2C})^j\int_0^t \frac{(t-s)^{j-1}}{(j-1)!}\omega_{l-j}(s)ds$$

を得る．

$$\varepsilon_0 = \max_{0\leqq t\leqq C/k_{2C}} \omega_0(t)$$

とおき(1.17)で $l=j$ とすると

$$\omega_j(t) \leqq \sum_{i=0}^{j}(k_{2C}t)^i(i!)^{-1}\max(\varepsilon_0, \varepsilon_1, \cdots, \varepsilon_j).$$

従って $0\leqq t\leqq Ck_{2C}^{-1}$ で $\omega_j(t)$ は一様有界である．故に各 j,t に対し $\omega_j(t)\leqq K$ とすると(1.17)により次の不等式を得る．

(1.18) $$\omega_l(t) \leqq \sum_{i=0}^{j-1}(k_{2C}t)^i(i!)^{-1}\varepsilon_{l-i}+K(k_{2C}t)^j(j!)^{-1}.$$

εを任意に与えられた正の数とする．$KC^j(j!)^{-1}<\varepsilon/2$となるように$j$を大きくとり，次に

$$e^C \max(\varepsilon_{l-j+1}, \varepsilon_{l-j+2}, \cdots, \varepsilon_l) < \varepsilon/2$$

となるようにlを十分大きくすると，(1.18)より$0\leqq t\leqq Ck_{2C}{}^{-1}$で$\omega_l(t)<\varepsilon$となる．故に$j\to\infty$のとき$[0, Ck_{2C}{}^{-1}]$で一様に$\omega_j(t)\to 0$，すなわち$u'_j(t)\to v(t)$（強）である．従って$[0, Ck_{2C}{}^{-1}]$で強導関数$u'(t)$が存在して$v(t)$に等しい．故にそこで$f(u(t))$も微分可能，$u(t)\in D(A)$，$u$は$[0, C/k_{2C}]$で(1.2), (1.3)を満足する．さらに(1.11)が成立する．上の証明により$C/k_{2C}\geqq b$ならば定理の証明は終っている．$C/k_{2C}<b$のとき$t=C/k_{2C}$を初期の時刻として同様のことを繰返し，ある$b_1\in(0,b)$に対しuが$[0, b_1)$で(1.2), (1.3)の解であるとする．u'は$[0, b_1)$で(1.11)を満足するからそこで$u'(t)=v(t)$．故に$u'(b_1)=v(b_1)$とおくと$u\in C^1([0, b_1]; X)$, $Au\in C([0, b_1]; X)$，uは$[0, b_1]$での(1.2), (1.3)の解である．従ってb_1を初期時刻として証明のはじめの部分を繰返せば，ある$b_2>b_1$が存在しuは$[0, b_2)$での(1.2), (1.3)の解であることがわかる．こうしてuは$[0, b)$での(1.2), (1.3)の解であることが示される．▌

応用として次の方程式を考える．

(1.19)　$$d^2u(t)/dt^2 + Au(t) + M(u(t)) = 0,$$

(1.20)　$$u(0) = \phi, \qquad (d/dt)u(0) = \psi.$$

ここにAは Hilbert 空間Xにおける正定符号自己共役作用素，Mは$D(A^{1/2})$を定義域とする非線型作用素，$\phi\in D(A)$，$\psi\in D(A^{1/2})$は与えられた元である．$D(A^{1/2})$の各元uに対し$\|u\|_W=\|A^{1/2}u\|$とおくと$D(A^{1/2})$はこのノルムで Hilbert 空間Wになる．仮定によりすべての$u\in W$に対し$\|u\|_W\geqq c\|u\|$となる正の数cが存在する．Mに関する仮定を述べる．

(I)　すべての正の数Cに対してある数$k_C\geqq 0$が存在し$\|u\|_W, \|v\|_W\leqq C$のとき$\|M(u)\|\leqq k_C$，$\|M(u)-M(v)\|\leqq k_C\|u-v\|_W$．

(II)　$0<b<\infty$，$u\in C^1([0, b); X)\cap C([0, b); W)$ならば

$$\mathrm{Re}\int_0^t (M(u(s)), u'(s))ds$$

は$0\leqq t<b$で下に有界である．

(III)　MはWで Fréchet 微分可能，その Fréchet 微分$\{DM(u), \bar{D}M(u)\}$はu

に関し強連続である．すべての正の数 C に対しある数 $k_C>0$ が存在し $\|u\|_W \leqq C$ のとき

$$\|DM(u)\| \leqq k_C/2, \qquad \|\bar{D}M(u)\| \leqq k_C/2.$$

$DM(u), \bar{D}M(u)$ は共に W から X への写像である．また必要ならば k_C を他の数で置き換えれば(I)は(III)から導かれることも前と同様にわかる．

定義 1.3 $u \in C^2([0,b);X)$, $u' \in C([0,b);W)$, 各 $t \in [0,b)$ に対し $u(t) \in D(A)$, $Au \in C([0,b);X)$, $0 \leqq t < b$ で(1.19), $t=0$ で(1.20)を満足するとき u は$[0,b)$での(1.19), (1.20)の**解**であるという．

$$\mathfrak{X} = W \times X, \qquad U = {}^t(u_0,u_1) \in \mathfrak{X} \text{ に対し } \|U\|^2 = \|u_0\|_W{}^2 + \|u_1\|^2$$

とおくと $\mathfrak{X}$ は Hilbert 空間である．$\mathfrak{A}$ を $D(\mathfrak{A}) = D(A) \times D(A^{1/2})$,

$$\mathfrak{A}\begin{pmatrix} u_0 \\ u_1 \end{pmatrix} = \begin{pmatrix} 0 & 1 \\ -A & 0 \end{pmatrix}\begin{pmatrix} u_0 \\ u_1 \end{pmatrix} = \begin{pmatrix} u_1 \\ -Au_0 \end{pmatrix}$$

によって定義される作用素とすると $\sqrt{-1}\,\mathfrak{A}$ は $\mathfrak{X}$ における自己共役作用素である．実際，各 ${}^t(u_0, u_1) \in D(\mathfrak{A})$ に対し

$$\mathrm{Re}\left(\mathfrak{A}\begin{pmatrix} u_0 \\ u_1 \end{pmatrix}, \begin{pmatrix} u_0 \\ u_1 \end{pmatrix}\right) = \mathrm{Re}\,\{(u_1, Au_0) - (Au_0, u_1)\} = 0$$

であること，λ が 0 でない実数ならば各 $F = {}^t(f_0, f_1) \in \mathfrak{X}$ に対し

$$u_0 = -(A+\lambda^2)^{-1}(\lambda f_0 + f_1), \qquad u_1 = -\lambda(A+\lambda^2)^{-1}(\lambda f_0 + f_1) + f_0$$

とおくと $U = {}^t(u_0,u_1)$ は $(\mathfrak{A}-\lambda)U = F$ の解であることは容易に確かめられる．また $U = {}^t(u_0,u_1)$ に対し $F(U) = {}^t(0, -M(u_0))$, $U_0 = {}^t(\phi, \psi)$ とおくと(1.19), (1.20)は

$$dU(t)/dt = \mathfrak{A}U(t) + F(U(t)) \tag{1.21}$$

と同値である．M が(I), (III)を満足すれば F はそれぞれ仮定1.2, 1.3を満足することも容易にわかる．F の Fréchet 微分は

$$DF\left(\begin{pmatrix} u_0 \\ u_1 \end{pmatrix}\right) = \begin{pmatrix} 0 & 0 \\ -DM(u_0) & 0 \end{pmatrix}, \qquad \bar{D}F\left(\begin{pmatrix} u_0 \\ u_1 \end{pmatrix}\right) = \begin{pmatrix} 0 & 0 \\ -\bar{D}M(u_0), & 0 \end{pmatrix}$$

である．従って $\mathfrak{A}$ が生成する半群を $\mathfrak{T}(t)$ と表わせば，次の定理が成立する．

定理 1.4 M が(I)を満足すれば各 $\Phi \in \mathfrak{X}$ に対し $\|\Phi\| < C$ とすると

$$U(t) = \mathfrak{T}(t)\Phi + \int_0^t \mathfrak{T}(t-s)F(U(s))ds \tag{1.22}$$

の解が $0 \leqq t \leqq C/k_{2C}$ で存在して一意である．

(1.22)の解の大域的存在については

定理 1.5 M が(I),(II)を満足すれば各 $\Phi\in\mathfrak{X}$ に対し(1.22)の解が$[0,\infty)$で存在して一意である.

証明 定理1.2の仮定が満たされることを示せばよい. $U(t)={}^t(u_0(t), u_1(t))$を$[0,b)$での(1.22)の解とする. $\mathfrak{J}_n=(1-n^{-1}\mathfrak{A})^{-1}$, $U_n(t)={}^t(u_{0n}(t), u_{1n}(t))=\mathfrak{J}_n U(t)$とおくと

$$U_n(t)=\mathfrak{T}(t)\mathfrak{J}_n\Phi+\int_0^t\mathfrak{T}(t-s)\mathfrak{J}_nF(U(s))ds$$

であるから $U_n(t)$ は微分可能, $\mathfrak{A}U_n(t)$ は定義され連続,

$$U_n'(t)=\mathfrak{A}U_n(t)+\mathfrak{J}_nF(U(t))$$

が $0\leqq t<b$ で成立する. 故に $\mathfrak{J}_nF(U(t))={}^t(g_{0n}(t), g_{1n}(t))$ と表わすと

(1.23)
$$u_{0n}'(t)=u_{1n}(t)+g_{0n}(t),$$
$$u_{1n}'(t)=-Au_{0n}(t)+g_{1n}(t).$$

(1.23)より

(1.24)
$$u_{0n}(t)=u_{0n}(0)+\int_0^t(u_{1n}(s)+g_{0n}(s))ds$$

が $0\leqq t<b$ で成立する. $n\to\infty$ のとき W で $u_{0n}(t)\to u_0(t)$, $g_{0n}(t)\to 0$, X で $u_{1n}(t)\to u_1(t)$, W で $u_{0n}(0)\to\phi$ であるから(1.24)より

$$u_0(t)=\phi+\int_0^t u_1(s)ds,$$

従って $u_0'(t)=u_1(t)$ を得る. 従って

$$\mathrm{Re}\int_0^t(F(U(s)), U(s))ds=\mathrm{Re}\int_0^t\left(\begin{pmatrix}0\\ -M(u_0(s))\end{pmatrix}, \begin{pmatrix}u_0(s)\\ u_0'(s)\end{pmatrix}\right)ds$$
$$=-\mathrm{Re}\int_0^t(M(u_0(s)), u_0'(s))ds$$

は $0\leqq t<b$ で上に有界である. ▌

以上のことから直ちに次の定理を得る.

定理 1.6 M が(I),(II),(III)を満足すれば各 $\phi\in D(A)$, $\psi\in D(A^{1/2})$ に対して(1.19),(1.20)の解は$[0,\infty)$で存在して一意である.

定理1.6が適用できる例として次の混合問題を考える.

(1.25)
$$\partial^2u/\partial t^2-\Delta u+F'(|u|^2)u=0,\qquad x\in\Omega,\ \ 0\leqq t<\infty,$$

$$(1.26)\qquad u(x,t)=0,\qquad x\in\partial\Omega, 0\leqq t<\infty,$$

$$(1.27)\qquad u(x,0)=\phi(x),\qquad (\partial/\partial t)u(x,0)=\psi(x),\ \ x\in\Omega.$$

ここで Ω は R^3 の中の有界領域，F は $C^2([0,\infty))$ に属し次の条件を満足する実数値関数である.

$$\text{(i)}\qquad F(0)=0,\ \ r>0\ \ \text{で}\ \ F(r)\geqq 0,$$

$$\text{(ii)}\qquad r\geqq 0\ \ \text{で}\ \ |F'(r)|\leqq c(r+1),\qquad |F''(r)|\leqq c.$$

各 $u, v\in \mathring{H}_1(\Omega)$ に対して

$$(1.28)\qquad a(u,v)=\int_\Omega\sum_{i=1}^3\frac{\partial u}{\partial x_i}\overline{\frac{\partial v}{\partial x_i}}dx$$

とおく. $a(u,v)$ により第2章(2.3)で定義される作用素を A とすると，A は $L^2(\Omega)$ での正定符号自己共役作用素である(第2章定理2.3). 第1章予備定理2.1により $\mathring{H}_1(\Omega)\subset L^6(\Omega)$ である. 故に

$$(Mu)(x)=F'(|u(x)|^2)u(x)$$

とおくと M は $\mathring{H}_1(\Omega)$ 全体で定義された $L^2(\Omega)$ への写像である. 従って(1.25)-(1.27)を $L^2(\Omega)$ の中の方程式として抽象的に(1.19), (1.20)の形に表わす. まず M は Fréchet 微分可能，その Fréchet 微分は

$$(DM(u)z)(x)=\{F'(|u(x)|^2)+F''(|u(x)|^2)|u(x)|^2\}z(x),$$
$$(\bar{D}M(u)z)(x)=F''(|u(x)|^2)u(x)^2\overline{z(x)}$$

であること，c_0 を各 $u\in W$ に対し $\|u\|_6\leqq c_0\|u\|_W$ となる数とすると

$$\|DM(u)\|\leqq c_0\left\{\int_\Omega|F'(|u|^2)+F''(|u|^2)|u|^2|^3dx\right\}^{1/3}$$
$$\leqq cc_0(2\|u\|_6{}^2+|\Omega|^{1/3}),$$
$$\|\bar{D}M(u)\|\leqq c_0\left\{\int_\Omega|F''(|u|^2)|^3|u|^6dx\right\}^{1/3}\leqq cc_0\|u\|_6{}^2$$

が成立することなどから M は(I), (III)を満足することがわかる. 次に(II)を調べるために $F(r)\leqq c(r^2/2+r)$ より

$$\int_\Omega F(|u(x)|^2)dx\leqq\frac{1}{2}c\int_\Omega|u(x)|^4dx+c\int_\Omega|u(x)|^2dx$$
$$\leqq (c/2)\|u\|_2\|u\|_6{}^3+c\|u\|_2{}^2$$

となることにまず注意する. $u\in C^1([0,b);L^2(\Omega))\cap C([0,b);W)$ とすると $0<t<b$ で

$$2\,\mathrm{Re}\int_0^t (M(u(s)), u'(s))ds = 2\,\mathrm{Re}\int_0^t\int_\Omega F'(|u|^2)u\cdot\overline{\partial u/\partial s}\,dxds$$
$$= \int_0^t\int_\Omega(\partial/\partial s)F(|u(x,s)|^2)dxds$$
$$= \int_0^t(\partial/\partial s)\int_\Omega F(|u(x,s)|^2)dxds$$
$$= \int_\Omega F(|u(x,t)|^2)dx - \int_\Omega F(|u(x,0)|^2)dx$$
$$\geqq -\int_\Omega F(|u(x,0)|^2)dx.$$

これより M が(II)を満たすこともわかる．以上により(1.25)-(1.27)に定理1.6が適用されることがわかった．

上のような F の例としては $F(r)=\mu^2r+\eta^2r^2/2$ がある．このとき(1.25)は

$$\partial^2u/\partial t^2-\Delta u+\mu^2u+\eta^2|u|^2u=0$$

となり，これは**中間子方程式**である．この場合 $\mu\neq0$ ならば A を $\mathring{H}_1(\Omega)\times\mathring{H}_1(\Omega)$ の上の二次型式

$$a_1(u,v)=\int_\Omega\left(\sum_{i=1}^3\frac{\partial u}{\partial x_i}\overline{\frac{\partial v}{\partial x_i}}+\mu^2u\bar{v}\right)dx$$

で定まる作用素とすれば，Ω が有界でなくても A は正定符号となり $M(u)=\eta^2|u|^2u$ として定理1.6が適用される．$\mu=0$ のとき A を(1.28)から定まる作用素とすると，Ω が有界でなければ $0\in\rho(A)$ とはならない．このとき $W=\mathring{H}_1(\Omega)=D(A^{1/2})$ のノルムを

$$\|u\|_W{}^2=\int_\Omega\left(\sum_{i=1}^3\left|\frac{\partial u}{\partial x_i}\right|^2+|u|^2\right)dx$$

と定義し先と同様な計算をすれば，$U={}^t(u_0,u_1)\in D(\mathfrak{A})=D(A)\times W$ のとき

$$|\mathrm{Re}(\mathfrak{A}U,U)| = |\mathrm{Re}\{a_1(u_1,u_0)-(Au_0,u_1)\}|$$
$$= |\mathrm{Re}\{(u_1,Au_0)+(u_1,u_0)-(Au_0,u_1)\}|$$
$$= |\mathrm{Re}(u_1,u_0)| \leqq \|u_0\|\,\|u_1\|_W$$

となり，$\mathfrak{A}-1/2$ が縮小半群を生成する．このような場合も先の議論を若干修正すれば定理1.6と同様な結論が得られる．また(1.25)は t を $-t$ で置き換えても不変だから，過去に対して解くときも同様のことが成立する．

非線型項に関するもっと弱い仮定のもとでも一意性はわからないが弱解が存

在することは示される．例えば W. A. Strauss[157]参照．領域が時間と共に変わる場合については C. Bardos–J. Cooper[27], L. A. Medeiros[124], A. Inoue [69]等の結果がある．$t\to\infty$ のときの解の行動に関しては W. A. Strauss[156], R. T. Glassy[64]等，線型の場合では L. E. Bobisud–J. Calvert[29], R. J. Duffin [55], J. A. Goldstein[66], [67]等がある．なお最近[178]が発表された．

§2　単調作用素

今後本章で考える空間はすべて実 Banach 空間とする．

G. Minty[125]-[131]によって創められた単調作用素論は非線型方程式論の重要な一部門になった．X を実 Hilbert 空間，A を X における一般に非線型作用素，すべての $u, v\in D(A)$ に対し

(2.1)
$$(Au-Av, u-v)\geqq 0$$

が成立するとき A を単調作用素という．またときには(2.1)の代りに

(2.2)
$$(Au-Av, u-v)\leqq 0$$

が成立するとき A を単調作用素ということがある．A が線型ならば A が単調であるとは A が増大作用素であることと同値である．ただし(2.2)の意味で単調であることは A が消散作用素であることと同値である．$X=\boldsymbol{R}$ のときは単調作用素は増加関数のことである．Y. Komura[91]により創められた非線型半群論は Minty の理論と密接な関係があるものであり，これによって単調作用素論では多価写像を考察することが不可欠であることが明らかにされた．X から Y への写像 A が多価写像であるとは X の部分集合 $D(A)$ の各元 u に Y の部分集合 Au が対応するもののことである．X の元 u と Y の元 v から成る対を $[u, v]$ と表わして

$$G(A)=\{[u, v]:v\in Au, u\in D(A)\}$$

を多価写像 A の**グラフ**という．このようにして X から Y への多価写像 A と $X\times Y$ の部分集合 $G(A)$ とは1対1に対応するから，今後は A と $G(A)$ とを区別しないで共に A と表わす．A が $X\times Y$ の部分集合であるとき A に対応する写像は

$$D(A)=\{u\in X:[u, v]\in A \text{ を満たす } v\in Y \text{ が存在する}\}$$

を**定義域**とし，$u\in D(A)$ における A の値の集合は $Au=\{v\in Y:[u,v]\in A\}$ である．A の**値域**は $R(A)=\bigcup_{u\in D(A)} Au$ である．また A の**逆写像**は

$$A^{-1}=\{[v,u]:v\in Au,u\in D(A)\}$$

である．$u\notin D(A)$ のとき Au は空集合と規約する．

定義 2.1 A を Hilbert 空間 X から X への一般に多価写像とする．すべての $u,v\in D(A)$, $u'\in Au, v'\in Av$ に対して

$$(u'-v',u-v)\geqq 0 \tag{2.3}$$

が成立するとき A を**単調**(monotone)**作用素**という．

注意 2.1 X が複素 Hilbert 空間のときは $\mathrm{Re}(u'-v',u-v)\geqq 0$ によって単調作用素を定義すると実 Hilbert 空間の場合と平行に議論できる．同様な注意はこの後定義する Banach 空間での単調・増大作用素に対してもなされる．

φ を $(-\infty,\infty)$ で定義された増加関数とすると高々可算個の不連続点が存在する．$\boldsymbol{R}$ から $\boldsymbol{R}$ への写像 A を

$$Au=\begin{cases}\varphi(u) & u\text{ が }\varphi\text{ の連続点のとき,}\\ [\varphi(u-0),\varphi(u+0)], & u\text{ が }\varphi\text{ の不連続点のとき}\end{cases}$$

で定義すると A は単調である．このようにすると $R(1+A)=\boldsymbol{R}$, $(1+A)^{-1}$ は 1 価，各 $u,v\in\boldsymbol{R}$ に対し $|(1+A)^{-1}u-(1+A)^{-1}v|\leqq|u-v|$ が成立することは明らかである．

定義 2.2 Banach 空間 X からそれ自身への 1 価な写像 T が各 $u,v\in D(T)$ に対し $\|Tu-Tv\|\leqq\|u-v\|$ を満足するとき T を**縮小作用素**という．

命題 2.1 A を Hilbert 空間 X からそれ自身への単調写像とすると $(1+A)^{-1}$ は縮小作用素である．

証明 $u'\in(1+A)^{-1}u$, $v'\in(1+A)^{-1}v$ とすると $u-u'\in Au'$, $v-v'\in Av'$ だから $((u-u')-(v-v'),u'-v')\geqq 0$. これより直ちに

$$\|u'-v'\|^2\leqq(u-v,u'-v')\leqq\|u-v\|\,\|u'-v'\|$$

を得る．▌

単調作用素は次のように自然に Banach 空間にも一般化される．

定義 2.3 A は実 Banach 空間 X からその共役空間 X^* への一般に多価写像とする．すべての $u,v\in D(A)$, $f\in Au$, $g\in Av$ に対し

$$(f-g,u-v)\geqq 0 \tag{2.4}$$

が成立するとき A は**単調**であるという．

ただし(2.4)の左辺の括弧は X^* の元 $f-g$ の $u-v$ における値を意味する．今後も本章では $f\in X^*$ の $u\in X$ における値を (f,u) と表わす．

定義 2.4　$A\subset X\times X^*$, $B\subset X\times X^*$ は共に単調, $A\subset B$ のとき B を A の**単調拡張**という．A の単調拡張が A のみであるとき A は**極大単調**という．K を X の部分集合とする．$A\subset K\times X^*$ が単調, $K\times X^*$ に含まれる A の単調拡張が A のみであるとき A は $K\times X^*$ で極大単調という．

$A\subset K\times X^*$ が単調であるとき $K\times X^*$ での A の極大単調拡張が存在することは Zorn の補題より明らかである．

予備定理 2.1　$A\subset K\times X^*$ は単調とする．A が $K\times X^*$ で極大単調であるための必要十分条件は

(2.5)　　　すべての $[v,g]\in A$　に対し　$(g-f, v-u)\geqq 0$

を満足する $[u,f]\in K\times X^*$ は A に属することである．

証明　A は $K\times X^*$ で極大単調, (2.5)が成立するならば A に $[u,f]$ を加えたもの $\tilde{A}$ は $K\times X^*$ での A の単調拡張である．故に $[u,f]\in\tilde{A}=A$．次に $\tilde{A}\subset K\times X^*$ が単調, $A\subsetneqq\tilde{A}$ とすると A に属さないで $\tilde{A}$ に属する $[u,f]$ が存在する．$[u,f]$ が(2.5)を満足することは明らかである．∎

定義 2.5　L を X から X^* への線型単調作用素とする．L の線型な単調拡張が L のみであるとき L は**極大線型単調**であるという．

命題 2.2　L を X から X^* への極大線型単調作用素，その定義域 $D(L)$ は稠密とすると L は極大単調である．

証明　線型写像 L が単調であるための必要十分条件は明らかにすべての $u\in D(L)$ に対し $(Lu,u)\geqq 0$ である．$u\in X$, $f\in X^*$, すべての $v\in D(L)$ に対し

(2.6)　　　$(f-Lv, u-v)\geqq 0$

として $u\in D(L)$, $Lu=f$ を示せばよい(予備定理 2.1)．$u\notin D(L)$ とする．すべての $v\in D(L)$, $\lambda\in\boldsymbol{R}$ に対して $\tilde{L}(v+\lambda u)=Lv+\lambda f$ とおくと $\tilde{L}$ は線型であり, $\lambda\neq 0$ならば(2.6)により

$$\begin{aligned}(\tilde{L}(v+\lambda u), v+\lambda u) &= (Lv+\lambda f, v+\lambda u)\\ &= \lambda^2(f-L(-\lambda^{-1}v), u-(-\lambda^{-1}v))\geqq 0.\end{aligned}$$

従って $\tilde{L}$ は単調である．$\tilde{L}$ は L の真の拡張だから矛盾である．故に $u\in D(L)$

である．v を $D(L)$ の任意の元とすると各 $0<\theta<1$ に対して $(1-\theta)u+\theta v\in D(L)$ だからこれを(2.6)に代入して

$$(f-(1-\theta)Lu-\theta Lv, \theta(u-v)) \geqq 0.$$

θ で割って $\theta\to 0$ とすると $(f-Lu, u-v)\geqq 0$. $D(L)$ は稠密だから $f=Lu$ である．▌

単調作用素の Banach 空間への拡張には次のようなものもある．

定義 2.6 A は Banach 空間 X から X への一般に多価写像とする．X における双対写像を F と表わす．すべての $u, v\in D(A)$, $u'\in Au$, $v'\in Av$ に対して $f\in F(u-v)$ が存在し $(f, u'-v')\geqq 0$ が成立するとき A は**増大作用素**という．

線型作用素に対してはこの定義による増大作用素は第2章定義 1.2 によるものと一致することは明らかである．第2章予備定理 1.1 により A が増大作用素であるための必要十分条件は，すべての $u, v\in D(A)$, $u'\in Au$, $v'\in Av$, すべての $\lambda>0$ に対し

$$\|(u+\lambda u')-(v+\lambda v')\| \geqq \|u-v\|$$

が成立することである．従って A が増大作用素ならば $(1+A)^{-1}$ は縮小作用素である．

M. G. Crandall–T. M. Liggett[51]は次のことを示した．X は一般の実 Banach 空間，$A\subset X\times X$, ある実数 ω が存在して $A+\omega$ は増大作用素，十分小さいすべての $\lambda>0$ に対して $R(1+\lambda A)\supset\overline{D(A)}$ ならばすべての $u\in\overline{D(A)}, t>0$ に対し

$$S(t)u = \lim_{n\to\infty}(1+tn^{-1}A)^{-n}u \quad (\text{強})$$

が存在する．$S(t)$ は $\overline{D(A)}$ を $\overline{D(A)}$ に写し，各 $t, s\geqq 0$ に対し $S(t+s)=S(t)S(s)$, 各 $u\in D(A)$ に対し $t\to 0$ のとき $S(t)u\to u$, 各 $t>0, u, v\in\overline{D(A)}$ に対し

$$\|S(t)u-S(t)v\| \leqq e^{\omega t}\|u-v\|$$

が成立する．X が回帰的でなければ $u\in D(A)$ であってもすべての $t>0$ に対し $S(t)u$ が微分可能でない場合もあるが，$S(t)u$ がほとんどすべての t で微分可能ならば $u(t)=S(t)u$ が $-du(t)/dt\in Au(t)$, $u(0)=u$ の解であることが示されている．これに関しては I. Miyadera[132]も参照．これは非線型半群論における決定的な結果であり，S. Aizawa[23], M. G. Crandall[50], Y. Konishi[93]–[105], T. G. Kurtz[107]等によって種々応用もなされている．このことに関してはこ

れらの文献の他 M. G. Crandall–T. M. Liggett[52], M. G. Crandall–A. Pazy [53], T. Kato[80], [82], S. Oharu[136], S. Oharu–T. Takahashi[137]等を，また Hilbert 空間での方程式に関しては H. Brézis[2], 高村幸男[92]等を参照して頂くことにして本章では単調作用素について若干述べる.

§3 種々の連続性・擬単調作用素

弱位相に関する近傍を**弱近傍**ということにする. 本章では→によって強収束を, ⇀によって弱収束を表わす. $\mathfrak{U}$ を有向集合, 各 $\alpha\in\mathfrak{U}$ に対して $u_\alpha\in X$ が対応しているとき $\{u_\alpha:\alpha\in\mathfrak{U}\}$ を X の中の**有向点列**という. V を u の任意の弱近傍とするとき $\alpha_0\in\mathfrak{U}$ が存在してすべての $\alpha\geqq\alpha_0$ に対し $u_\alpha\in V$ となるとき, $\{u_\alpha\}$ は u に**弱収束**するという. f を X で定義された実数値汎関数, $\{u_\alpha:\alpha\in\mathfrak{U}\}$ を X の中の有向点列とする. このとき $\limsup f(u_\alpha)=a$ とは次の二つのことが成立することである.

(i) 任意の正の数 ε に対し $\alpha_0\in\mathfrak{U}$ が存在し $\alpha\geqq\alpha_0$ ならば $f(u_\alpha)<a+\varepsilon$,

(ii) 任意の正の数 ε, 任意の $\beta\in\mathfrak{U}$ に対し $\alpha\geqq\beta$ が存在し $f(u_\alpha)>a-\varepsilon$.

同様にして $\liminf f(u_\alpha)$, $\lim f(u_\alpha)$ も定義される.

定義 3.1 X, Y を Banach 空間, T を X から Y への写像, その定義域 $D(T)$ は凸集合とする. $D(T)$ の任意の二つの元 u, v に対し $T((1-\lambda)u+\lambda v)$ が $0\leqq\lambda\leqq1$ で Y の弱位相で連続であるとき T は**線分上弱連続**(hemicontinuous)という.

線型作用素は明らかに線分上弱連続である.

定義 3.2 X, Y を Banach 空間, T を X から Y への1価な写像, $u_n\in D(T)$, $u_n\to u\in D(T)$ ならば $Tu_n\rightharpoonup Tu$ となるとき T は**半連続**(demicontinuous)という.

定義 3.3 T は Banach 空間 X からその共役空間 X^* への写像とする. 次の条件が満たされるとき T は**擬単調**(pseudo-monotone)作用素であるという. $\{u_i\}$ が $D(T)$ に含まれる有界な有向点列で, $D(T)$ のある元 u に弱収束し $\limsup(Tu_i, u_i-u)\leqq0$ ならばすべての $v\in D(T)$ に対し $\liminf(Tu_i, u_i-v)\geqq(Tu, u-v)$ である.

注意 3.1 このとき $\lim(Tu_i, u_i-u)=0$ であることは $v=u$ ととればわかる.

命題 3.1 Banach 空間 X から X^* への線分上弱連続な単調写像は擬単調である.

証明 X から X^* への写像 T は線分上弱連続で単調とする. $\{u_i\}$ を定義 3.3 にあるような有向点列とする. T は単調だから $(Tu_i, u_i-u)\geqq(Tu, u_i-u)$, 従って

$$\liminf(Tu_i, u_i-u) \geqq \lim(Tu, u_i-u) = 0,$$

故に

$$\lim(Tu_i, u_i-u) = 0. \tag{3.1}$$

v を $D(T)$ の任意の元とすると再び T が単調であることを用いて

$$\liminf(Tu_i, u_i-v) \geqq \lim(Tv, u_i-v) = (Tv, u-v). \tag{3.2}$$

$0<\theta<1$ として $w=(1-\theta)u+\theta v$ とおくと $w\in D(T)$ であるから (3.2) で v の代りに w を入れると

$$\liminf(Tu_i, u_i-u+\theta(u-v)) \geqq (Tw, \theta(u-v))$$

となるが, (3.1) により

$$\liminf(Tu_i, u-v) \geqq (Tw, u-v) \tag{3.3}$$

となる. $\theta\to 0$ とすると

$$\liminf(Tu_i, u-v) \geqq (Tu, u-v). \tag{3.4}$$

(3.1), (3.4) により

$$\begin{aligned}\liminf(Tu_i, u_i-v) &= \liminf\{(Tu_i, u_i-u)+(Tu_i, u-v)\}\\ &\geqq (Tu, u-v).\end{aligned}$$

∎

本節は主として H. Brézis[30], F. E. Browder[40] に従った. 線分上弱連続性, 半連続性, 単調性の相互の関係については T. Kato[81] または R. W. Carroll[3] 参照.

§4 双対写像

定義 4.1 $0\leqq r<\infty$ で定義され, 実数値連続, 狭義単調増加, $j(0)=0$, $\lim_{r\to\infty} j(r)=\infty$ を満足する関数 j を**尺度関数** (gauge function) という.

定理 4.1 X を Banach 空間, j を尺度関数とすると X の任意の元 u に対し

$$(f,u)=\|f\|\,\|u\|,\qquad \|f\|=j(\|u\|)$$

を満足する $f\in X^*$ が存在する.

証明　第1章定理1.2により $(f_0,u)=\|u\|, \|f_0\|=1$ を満足する $f_0\in X^*$ が存在する. $f=j(\|u\|)f_0$ が求めるものである. ▌

定理4.1の結論を満足する f の全体を Fu と表わすと $F\subset X\times X^*$ である.

定義4.2　この F を j を尺度関数とする X から X^* への**双対写像**という.

第1章定義1.1の双対写像は $j(r)\equiv r$ である特別のものである.

定理4.2　双対写像は単調である.

証明　$u,v\in X$, $f\in Fu, g\in Fv$ とする.

$$\begin{aligned}(f-g,u-v)&=(f,u)-(f,v)-(g,u)+(g,v)\\&\geqq \|f\|\,\|u\|-\|f\|\,\|v\|-\|g\|\,\|u\|+\|g\|\,\|v\|\\&=(\|f\|-\|g\|)(\|u\|-\|v\|)\\&=(j(\|u\|)-j(\|v\|))(\|u\|-\|v\|)\end{aligned}\tag{4.1}$$

であるが, j は増加関数だから右辺は負でない. ▌

定義4.3　X を Banach 空間とする. $u,v\in X$, $\|u\|=\|v\|$ とするとすべての $0<\lambda<1$ に対し $\|(1-\lambda)u+\lambda v\|<\|u\|=\|v\|$ であるとき, X は**真に凸**(strictly convex)という. また任意の $\varepsilon>0$ に対し $\delta>0$ が存在し $\|u\|\leqq 1$, $\|v\|\leqq 1$, $\|u-v\|\geqq\varepsilon$ ならば $\|(u+v)/2\|\leqq 1-\delta$ となるとき X は**一様に凸**(uniformly convex)という.

注意4.1　E. Asplund[24]は X が回帰的ならば X のノルムをそれと同値な適当なノルムで置き換えると X, X^* 共に真に凸になることを示した.

実際には X が真に凸または一様に凸というよりも, X の中の球が真に凸または一様に凸というべきものである. 一様に凸ならば真に凸であることは明らかである. 一様に凸ならば双対写像は有界集合で一様に強連続であることが知られている(T. Kato[80]). 一様に凸な空間は回帰的であることが知られている. Hilbert 空間は明らかに一様に凸である. また $1<p<\infty$ ならば $L^p(\Omega)$ は一様に凸であることが知られている.

定理4.3　X^* が真に凸ならば双対写像 F は1価, 線分上 w* 弱連続である. すなわち $u,v\in X$ とすると $F((1-t)u+tv)$ は $0\leqq t\leqq 1$ で w* 位相で連続である.

証明　$f,g\in Fu$ とすると $(f,u)=(g,u)=j(\|u\|)\|u\|, \|f\|=\|g\|=j(\|u\|)$ である. $0<\lambda<1$ とすると

(4.2) $$((1-\lambda)f+\lambda g, u) = j(\|u\|)\|u\|,$$

(4.3) $$\|(1-\lambda)f+\lambda g\| \leqq j(\|u\|)$$

であるが，(4.2)より $\|(1-\lambda)f+\lambda g\| \geqq j(\|u\|)$ となるから(4.3)と合わせて

$$\|(1-\lambda)f+\lambda g\| = j(\|u\|) = \|f\| = \|g\|.$$

故に $f=g$ である．次に $u, v\in X, 0\leqq\lambda\leqq 1$ に対し $f_\lambda = F((1-\lambda)u+\lambda v)$ とおく．$\lambda\to\lambda_0$ のとき

(4.4) $$(f_\lambda, (1-\lambda)u+\lambda v) = j(\|(1-\lambda)u+\lambda v\|)\|(1-\lambda)u+\lambda v\|$$

の右辺は $j(\|(1-\lambda_0)u+\lambda_0 v\|)\|(1-\lambda_0)u+\lambda_0 v\|$ に収束する．また $\|f_\lambda\| = j(\|(1-\lambda)u+\lambda v\|)$ だから $\{f_\lambda\}$ は有界である．故に第1章定理 1.5 により $f\in X^*$ が存在し，f の任意の w^* 近傍 V，任意の $\varepsilon>0$ に対し $|\lambda-\lambda_0|<\varepsilon, f_\lambda\in V$ を満足する λ が存在する．従って(4.4)より

$$(f, (1-\lambda_0)u+\lambda_0 v) = j(\|((1-\lambda_0)u+\lambda_0 v\|)\|(1-\lambda_0)u+\lambda_0 v\|.$$

従って $\|f\|\geqq j(\|(1-\lambda_0)u+\lambda_0 v\|) = \|f_{\lambda_0}\|$ であるが $\|f\|\leqq\|f_{\lambda_0}\|$ は f の定義から容易にわかる．従って $\|f\|=\|f_{\lambda_0}\|$．故に $f=f_{\lambda_0}$ であり，$\lambda\to\lambda_0$ のとき w* 位相で f_λ は f_{λ_0} に収束することがわかった．▌

系 定理の仮定に加えて X は回帰的ならば双対写像は単調，線分上弱連続，従って擬単調である．

定理 4.4 X は回帰的，X, X^* が共に真に凸とする．このとき双対写像 F は X から X^* 全体への1対1写像であり，F が j を尺度関数とする双対写像ならば F^{-1} は j の逆関数 j^{-1} を尺度関数とする X^* から X への双対写像である．

証明 $u, v\in X, f=Fu=Fv$ とすると $\|u\|=\|v\|$ であるから $0<\lambda<1$ のとき

$$\begin{aligned}(f, (1-\lambda)u+\lambda v) &= (1-\lambda)(f, u)+\lambda(f, v)\\ &= (1-\lambda)\|f\|\,\|u\|+\lambda\|f\|\,\|v\| = \|f\|\,\|u\|.\end{aligned}$$

従って $\|u\|\leqq\|(1-\lambda)u+\lambda v\|\leqq\|u\|$ となるから $\|(1-\lambda)u+\lambda v\|=\|u\|=\|v\|$．故に $u=v$ である．次に f を X^* の任意の元とする．j^{-1} は尺度関数，X は回帰的だから定理 4.1 により $(f, u)=\|f\|\,\|u\|$，$\|u\|=j^{-1}(\|f\|)$ を，従って $\|f\|=j(\|u\|)$ を満足する $u\in X$ が存在する．故に $R(F)=X^*$ である．▌

命題 4.1 X は回帰的 Banach 空間，X, X^* は共に真に凸であるとする．$M\subset X\times X^*$ は単調，F は X から X^* への双対写像とする．$R(M+F)=X^*$ ならば M は極大単調である．

証明 $R(M+F)=X^*$ とする．$[u,f]$ は $X\times X^*$ の元，すべての $[v,g]\in M$ に対し

$$(g-f, v-u) \geqq 0 \tag{4.5}$$

が成立するとする．仮定により $f+Fu=g+Fv$ を満足する $[v,g]\in M$ が存在する．(4.5)により

$$0 \leqq (Fv-Fu, v-u) = (f-g, v-u) \leqq 0.$$

従って $(Fv-Fu, v-u)=0$ となるから

$$\|Fv\|\,\|v\|+\|Fu\|\,\|u\| = (Fv,u)+(Fu,v). \tag{4.6}$$

故に(4.1)により

$$(j(\|v\|)-j(\|u\|))(\|v\|-\|u\|) \leqq (Fv-Fu, v-u) = 0$$

だから $\|v\|=\|u\|$ である．故に(4.6)より

$$\|Fv\|\,\|u\|+\|Fu\|\,\|v\| = (Fv,u)+(Fu,v)$$

となるから $\|Fv\|\,\|u\|=(Fv,u)$，$\|Fu\|\,\|v\|=(Fu,v)$ でなければならない．また $\|Fv\|=\|Fu\|=j(\|u\|)$ だから $Fv=Fu$，従って前定理により $v=u$．故に $[u,f]=[v,g]\in M$．▌

$\mathring{W}_p{}^1(\Omega)(1<p<\infty)$ のような空間を考える場合，尺度関数は $j(r)=r^{p-1}$ をとるのが普通である．また考える問題に応じて尺度関数を適当にとらねばならぬ場合がある．例えば H. Brézis[32]参照．

§5 単調作用素方程式の解の存在

単調作用素を含む方程式の解の基本的な存在定理を二つ述べる．F. E. Browder[38], [39]による．

定義 5.1 有界集合を有界集合に写す写像を**有界写像**という．

定理 5.1 X は回帰的 Banach 空間，K は X の凸閉集合，$M\subset X\times X^*$ は単調，T は $D(T)=K$ から X^* への擬単調有界な写像とする．$[u_0, f_0]\in M, u_0\in K$ が存在して

$$\lim_{u\in K, \|u\|\to\infty} (Tu+f_0, u-u_0) = \infty \tag{5.1}$$

とする．このとき K の元 u が存在しすべての $[v,g]\in M, v\in K$ に対し次の不等式が成立する．

(5.2) $$(g+Tu, v-u) \geqq 0.$$

この定理の証明のために次の二つの予備定理を用意する.

予備定理 5.1 X は有限次元 Banach 空間, K は X の有界凸閉集合, $M \subset K \times X^*$ は単調, T は K から X^* への擬単調有界写像とすると $u \in K$ が存在しすべての $[v, g] \in M$ に対し (5.2) が成立する.

証明 このような u が存在しないとするとすべての $u \in K$ に対し $(g+Tu, v-u)<0$ となるような $[v, g] \in M$ が存在する. 各 $[v, g] \in M$ に対して

$$N(v, g) = \{u \in K : (g+Tu, v-u)<0\}$$

とおくと仮定により $K = \bigcup_{[v,g] \in M} N(v, g)$ である. 各 $N(v, g)$ は K の開集合であることを示す. そのために $u_j \in K \setminus N(v, g)$, $u_j \to u$ とする. $\{u_j\}$ は有界だから $\{Tu_j\}$ も有界, 故に $(Tu_j, u_j-u) \to 0$ である. T は擬単調であるから $\liminf(Tu_j, u_j-v) \geqq (Tu, u-v)$ である. 故に

$$\begin{aligned}(g+Tu, v-u) &= (g, v-u)-(Tu, u-v)\\ &\geqq \lim(g, v-u_j)-\liminf(Tu_j, u_j-v)\\ &= \limsup(g+Tu_j, v-u_j) \geqq 0\end{aligned}$$

となり, $u \in K \setminus N(v, g)$ である. 従って $\{N(v, g) : [v, g] \in M\}$ はコンパクト空間 K の開被覆である. 故に $[v_i, g_i] \in M$ $(i=1, \cdots, n)$ が存在し $K = \bigcup_{i=1}^{n} N(v_i, g_i)$. $\{\phi_i\}_{i=1}^{n}$ を $\{N(v_i, g_i)\}$ に属する単位の分解とする. 各 $u \in K$ に対し

$$p(u) = \sum_{i=1}^{n} \phi_i(u) v_i, \qquad q(u) = \sum_{i=1}^{n} \phi_i(u) g_i$$

とおくと, K が凸集合だから p は K を K に写す連続写像である. 故に p の不動点 $\tilde{u} \in K$ が存在する. また $\psi(u) = (q(u)+Tu, p(u)-u)$ とおくと

$$\begin{aligned}\psi(u) &= \left(\sum_{i=1}^{n} \phi_i(u)(g_i+Tu),\ \sum_{j=1}^{n} \phi_j(u)(v_j-u)\right)\\ &= \sum_{i=1}^{n} \phi_i(u)^2 (g_i+Tu, v_i-u)\\ &\quad + \sum_{i<j} \phi_i(u)\phi_j(u)\{(g_i+Tu, v_i-u)\\ &\quad +(g_j+Tu, v_j-u)-(g_i-g_j, v_i-v_j)\} < 0\end{aligned}$$

がすべての $u \in K$ に対して成立する. ところが $\psi(\tilde{u})=0$ であるから矛盾である. ∎

予備定理 5.2 X は回帰的 Banach 空間, K は X の有界凸閉集合, $M \subset X$

$\times X^*$ は単調，T は K から X^* への擬単調有界な写像とすると $u\in K$ が存在してすべての $[v,g]\in M, v\in K$ に対して(5.2)が成立する．

証明 **一般化された Galerkin の方法**による．$M|_K=\{[v,g]:v\in K, [v,g]\in M\}$ は $K\times X^*$ に含まれる単調な集合である．$K\times X^*$ での $M|_K$ の極大単調拡張を $\widetilde{M}$ と表わす．すべての $[v,g]\in\widetilde{M}$ に対し(5.2)が成立することを示せばよい．X の有限次元部分空間全体を $\mathcal{Y}$ と表わす．各 $Y\in\mathcal{Y}$ に対し ι_Y を Y から X への埋め込み写像とする．明らかに $\iota_Y\in B(Y,X), \iota_{Y^*}\in B(X^*,Y^*)$ である．

$$M_Y=\{[v,\iota_{Y^*}g]:v\in Y, [v,g]\in\widetilde{M}\},\qquad T_Y=\iota_{Y^*}T\iota_Y$$

とおくと $M_Y\subset(Y\cap K)\times Y^*$ は単調，T_Y は $Y\cap K$ から Y^* への擬単調有界な写像である．従って予備定理5.1により $u_Y\in Y\cap K$ が存在しすべての $[v,g]\in\widetilde{M}, v\in Y$ に対し

$$(5.3)\qquad (g+Tu_Y, v-u_Y)=(\iota_{Y^*}g+T_Yu_Y, v-u_Y)\geqq 0$$

が成立する．$\{u_Y\}$ は K に含まれるから有界，仮定により $\{Tu_Y\}$ も有界である．第1章定理1.6により $u\in K$, $f\in X^*$ が存在し任意の $Y\in\mathcal{Y}, u$ の任意の弱近傍 V, f の任意の弱近傍 W に対し $Y_1\in\mathcal{Y}$ が存在して $Y_1\supset Y, u_{Y_1}\in V, Tu_{Y_1}\in W$ となる．そこで各 $U=(Y,V,W)$ に対して，このような Y_1 を選び

$$(5.4)\qquad u_U=u_{Y_1}$$

とおく．$U=(Y,V,W)$ の全体を $\mathfrak{U}$ と表わす．$U=(Y,V,W)$, $U'=(Y',V',W')$ は $\mathfrak{U}$ の二つの元，$Y\subset Y', V\supset V', W\supset W'$ のとき $U\leqq U'$ と定義すれば $\mathfrak{U}$ は有向集合であり，$\{u_U\}$ は有向点列である．$u_U\rightharpoonup u, Tu_U\rightharpoonup f$ は明らかである．$[v,g]$ を $\widetilde{M}$ の任意の元とする．ε を任意の正の数，

$$V_0=\{w\in X:|(g,w-u)|<\varepsilon/2\},$$
$$W_0=\{h\in X^*:|(h-f,u-v)|<\varepsilon/2\}$$

はそれぞれ u,f の弱近傍である．Y_0 を v が生成する部分空間，$U_0=(Y_0,V_0,W_0)$ とおく．$U=(Y,V,W)\geqq U_0$ とするとき(5.4)に従って $u_U=u_{Y_1}$ と表わすと $Y_1\supset Y\supset Y_0\ni v$ だから

$$(5.5)\qquad (g+Tu_U, v-u_U)=(g+Tu_{Y_1}, v-u_{Y_1})\geqq 0.$$

$u_U\in V\subset V_0, Tu_U\in W\subset W_0$ だから(5.5)により

$$(Tu_U, u_U-u)=(Tu_U,u_U-v)+(Tu_U,v-u)$$
$$\leqq(g,v-u_U)+(Tu_U,v-u)<(g+f,v-u)+\varepsilon.$$

従って

$$\limsup(Tu_U, u_U-u) \leqq (g+f, v-u)$$

となる．$[v, g]\in\widetilde{M}$ は任意だから

$$\limsup(Tu_U, u_U-u) \leqq \inf_{[v,g]\in\widetilde{M}}(g+f, v-u)$$

となる．もし $\inf_{[v,g]\in\widetilde{M}}(g+f, v-u)>0$ とすると $\widetilde{M}$ は $K\times X^*$ で極大単調だから $[u, -f]\in\widetilde{M}$ となり矛盾である．従って $\limsup(Tu_U, u_U-u)\leqq 0$．$T$ は擬単調だから

(5.6)
$$\liminf(Tu_U, u_U-w) \geqq (Tu, u-w)$$

がすべての $w\in K$ に対して成立する．再び $[v, g]\in\widetilde{M}$ を任意にとる．$U=(Y, V, W)$，$Y\ni v$ ならば(5.3)により $(g+Tu_U, v-u_U)\geqq 0$ だから(5.6)により

$$(g, v-u)=\lim(g, v-u_U) \geqq \liminf(Tu_U, u_U-v) \geqq (Tu, u-v).$$

これより(5.2)を得る．▮

定理5.1の証明　再び $M|_K$ の $K\times X^*$ での極大単調拡張を $\widetilde{M}$ と表わす．各自然数 n に対し $K_n=\{u\in K: \|u\|\leqq n\}$ は有界凸閉集合，T の K_n への制限 T_n は K_n から X^* への擬単調有界な写像である．従って予備定理5.2により $u_n\in K_n$ が存在して各 $[v, g]\in\widetilde{M}$，$v\in K_n$ に対して

(5.7)
$$(g+Tu_n, v-u_n)=(g+T_nu_n, v-u_n) \geqq 0$$

が成立する．$[u_0, f_0]\in M|_K\subset\widetilde{M}$ だから $n\geqq\|u_0\|$ ならば(5.7)により $(f_0+Tu_n, u_0-u_n)\geqq 0$．従って(5.1)により $\{u_n\}$ は有界，$\{Tu_n\}$ も同様であるから部分列 $\{u_{n_j}\}$ が存在し $u_{n_j}\rightharpoonup u$，$Tu_{n_j}\rightharpoonup f$．$[v, g]$ を $\widetilde{M}$ の任意の元とする．$\|v\|\leqq n_j$ ならば(5.7)により

(5.8)
$$(g+Tu_{n_j}, v-u_{n_j}) \geqq 0$$

だから

$$\begin{aligned}&\limsup(Tu_{n_j}, u_{n_j}-u)\\&\quad=\limsup(Tu_{n_j}, u_{n_j}-v)+\lim(Tu_{n_j}, v-u)\\&\quad\leqq \lim\{(g, v-u_{n_j})+(Tu_{n_j}, v-u)\}=(g+f, v-u).\end{aligned}$$

従って

$$\limsup(Tu_{n_j}, u_{n_j}-u) \leqq \inf_{[v,g]\in\widetilde{M}}(g+f, v-u)$$

となるが右辺は予備定理5.2の証明で示したように正ではない．故に

$\limsup(Tu_{n_j}, u_{n_j}-u)\leqq 0$. T が擬単調であることと(5.7)により

$$(Tu, u-v) \leqq \liminf(Tu_{n_j}, u_{n_j}-v) \leqq (g, v-u)$$

となるから(5.2)を得る. ▌

系 1　X は回帰的 Banach 空間, $M\subset X\times X^*$ は極大単調, T は $D(T)=X$ から X^* への擬単調有界写像, $[u_0, f_0]\in M$ が存在して

$$\lim_{\|u\|\to\infty}(Tu+f_0, u-u_0) = \infty$$

ならば $(M+T)u\ni 0$ の解 $u\in D(M)$ が存在する.

証明　$K=X$ として定理を適用すると $u\in X$ が存在し, すべての $[v, g]\in M$ に対し(5.2)が成立する. 故に予備定理2.1により $[u, -Tu]\in M$. ▌

系 2　X は回帰的 Banach 空間, $M\subset X\times X^*$ は極大単調, T は $D(T)=X$ から X^* への擬単調有界写像, $[u_0, f_0]\in M$ が存在して

$$\lim_{\|u\|\to\infty}(Tu+f_0, u-u_0)/\|u\| = \infty$$

とすると $R(M+T)=X^*$, すなわちすべての $f\in X^*$ に対し

$$(M+T)u\ni f \tag{5.9}$$

の解 $u\in D(M)$ が存在する.

証明　f を X^* の任意の元, $T_1u=Tu-f$ とおくと T_1 は $D(T_1)=X$ から X^* への擬単調有界写像である. $\|u\|\to\infty$ のとき

$$\begin{aligned}(T_1u+f_0, u-u_0) &= (Tu+f_0-f, u-u_0)\\ &= \|u\|\left\{\frac{(Tu+f_0, u-u_0)}{\|u\|}-\frac{(f, u-u_0)}{\|u\|}\right\}\to\infty\end{aligned}$$

だから T を T_1 で置き換えて系1の仮定が満たされる. 故に $u\in D(M)$ が存在して$(M+T_1)u\ni 0$, すなわち $(M+T)u\ni f$. ▌

系 3　X は回帰的 Banach 空間, L は X から X^* への極大線型単調作用素, $D(L)$ は稠密とする. T は $D(T)=X$ から X^* への擬単調有界写像, $u_0\in D(L)$ が存在して

$$\lim_{\|u\|\to\infty}(Tu+Lu_0, u-u_0)/\|u\| = \infty$$

とすると $R(L+T)=X^*$, すなわちすべての $f\in X^*$ に対し

$$(L+T)u = f \tag{5.10}$$

の解 $u\in D(L)$ が存在する.

証明　命題2.2によりLは極大単調であるから系3は系2の直接の結果である．▌

系4 (G. J. Minty)　XはHilbert空間，$A\subset X\times X$は極大単調とすると$R(1+A)=X$, 従って命題2.1により$(1+A)^{-1}$はX全体で定義された縮小作用素である．

証明　MをA, TをI, $[u_0, f_0]$をAの任意の元として系2の仮定が満たされる．故に$R(1+A)=X$. ▌

注意5.1　系2でTが線分上弱連続単調とすると命題3.1によりTは擬単調であるが，さらにTが**狭義単調**，すなわち$(Tu-Tv, u-v)=0$が成立するのは$u=v$に限るとすると(5.9)の解はただ一つである．同様なことは(5.10)に対しても成立する．

定義5.2　TをBanach空間Xからその共役空間X^*への写像とする．ある$u_0\in D(T)$が存在して

$$\lim_{u\in D(T),\,\|u\|\to\infty}\frac{(Tu, u-u_0)}{\|u\|}=\infty \tag{5.11}$$

となるときTは**統御的**(coercive)であるという．

定理5.2　Xは回帰的Banach空間，KはXの凸閉集合，Tは$D(T)=K$からX^*への線分上弱連続な単調作用素，さらにTは統御的とすると，すべての$f\in X^*$に対し$u\in K$が存在し，すべての$v\in K$に対し

$$(f-Tu, v-u)\leqq 0 \tag{5.12}$$

が成立する．Tが狭義単調ならば解は一意である．

証明　第1段　Kに内点v_0があれば

$$G=\{[u, Tu+w]: u\in K,\ \text{すべての}\ v\in K\ \text{に対し}\ (w, u-v)\geqq 0\}$$

は極大単調であることの証明．Gが単調であることは容易にわかる．予備定理2.1により$[v_1, f_1]\in X\times X^*$がすべての$[u, Tu+w]\in G$に対して

$$(f_1-Tu-w, v_1-u)\geqq 0 \tag{5.13}$$

を満足するとして$[v_1, f_1]\in G$を示せばよい．$v_1\notin K$とすると$v_2\in\partial K$と$s>1$が存在して$v_1-v_0=s(v_2-v_0)$. 第1章定理1.9により0でない$h_0\in X^*$が存在し

$$(h_0, v_2)\geqq\sup_{v\in K}(h_0, v). \tag{5.14}$$

vをKの任意の元とすると(5.14)により

$$(h_0, v_2-v_0) \geqq (h_0, v-v_0)$$

であるが v_0 は K の内点だから

(5.15) $$(h_0, v_2-v_0) > 0.$$

また $v_2 \in K$, すべての $v \in K$ に対し(5.14)により $(h_0, v_2-v) \geqq 0$ だから λ を任意の正の数とすると $[v_2, Tv_2+\lambda h_0] \in G$ である．故に(5.13)により $(f_1-Tv_2-\lambda h_0, v_1-v_2) \geqq 0$, 従って $(f_1-Tv_2, v_1-v_2) \geqq \lambda(h_0, v_1-v_2)$ となるが，$v_1-v_2=(s-1)(v_2-v_0)$ だから $(f_1-Tv_2, v_2-v_0) \geqq \lambda(h_0, v_2-v_0)$ となる．$\lambda>0$ は任意だから $(h_0, v_2-v_0) \leqq 0$ となり(5.15)と矛盾する．故に

(5.16) $$v_1 \in K$$

である．$h_1=f_1-Tv_1$ とおく．v を K の任意の元とすると $[v, Tv] \in G$ であるから(5.13)により

(5.17) $$(Tv_1+h_1-Tv, v_1-v) \geqq 0.$$

(5.16)により各 $0<\theta<1$ に対して $(1-\theta)v_1+\theta v \in K$ だから(5.17)で v を $(1-\theta)v_1+\theta v$ で置き換えると

$$(Tv_1+h_1-T((1-\theta)v_1+\theta v)), v_1-v) \geqq 0$$

となる．$\theta \to 0$ とすると T は線分上弱連続だから $(h_1, v_1-v) \geqq 0$ を得る．$v \in K$ は任意だから $[v_1, f_1]=[v_1, Tv_1+h_1] \in G$.

注意 5.2 $X=\boldsymbol{R}, K$ が有限閉区間 $[a, b]$, T が $[a, b]$ で単調増加な連続関数 φ のときは G は次のようになる．

$$Gu = \begin{cases} (-\infty, \varphi(a)], & u=a \text{ のとき}, \\ \varphi(u), & a<u<b \text{ のとき}, \\ [\varphi(b), \infty), & u=b \text{ のとき}. \end{cases}$$

第2段　X が有限次元, K に内点があれば定理の結論が成立することの証明．X は Hilbert 空間としてよい．第1段の G は極大単調だから前定理系4によりすべての自然数 n に対し $R(1+nG)=X$ である．故に任意の $f \in X=X^*$, n に対して $u_n \in K, h_n \in X^*$ が存在して

(5.18) $$\text{すべての } v \in K \text{ に対し } (h_n, u_n-v) \geqq 0,$$

すなわち $[u_n, Tu_n+h_n] \in G$ であり，$u_n+n(Tu_n+h_n)=nf$. 故に

(5.19) $$Tu_n = f-n^{-1}u_n-h_n$$

が成立する．(5.11)が $u_0 \in K$ に対して成立するとすれば(5.18), (5.19)により

$$\begin{aligned}&(Tu_n, u_n-u_0)/\|u_n\| \\ &= \frac{(f, u_n-u_0)}{\|u_n\|} - \frac{\|u_n\|}{n} + \frac{(u_n, u_0)}{n\|u_n\|} - \frac{(h_n, u_n-u_0)}{\|u_n\|} \\ &\leqq \frac{(f, u_n-u_0)}{\|u_n\|} + \frac{\|u_0\|}{n}\end{aligned}$$

となるが，この右辺は $n\to\infty$ のとき有界である．故に $\{u_n\}$ は有界である．そこで部分列で置き換えて $u_n\to u\in K$ とするとすべての $v\in K$ に対し $[v, Tv]\in G$ だから(5.18), (5.19)により

$$(Tv-f+n^{-1}u_n, v-u_n) \geqq (h_n, u_n-v) \geqq 0.$$

$n\to\infty$ として

$$(5.20) \qquad (Tv-f, v-u) \geqq 0$$

を得る．$0<\theta<1$ とすると $(1-\theta)u+\theta v\in K$ だから，(5.20)の v を $(1-\theta)u+\theta v$ で置き換えて両辺を θ で割り $\theta\to 0$ とすると(5.12)を得る．

第3段　X が有限次元ならば定理の結論が成立することの証明．K が生成する部分空間を Y とすると K は凸だから Y の中では K の内点がある．ι を Y から X への埋め込み写像とすると $\iota^*T\iota$ は $D(\iota^*T\iota)=K$ から Y への線分上弱連続，統御的な単調作用素である．故に第2段により任意の $f\in X$ に対し $u\in K$ が存在しすべての $v\in K$ に対し

$$(f-Tu, v-u) = (\iota^*f-\iota^*T\iota u, v-u) \leqq 0$$

が成立する．

第4段　u_0 を含む X の有限次元部分空間の全体を $\mathcal{Y}$ とする．各 $Y\in\mathcal{Y}$ に対し ι_Y を Y から X への埋め込み写像とすると $T_Y=\iota_Y{}^*T\iota_Y$ は $D(T_Y)=K\cap Y$ から Y^* への線分上弱連続，統御的な単調写像である．故に第3段により $u_Y\in K\cap Y$ が存在してすべての $v\in K\cap Y$ に対し $(\iota_Y{}^*f-T_Yu_Y, v-u_Y)\leqq 0$，すなわち

$$(5.21) \qquad (f-Tu_Y, v-u_Y) \leqq 0$$

が成立する．$u_0\in K\cap Y$ だから(5.21)より

$$(Tu_Y, u_Y-u_0)/\|u_Y\| \leqq (f, u_Y-u_0)/\|u_Y\|$$

となるが，この右辺は有界である．故に $\{u_Y\}$ は有界である．故に第1章定理1.6により $u\in K$ が存在し，u の任意の弱近傍 V，任意の $Y\in\mathcal{Y}$ に対し $Y_1\supset Y$ が存在し $u_{Y_1}\in V$ となる．v を K の任意の元とすると $Y\ni v$ ならば $v\in K\cap Y_1$

だから(5.21)により

$$(f-Tv, v-u) = (f-Tv, v-u_{Y_1})+(f-Tv, u_{Y_1}-u)$$
$$\leqq (f-Tu_{Y_1}, v-u_{Y_1})+(f-Tv, u_{Y_1}-u) \leqq (f-Tv, u_{Y_1}-u)$$

となるから $(f-Tv, v-u)\leqq 0$. 後は第2段の末尾と同様にして(5.12)を得る．最後の部分の証明は容易である．▌

系 X は回帰的 Banach 空間，T は $D(T)=X$ から X^* への線分上弱連続，統御的な単調作用素とすると $R(T)=X^*$ である．

証明 $K=X$ として定理を適用する．▌

例 1 Ω を R^n の有界領域，その境界 $\partial\Omega$ は滑らか，$2\leqq p<\infty$ とする．各 u, $v\in \mathring{W}_p{}^1(\Omega)$ に対し

$$(Au, v) = \int_\Omega (1+|\mathrm{grad}\, u|^2)^{(p-2)/2}\sum_{i=1}^n \frac{\partial u}{\partial x_i}\frac{\partial v}{\partial x_i}dx$$

によって $X=\mathring{W}_p{}^1(\Omega)$ から $X^* = W_{p'}^{-1}(\Omega)$ への作用素

$$Au = -\sum_{i=1}^n \frac{\partial}{\partial x_i}\left\{(1+|\mathrm{grad}\, u|^2)^{(p-2)/2}\frac{\partial u}{\partial x_i}\right\} \tag{5.22}$$

を定義する．A は線分上弱連続な単調作用素であることは容易にわかる．また Ω が有界だから $\mathring{W}_p{}^1(\Omega)$ のノルムは $\{\int|\mathrm{grad}\, u|^p dx\}^{1/p}$ と同値であることに注意すると A は各 u_0 に対し(5.11)を満足することもわかる．ψ を $W_p{}^1(\Omega)$ に属し $\partial\Omega$ で $\psi\leqq 0$ を満足する関数として

$$K = \{u\in \mathring{W}_p{}^1(\Omega):\ \Omega \text{ で } u\geqq\psi\}$$

とおくと K は $\mathring{W}_p{}^1(\Omega)$ の凸閉集合である．定理5.2によりすべての $f\in W_{p'}^{-1}(\Omega)$ に対し $u\in K$ が存在し

$$\text{すべての } v\in K \text{ に対し}\quad (f-Au, v-u)\leqq 0 \tag{5.23}$$

が成立する．$w\in C_0^\infty(\Omega), w\geqq 0$ ならば $v=u+w\in K$, 開集合 $\Omega_1\subset\Omega$ で $u>\psi$ ならば絶対値が十分小さい $w\in C_0^\infty(\Omega_1)$ に対し $v=u\pm w\in K$ であるとして形式的な計算を行ない，u は

$$\begin{cases} \Omega \text{ で } Au\geqq f, \\ u>\psi \text{ で } Au=f, \\ \partial\Omega \text{ で } u=0 \end{cases} \tag{5.24}$$

の広義の解であることがわかる．逆に(5.24)の解は(5.23)を満足することもわ

かる.

定理5.2は次の例が示すようにある汎関数の値を最小にする問題，すなわち**変分問題**と結びついている.

例2　Ωは例1と同様な領域,

$$K=\{u\in H_1(\Omega):\ \partial\Omega \text{ で } u\geqq 0\}$$

とおくとKは$H_1(\Omega)$の凸閉集合である. Aを$H_1(\Omega)\times H_1(\Omega)$上の二次型式

$$a(u,v)=\int_\Omega\left(\sum_{i=1}^n\frac{\partial u}{\partial x_i}\frac{\partial v}{\partial x_i}+uv\right)dx$$

により第2章§2のようにして定義される$H_1(\Omega)$から$H_1(\Omega)^*$への作用素とする:$(Au,v)=a(u,v)$. Aは明らかに狭義単調である. $f\in H_1(\Omega)^*$として

$$J(u)=\frac{1}{2}\int_\Omega\left\{\sum_{i=1}^n\left(\frac{\partial u}{\partial x_i}\right)^2+u^2\right\}dx-(f,u)$$

をK上で最小にする問題を考える. $u\in K$をその解とする:

(5.25)
$$J(u)=\min_{v\in K}J(v).$$

vをKの任意の元とすると

$$0\geqq J(u)-J(v)=a(u+v,u-v)/2-(f,u-v).$$

$v\in K$, $0<\theta<1$ならば$(1-\theta)u+\theta v\in K$だからこれを上の不等式の$v$に代入し，$\theta$で割って$\theta\to 0$とすると

(5.26)　　すべての$v\in K$に対し　$(Au-f,u-v)\leqq 0$

となり，これは(5.12)の形の不等式である. 逆にuが(5.26)を満足すればuは(5.25)の解であることは容易にわかる. Xを$H_1(\Omega)$, TをAとして定理5.2の仮定が満たされる. uは滑らかとして(5.26)で部分積分をすると

(5.27)
$$\int_{\partial\Omega}\frac{\partial u}{\partial\nu}(u-v)dS+(-\Delta u+u-f,u-v)\leqq 0$$

を得る. ここに$\partial/\partial\nu$は外向法線方向の微分である. wを$C_0^\infty(\Omega)$の任意の元とすると$v=u+w\in K$. これを(5.27)に代入してΩで$-\Delta u+u=f$となる. これと(5.27)を合わせてすべての$v\in K$に対し

$$\int_{\partial\Omega}\frac{\partial u}{\partial\nu}(u-v)dS\leqq 0.$$

ここで$v=u+w$, $w\in C^1(\bar{\Omega})$, $\partial\Omega$で$w\geqq 0$として$\partial\Omega$で$\partial u/\partial\nu\geqq 0$, 次に$v=u/2$ととって$\partial\Omega$で$u\cdot\partial u/\partial\nu\geqq 0$を得る. 以上合わせて(5.25)または(5.26)の解u

は次の境界値問題の広義の解である.

(5.28) $$\begin{cases} \Omega \text{ で } -\Delta u+u=f, \\ \partial\Omega \text{ で } u\geqq 0, \partial u/\partial\nu \geqq 0,\ \ u\cdot\partial u/\partial\nu=0. \end{cases}$$

逆に u が(5.28)の解ならば(5.25)または(5.26)を満足することも容易にわかる.

上の二つの例で f が $L^q(\Omega)$ にも属するときの解の滑らかさに関しては H. Brezis[34], H. Brezis-G. Stampacchia[35]を参照.

予備定理 5.3 X は回帰的 Banach 空間, L は X から X^* への閉線型単調作用素とする. L^* が単調ならば L は極大単調である.

証明 注意4.1により X, X^* は共に真に凸としてよい. F を, $j(r)\equiv r$ を尺度関数とする双対写像とする. 命題4.1により $R(L+F)=X^*$ を示せばよい. $D(L)$ は $\|u\|_Y=\|u\|+\|Lu\|$ をノルムとして回帰的 Banach 空間 Y になる. f を X^* の任意の元, $\varepsilon>0$ として各 $u, v\in Y$ に対し

$$(B_\varepsilon u, v)=\varepsilon(Lv, F^{-1}Lu)+(Lu, v)+(Fu, v)-(f, v)$$

とおくと B_ε は $D(B_\varepsilon)=Y$ から Y^* への線分上弱連続単調写像である. また $\|u\|_Y\to\infty$ のとき

$$\frac{(B_\varepsilon u, u)}{\|u\|_Y}=\frac{1}{\|u\|_Y}\{\varepsilon\|Lu\|^2+(Lu, u)+\|u\|^2-(f, u)\}$$

$$\geqq\frac{1}{\|u\|_Y}\{\varepsilon\|Lu\|^2+\|u\|^2-\|f\|\,\|u\|\}\to\infty$$

だから B_ε は統御的である. 故に定理5.2系により $R(B_\varepsilon)=Y^*$, 従って $B_\varepsilon u_\varepsilon=0$ を満たす $u_\varepsilon\in Y$ は存在する. すべての $v\in D(L)$ に対し

(5.29) $$\varepsilon(Lv, F^{-1}Lu_\varepsilon)+(Lu_\varepsilon, v)+(Fu_\varepsilon, v)=(f, v)$$

だから $u=u_\varepsilon$ とおいて $\|u_\varepsilon\|\leqq\|f\|$ を得る. また(5.29)により

$$\varepsilon L^*F^{-1}Lu_\varepsilon+Lu_\varepsilon+Fu_\varepsilon=f$$

だから

$$\varepsilon(L^*F^{-1}Lu_\varepsilon, F^{-1}Lu_\varepsilon)+(Lu_\varepsilon, F^{-1}Lu_\varepsilon)+(Fu_\varepsilon, F^{-1}Lu_\varepsilon)=(f, F^{-1}Lu_\varepsilon).$$

仮定により左辺第1項は非負だから $\|Lu_\varepsilon\|\leqq\|u_\varepsilon\|+\|f\|\leqq 2\|f\|$. 故に $\{u_\varepsilon\}$, $\{Lu_\varepsilon\}$ 共に有界である. 故に第1章定理1.8系4に注意して $u_\varepsilon\rightharpoonup u$, $Lu_\varepsilon\rightharpoonup Lu$ としてよい. (5.29)で $v=u_\varepsilon-u$ とおくと

$$(Fu_\varepsilon, u_\varepsilon-u)=(f, u_\varepsilon-u)-\varepsilon(L(u_\varepsilon-u), F^{-1}Lu_\varepsilon)-(Lu_\varepsilon, u_\varepsilon-u)$$

$$\leqq (f, u_\varepsilon - u) - \varepsilon(L(u_\varepsilon - u), F^{-1}Lu_\varepsilon) - (Lu, u_\varepsilon - u)$$

だから $\limsup(Fu_\varepsilon, u_\varepsilon - u) \leqq 0$. 定理4.3系により F は擬単調だからすべての $v \in X$ に対し

$$\liminf(Fu_\varepsilon, u_\varepsilon - v) \geqq (Fu, u-v)$$

である. $\{Fu_\varepsilon\}$ のある部分有向点列が w に弱収束したとするとすべての $v \in X$ に対し

$$\begin{aligned} 0 &\geqq \limsup(Fu_\varepsilon, u_\varepsilon - u) \\ &= \limsup\{(Fu_\varepsilon - Fv, u_\varepsilon - v) + (Fv, u_\varepsilon - v) + (Fu_\varepsilon, v-u)\} \\ &\geqq \lim\{(Fv, u_\varepsilon - v) + (Fu_\varepsilon, v-u)\} = (w - Fv, v-u) \end{aligned}$$

が成立する. 定理5.2の証明第2段の末尾と同様にしてすべての $v \in X$ に対し $(w - Fu, v-u) \leqq 0$ となるから $w = Fu$ を得る. 故に $\{Fu_\varepsilon\}$ は Fu に弱収束する. (5.29)で $\varepsilon \to 0$ とすると

$$(Lu, v) + (Fu, v) = (f, v),$$

すなわち $(L+F)u = f$ が得られた. ▌

注意 5.3 この予備定理はH. Brézis[31]による次の定理の一部分である:L を線型単調作用素とすると次の三条件は同値である.

(1) L は極大単調である.

(2) L は閉作用素, $D(L)$ は稠密, L^* は単調である.

(3) L は閉作用素, $D(L)$ は稠密, L^* は極大単調である.

系 H は Hilbert 空間とする. V は回帰的 Banach 空間で H の稠密な部分空間になっており, V の位相は H の位相より強いとする. 従って第2章§2と同様 $V \subset H \subset V^*$ である. $T > 0, 2 \leqq p < \infty$ として $X = L^p(0, T; V)$ とする.

$$\begin{cases} D(L) = \{u \in X : u' \in X^*, u(0) = 0\}, \\ u \in D(L) \text{ に対して } Lu = u' \end{cases}$$

によって定義される作用素 L は極大線型単調である.

証明 $X^* = L^{p'}(0, T; V^*)$, $p' = p/(p-1)$ だから第5章予備定理5.1と同様 $u \in D(L)$ ならば $u \in C([0, T]; H)$. 故に $u(0)$ は H の元として意味があることをまず注意しておく. L は X から X^* への閉線型作用素, $D(L)$ が X で稠密であることは容易にわかる. また

$$(Lu, u) = (u', u) = \|u(T)\|_H{}^2/2 \geqq 0$$

だからLは単調である．Lの共役作用素は

$$\begin{cases} D(L^*) = \{u \in X : u' \in X^*, u(T)=0\}, \\ u \in D(L^*) \quad \text{に対し} \quad L^*u = -u' \end{cases}$$

であることも容易にわかる．従ってL^*も単調である．故に予備定理によりLは極大線型単調である．▌

ΩをR^nの領域，$T>0$，$2 \leqq p < \infty$とする．(5.22)の作用素Aを$X=L^p(0, T; \mathring{W}_p{}^1(\Omega))$から$X^*=L^{p'}(0, T; W_{p'}^{-1}(\Omega))$への作用素と見ると$A$は$D(A)=X$から$X^*$への線分上弱連続，統御的な単調作用素である．またある数Cが存在して$\|Au\| \leqq C\|u\|^{p-1}$がすべての$u \in X$に対して成立する．予備定理5.3系で$H$を$L^2(\Omega)$，$V$を$\mathring{W}_p{}^1(\Omega)$ととることができて，$X$から$X^*$への作用素$L$と$A$は$u_0=0$として定理5.1系3の仮定を満足する．故にすべての$f \in X^*$に対して$(L+A)u=f$の解が存在する．これは

$$\frac{\partial u}{\partial t} = \sum_{i=1}^{n} \frac{\partial}{\partial x_i}\left\{(1+|\mathrm{grad}\, u|^2)^{(p-2)/2} \frac{\partial u}{\partial x_i}\right\} + f, \quad \Omega \times (0, T),$$
$$u(x,t) = 0, \qquad x \in \partial\Omega,\ 0 < t < T, \qquad u(x,0) = 0, x \in \Omega$$

の広義の解である．

非線型単調写像の重要な例に凸関数の劣微分がある．Banach 空間Xで定義された実数値汎関数φが次の条件を満足するとき**凸**(convex)関数という．

(5.30) すべての$u \in X$に対して $-\infty < \varphi(u) \leqq \infty$,

(5.31) $\begin{cases} \text{すべての}\ u, v \in X,\ 0 < \lambda < 1 \\ \text{に対し}\ \varphi((1-\lambda)u+\lambda v) \leqq (1-\lambda)\varphi(u)+\lambda\varphi(v). \end{cases}$

$\varphi(u) \not\equiv \infty$のとき$\varphi$は**適正**(proper)であるという．

φはX全体で定義されているが特に$D(\varphi)=\{u \in X : \varphi(u) < \infty\}$を$\varphi$の**有効領域**(effective domain)という．φは適正凸でさらに下に半連続，すなわちすべての実数cに対し$\{u \in X : \varphi(u) \leqq c\}$は閉集合であるとする．$u$は$D(\varphi)$の元，$f \in X^*$が存在してすべての$v \in X$に対して

(5.32) $\varphi(v) - \varphi(u) \geqq (f, v-u)$

が成立するとき$u \in D(\partial\varphi)$，$f \in \partial\varphi(u)$と表わし，$\partial\varphi$をφの**劣微分**(subdifferential)という．$\partial\varphi$は一般に多価写像であるがこれが単調であることは容易にわかる．$\{(u, \lambda) : \varphi(u) \leqq \lambda\}$は$X \times \boldsymbol{R}$の凸閉集合だから第1章定理1.8により$f \in X^*$,

$c\in\boldsymbol{R}$ が存在し，$\varphi(u)\geqq f(u)+c$ がすべての $u\in X$ に対して成立する．すなわち φ を下から抑える１次関数が存在し，さらに φ はこのような１次関数の上限と一致することがわかる．凸関数の詳細は J. J. Moreau[135]参照.

定理5.2のあとの例2で

$$\varphi(u)=\begin{cases} J(u), & u\in K, \\ \infty, & u\notin K \end{cases} \tag{5.33}$$

とおくと φ は $H_1(\Omega)$ で適正凸，下半連続で $\lim_{\|u\|\to\infty}\varphi(u)=\infty$ を満足する．第1章定理1.8系2により下半連続な凸関数は弱位相でも下半連続である．このことと第1章定理1.7により(5.33)で定義される φ を最小にする元 $u\in K$ が存在し，これは(5.25)または(5.26)の解である．

A を擬単調作用素として

$$Au+\partial\varphi(u)\ni f,$$

$$du/dt+Au+\partial\varphi(u)\ni f, \qquad u(0)=u_0$$

の形の方程式を解く問題は **unilateral** な問題といわれ，多くの非線型境界値問題，混合問題に応用される．K が Banach 空間の閉凸集合のとき

$$\varphi_K(u)=\begin{cases} 0, & u\in K, \\ \infty, & u\notin K \end{cases}$$

は適正凸，下半連続関数である．これを K の **指標関数**(indicatrix)という．これを用いると(5.12)は $Tu+\partial\varphi_K(u)\ni f$ と表わされるからこれも unilateral な問題である．H. Brézis[33]は Hilbert 空間の中の方程式

$$du/dt+\partial\varphi(u)\ni f$$

の初期値問題を考察し，これが線型放物型方程式と類似の性質を備えていることを示した．J. Watanabe[168]は φ が u の他 t にも関係し，f が u にも関係する場合に Brézis のこの結果を拡張した.

§6 半線型方程式

半線型方程式の初期値問題

$$du(t)/dt+A(t)u(t)+f(t,u(t))=0 \qquad 0<t\leqq T, \tag{6.1}$$

$$u(0)=u_0 \tag{6.2}$$

に関する T. Kato[79]の次の定理を証明する.

定理 6.1 X は Hilbert 空間, f は $[0, T]\times X$ から X への半連続有界写像, 各 $t\in[0, T]$ に対し $f(t, \cdot)$ は単調とする:

$$(f(t, u)-f(t, v), u-v) \geqq 0.$$

$-A(t)$ は縮小半群の生成素, $(A(t)+1)^{-1}$ は強連続微分可能とする. 線型方程式

$$du(t)/dt+A(t)u(t) = 0$$

の基本解 $U(t, s)$ が存在し, $u_0\in X$, $h\in C([0, T];X)$ ならば

$$du(t)/dt+A(t)u(t) = h(t), \quad 0 \leqq t \leqq T, \tag{6.3}$$

$$u(0) = u_0 \tag{6.4}$$

の解は

$$u(t) = U(t, 0)u_0+\int_0^t U(t, s)h(s)ds \tag{6.5}$$

と表わされ, また $u_0\in D(A(0))$, $h\in C^1([0, T];X)$ ならば(6.5)は(6.3), (6.4)の解であるとする. このとき(6.1), (6.2)に対応する積分方程式

$$u(t) = U(t, 0)u_0-\int_0^t U(t, s)f(s, u(s))ds, \quad 0 \leqq t \leqq T \tag{6.6}$$

の解 $u\in C([0, T];X)$ は存在して一意である. u_1, u_2 をそれぞれ u_{01}, u_{02} を初期値とする解とすると $0\leqq t\leqq T$ で

$$\|u_1(t)-u_2(t)\| \leqq \|u_{01}-u_{02}\| \tag{6.7}$$

が成立する. 故に初期値 u_0 に解 u を対応させる写像は X から $C([0, T];X)$ への連続写像である.

[79]では簡単のため X は可分としてあるが, ここではそれを仮定しない. 準備として $A(t)\equiv 0$ の場合の初期値問題

$$du(t)/dt+f(t, u(t)) = 0, \quad 0 \leqq t \leqq T, \tag{6.8}$$

$$u(0) = u_0 \tag{6.9}$$

を考察する. 対応する積分方程式は

$$u(t) = u_0-\int_0^t f(s, u(s))ds, \quad 0 \leqq t \leqq T \tag{6.10}$$

である. $v(t)=u(t)-u_0$, $g(t, v)=f(t, v+u_0)$ とおくと(6.10)は

$$v(t)+\int_0^t g(s, v(s))ds = 0, \quad 0 \leqq t \leqq T \tag{6.11}$$

になる.

命題 6.1 (6.11)の解 $v \in C([0, T]; X)$ は存在して一意である.

証明 作用素 L を次のように定義する.

$$\begin{cases} D(L) = \{u \in L^2(0, T; X) : u' \in L^2(0, T; X), u(0) = 0\}, \\ u \in D(L) \text{ に対し } Lu = u'. \end{cases}$$

予備定理 5.3 系により L は $L^2(0, T; X)$ で極大線型単調である. L^{-1} は存在し有界,

$$(L^{-1}u)(t) = \int_0^t u(t)dt$$

と表わされる. 各 $v \in C([0, T]; X)$ に対し $(Gv)(t) = g(t, v(t))$ とおくと $Gv \in L^\infty(0, T; X) \subset L^2(0, T; X)$, $D(L) \subset C([0, T]; X)$ だから $D(L) \subset D(G)$ である. (6.11)は

(6.12) $$Lv + Gv = 0$$

と同値である.

予備定理 6.1 G は $L^2(0, T; X)$ からそれ自身への作用素として単調, $C([0, T]; X)$ から $L^2(0, T; X)$ への作用素として半連続有界写像である.

証明は容易だから略す.

今後は X, $L^2(0, T; X)$ の内積, ノルムを共にそれぞれ $(\ ,\ )$, $\|\ \|$ で表わす. X の有限次元部分空間の全体を $\mathcal{Y}$, $Y \in \mathcal{Y}$ のとき Y への直交射影を P_Y と表わす. $u \in L^2(0, T; X)$ のとき $(P_Y u)(t) = P_Y u(t)$ とおき, P_Y は $L^2(0, T; X)$ での直交射影をも表わすとする. 常微分方程式論より

(6.13) $$dv_Y(t)/dt + P_Y g(t; v_Y(t)) = 0, \qquad v_Y(0) = 0$$

の解は $t=0$ のある近傍で存在する.

$$\begin{aligned} \frac{1}{2}\frac{d}{dt}\|v_Y(t)\|^2 &= (v'_Y(t), v_Y(t)) \\ &= -(P_Y g(t, v_Y(t)), v_Y(t)) = -(g(t, v_Y(t)), v_Y(t)) \\ &= -(g(t, v_Y(t)) - g(t, 0), v_Y(t)) - (g(t, 0), v_Y(t)) \\ &\leqq \|g(t, 0)\| \|v_Y(t)\| \end{aligned}$$

だから

(6.14) $$\|v_Y(t)\| \leqq \int_0^t \|g(s, 0)\| ds \leqq C.$$

故に(6.13)の解は$[0, T]$で存在し，そこで(6.14)を満足する．(6.13)は$Lv_Y+P_YGv_Y=0$と表わすことができる．予備定理6.1により$\{Gv_Y\}$は$L^2(0, T; X)$で有界である:

(6.15) $$\|Gv_Y\| \leqq C_1.$$

故に$L^2(0, T; X)$の元zが存在し，$\|z\|\leqq C_1$, zの任意の弱近傍V, 任意の$Y\in\mathcal{Y}$に対しYを含む$Y_1\in\mathcal{Y}$が存在し$Gv_{Y_1}\in V$となるが，さらにY_1を適当にとり直せば$-Lv_{Y_1}\in V$となるようにもできることを次に示す．まず$\varepsilon>0$と階段関数$w_1, \cdots, w_n$によって

$$V = \{u\in L^2(0, T; X): |(u-z, w_i)| < \varepsilon, i = 1, \cdots, n\}$$

と表わされる場合はYと$\{w_i(t); 0\leqq t\leqq T, i=1, \cdots, n\}$の両方を含む$Y_0\in\mathcal{Y}$をとる．この$V$と$Y_0$に対し$Y_0$を含む$Y_1\in\mathcal{Y}$が存在して$Gv_{Y1}\in V$となるが

$$|(-Lv_{Y_1}-z, w_i)| = |(P_{Y_1}Gv_{Y_1}-z, w_i)|$$
$$= |(Gv_{Y_1}-z, w_i)| < \varepsilon$$

であるから$-Lv_{Y_1}\in V$である．$w_1, \cdots, w_n$が$L^2(0, T; X)$の一般の元であるときは階段関数$w_1', \cdots, w_n'$を

$$\|w_i-w_i'\| < \varepsilon/(2C_1+1), \qquad i = 1, \cdots, n$$

となるようにとると，上のことから$Y_1\supset Y$が存在して

$$|(Gv_{Y_1}-z, w_i')| < \varepsilon/(2C_1+1),$$
$$|(-Lv_{Y_1}-z, w_i')| < \varepsilon/(2C_1+1), \qquad i = 1, \cdots, n$$

が成立する．(6.15)および$\|z\|\leqq C_1$により

$$|(Gv_{Y_1}-z, w_i)| \leqq |(Gv_{Y_1}-z, w_i')|+|(Gv_{Y_1}-z, w_i-w_i')|$$
$$< \varepsilon/(2C_1+1)+2C_1\varepsilon/(2C_1+1) = \varepsilon.$$

また$\|Lv_{Y_1}\|=\|P_{Y_1}Gv_{Y_1}\|\leqq\|Gv_{Y_1}\|\leqq C_1$だから同様に

$$|(-Lv_{Y_1}-z, w_i)| < \varepsilon$$

も得られる．故に$Gv_{Y_1}\in V$, $-Lv_{Y_1}\in V$.

$v = -L^{-1}z$とおく．$w\in D(L)$, $\varepsilon > 0$として

$$V = \{u: |(u-z, w)| < \varepsilon, |(u-z, (L^{-1})^*(L+G)w)| < \varepsilon\}$$

とおくとVはzの近傍である．故に$Y\in\mathcal{Y}$が存在し

(6.16) $$Gv_Y\in V, -Lv_Y\in V$$

が成立する．

$$((L+G)v_Y, v_Y) = (Lv_Y, v_Y)+(P_YGv_Y, v_Y)$$
$$= (Lv_Y+P_YGv_Y, v_Y) = 0$$

だから

$$0 \leqq ((L+G)w-(L+G)v_Y, w-v_Y) \tag{6.17}$$
$$= ((L+G)w, w)-((L+G)w, v_Y)-((L+G)v_Y, w).$$

(6.16)により

$$|((L+G)w, v_Y)-((L+G)w, v)|$$
$$= |((L^{-1})^*(L+G)w, Lv_Y+z)| < \varepsilon$$
$$|((L+G)v_Y, w)| \leqq |(Lv_Y+z, w)|+|(Gv_Y-z, w)| < 2\varepsilon.$$

従って(6.17)により

$$0 \leqq ((L+G)w, w)-((L+G)w, v)+3\varepsilon$$

$\varepsilon \to 0$ として

$$((L+G)w, w-v) \geqq 0 \tag{6.18}$$

がすべての $w \in D(L)$ に対して成立することがわかった．n を自然数とすると $v+n^{-1}w \in D(L)$ だから(6.18)で w を $v+n^{-1}w$ で置き換えて

$$((L+G)(v+n^{-1}w), w) \geqq 0.$$

$n \to \infty$ とすると予備定理6.1により

$$((L+G)v, w) \geqq 0 \tag{6.19}$$

となる．$D(L)$ は $L^2(0, T; X)$ で稠密だから(6.19)より(6.12)を得る．解の一意性は v_1, v_2 が(6.11)を満足すれば

$$\frac{1}{2}\|v_1(T)-v_2(T)\|^2 = (L(v_1-v_2), v_1-v_2)$$
$$= -(Gv_1-Gv_2, v_1-v_2) \leqq 0$$

だから $v_1(T)=v_2(T)$．$[0, T]$を$[0, t]$で置き換えて同様な議論をすればすべての $0 \leqq t \leqq T$ に対し $v_1(t)=v_2(t)$が得られる．これで命題6.1の証明が終った．▌

定理6.1の証明に戻って

$$v(t) = u(t)-U(t, 0)u_0, \qquad g_1(t, v) = f(t, v+U(t, 0)u_0)$$

とおくと(6.6)は

$$v(t)+\int_0^t U(t, s)g_1(s, v(s))ds = 0 \tag{6.20}$$

となる．$v\in C([0,T];X)$ に対し $(G_1v)(t)=g_1(t,v(t))$ とおく．また $u\in L^2(0,T;X)$ に対し

$$(Uu)(t)=\int_0^t U(t,s)u(s)ds$$

とおくと (6.20) は

$$v+UG_1v=0 \tag{6.21}$$

となる．次の予備定理の証明は容易である．

予備定理 6.2 G_1 に対し予備定理 6.1 で G について述べたことが成立する．

予備定理 6.3 U は $L^2(0,T;X)$ から $C([0,T];X)$ への有界線型写像，$R(U)$ は $L^2(0,T;X)$ で稠密である．

証明 前半は明らかである．$L^2(0,T;X)$ の任意の元 u を $v(0)=0$ を満足する $C^1([0,T];X)$ の元 v で近づけ，さらに v に $(1+n^{-1}A(t))^{-1}$ を作用させて結局 $w(0)=0, w\in C^1([0,T];X)$, 各 $t\in[0,T]$ に対し $w(t)\in D(A(t)), Aw\in C([0,T];X)$ を満足する元 w で $L^2(0,T;X)$ の強位相で近づけることができる．$w'(t)+A(t)w(t)=h(t)$ とおくと $h\in C([0,T];X)$ だから $w=Uh$ である．従って $R(U)$ は $L^2(0,T;X)$ で稠密である．▌

予備定理 6.4 G_1U は $L^2(0,T;X)$ からそれ自身への半連続写像である．

証明 予備定理 6.2 と 6.3 から明らかである．

$A_n(t)=A(t)(1+n^{-1}A(t))^{-1}$ とおくと $A_n(t)$ は有界線型単調，$u\in D(A(t))$ ならば $A_n(t)u\to A(t)u$ である．各 $u\in L^2(0,T;X)$ に対して $(A_nu)(t)=A_n(t)u(t)$ とおく．L を命題 6.1 の証明で定義された作用素とすると命題 6.1 により

$$(L+A_n+G_1)v_n=0 \tag{6.22}$$

の解 v_n は存在する．命題 6.1 の証明のようにして

$$\|v_n(t)\|\leqq\int_0^t\|f(s,U(s,0)u_0)\|ds\leqq C_2 \tag{6.23}$$

である．必要があれば部分列で置き換えて $L^2(0,T;X)$ で $v_n\rightharpoonup v$ としておく．ほとんどすべての t に対し

$$\|v(t)\|\leqq C_2 \tag{6.24}$$

であることも容易にわかる．w を $C^1([0,T];X)$ の任意の元とすると $LUw+AUw=w$, $L^2(0,T;X)$ で $A_nUw\to AUw$ であるから $n\to\infty$ のとき

$$0\leqq((L+A_n+G_1)Uw-(L+A_n+G_1)v_n,\ Uw-v_n)$$

$$= ((L+A_n+G_1)Uw,\ Uw-v_n)$$
$$\to ((L+A+G_1)Uw,\ Uw-v) = (w+G_1Uw,\ Uw-v).$$

故に

$$(6.25)\qquad (w+G_1Uw,\ Uw-v) \geqq 0$$

がすべての $w\in C^1([0,T];X)$ に対して成立する．$w\in L^2(0,T;X)$ のときは $w_n\in C^1([0,T];X)$, $L^2(0,T;X)$ で $w_n\to w$ とすると予備定理 6.4 により $L^2(0,T;X)$ で $G_1Uw_n\to G_1Uw$ だから (6.25) が成立する．各 $\lambda>0$ に対し

$$v_\lambda(t) = \lambda\int_0^t e^{-\lambda(t-s)}U(t,s)v(s)ds,$$
$$u_\lambda = \lambda(v-v_\lambda)$$

とおく．直接の計算で $Uu_\lambda=v_\lambda$ がわかる．(6.24) により $\|v_\lambda(t)\|\leqq C_2$．故に $\{G_1v_\lambda\}$ は $L^2(0,T;X)$ で有界である：

$$\|G_1v_\lambda\| \leqq C_3.$$

(6.25) で $w=u_\lambda$ とおくと

$$(\lambda(v-v_\lambda)+G_1v_\lambda,\ v_\lambda-v) \geqq 0.$$

従って

$$(6.26)\qquad \|u_\lambda\| = \lambda\|v-v_\lambda\| \leqq \|G_1v_\lambda\| \leqq C_3.$$

故に $\lambda\to\infty$ のとき $v_\lambda\to v$ である．また (6.26) により $\{u_\lambda\}$ は $L^2(0,T;X)$ で有界だから部分列をとれば $u_\lambda\rightharpoonup u$．故に $v=Uu$．(6.25) で w を $u+n^{-1}w$ で置き換えると

$$(u+n^{-1}w+G_1U(u+n^{-1}w),\ Uw) \geqq 0.$$

$n\to\infty$ とすると予備定理 6.4 により $(u+G_1Uu,\ Uw)\geqq 0$ がすべての $w\in L^2(0,T;X)$ に対して成立する．予備定理 6.3 により $R(U)$ は $L^2(0,T;X)$ で稠密だから $u+G_1Uu=0$ となるが，この両辺に U を作用させると (6.21) を得る．これで存在の証明を終った．

予備定理 6.5 $v\in L^2(0,T;X)$, $u_0\in X$ に対し

$$u = U(\cdot,0)u_0+Uv$$

とおくと

$$2(v,u) \geqq \|u(T)\|^2-\|u_0\|^2.$$

証明 $v\in C^1([0,T];X)$, $u_0\in D(A(0))$ のとき $u'+Au=v$ だから

$$2(v, u) = 2(u'+Au, u) \geqq 2(u', u) = \|u(T)\|^2 - \|u_0\|^2.$$

一般の場合は v, u_0 をそれぞれ $C^1([0, T]; X)$, $D(A(0))$ の元で近づければよい．これで予備定理6.5の証明が終った．▌

$$u_i(t) = U(t, 0)u_{0i} - \int_0^t U(t, s)f(s, u_i(s))ds, \quad i = 1, 2$$

とする．$u=u_1-u_2$, $v(t)=-f(t, u_1(t))+f(t, u_2(t))$, $u_0=u_{01}-u_{02}$ とおくと $u=U(\cdot, 0)u_0+Uv$ である．故に予備定理6.5により

(6.27)
$$\|u(T)\|^2 \leqq 2(v, u)+\|u_0\|^2$$

であるが

$$(v, u) = -\int_0^T (f(t, u_1(t))-f(t, u_2(t)), u_1(t)-u_2(t))dt \leqq 0$$

だから(6.27)から

$$\|u_1(T)-u_2(T)\|^2 \leqq \|u_{01}-u_{02}\|^2$$

を得る．区間$[0, T]$を$[0, t]$で置き換えて同様の議論をすれば(6.7)を得る．これで定理6.1の証明は終った．▌

注意6.1　次章予備定理2.1により U の逆 $S=U^{-1}$ が存在する．S は極大単調である．

次に定理6.1を使ってそれと少し異なった仮定のもとで(6.1), (6.2)の広義の解を考える．X, V および $V\times V$ で定義された二次型式 $a(t; u, v)$ は第5章§5と同様のものとする．さらに(4.2)が $k=0$ で満たされるとする．すなわち正の数 $\delta>0$ が存在し

$$a(t; u, u) \geqq \delta\|u\|^2$$

がすべての $t\in[0, T], u\in V$ に対し成立するとする．いつものように $a(t; u, v)$ で定められる作用素を $A(t)$ と書き，本節ではそれを $B(V, V^*)$ の元と考える．

定理6.2　f を$[0, T]\times X$ から V^* への半連続有界な写像，各 t に対し $f(t, \cdot)$ は V から V^* への写像として単調とする．u_0 を X の任意の元とすると

(6.28)
$$du(t)/dt+A(t)u(t)+f(t, u(t)) = 0, \quad 0 < t \leqq T,$$

(6.29)
$$u(0) = u_0$$

の解 $u\in L^2(0, T; V)$, $u'\in L^2(0, T; V^*)$ が存在して一意である．初期値 u_0 に解 u を対応させる写像は X から $C([0, T]; X)\cap L^2(0, T; V)$ への連続写像である．

第5章定理5.1により

$$du(t)/dt + A(t)u(t) = 0, \qquad u(0) = u_0.$$

の解 $z \in L^2(0, T; V)$, $z' \in L^2(0, T; V^*)$ が存在する．$v(t) = u(t) - z(t)$, $g(t, v) = f(t, v + z(t))$ とおくと

$$dv(t)/dt + A(t)v(t) + g(t, v(t)) = 0, \qquad v(0) = 0$$

となる．$z \in C([0, T]; X)$ だから g は f と同様な仮定を満足する．故に存在に関しては $u_0 = 0$ としておく．

$$\begin{cases} D(L) = \{u \in L^2(0, T; V) : u' \in L^2(0, T; V^*), u(0) = 0\} \\ u \in D(L) \text{ に対して } Lu = u' \end{cases}$$

で定義される作用素は予備定理5.3系により $L^2(0, T; V)$ から $L^2(0, T; V^*)$ への極大線型単調作用素である．各 $u \in L^2(0, T; V)$ に対し $(Au)(t) = A(t)u(t)$, $u \in C([0, T]; X)$ に対し $(Gu)(t) = f(t, u(t))$ とおくと A, G 共に $L^2(0, T; V)$ から $L^2(0, T; V^*)$ への作用素として単調，$D(G) \supset D(L)$ である．$u_0 = 0$ としたから (6.28), (6.29) は

$$(6.30) \qquad (L + G + A)u = 0$$

と同値である．$L + G$ は単調であるがこれが極大単調であることがわかれば定理5.1系2の仮定が $M = L + G$, $T = A$, $u_0 = 0$ として満たされる．故に $R(L + G + A) = X^*$ となって解の存在がわかる．二次型式 $((\ ,\ ))$ により定められる作用素を Λ と表わす：$(\Lambda u, v) = ((u, v))$. Λ は V から V^* への双対写像である．故に $u \in L^2(0, T; V)$ に対し $(\Lambda u)(t) = \Lambda u(t)$ とおくとこの Λ は $L^2(0, T; V)$ から $L^2(0, T; V^*)$ への双対写像である．故に $L + G$ が極大単調であることを見るには命題4.1により $R(L + G + \Lambda) = L^2(0, T; V^*)$ を示せばよい．

第2章定理2.2, 2.3により Λ を X での作用素と見ると正定符号自己共役，$\Lambda^{1/2}$ の定義域は V と一致するが，V^* の作用素と見た Λ も正定符号自己共役，$\Lambda^{1/2}$ の定義域は X と一致することが容易にわかる．故に $I_n = (1 + n^{-1}\Lambda^{1/2})^{-1}$ は X, V の各々で縮小作用素，$n \to \infty$ のとき I に強収束する．$f \in V^*$, $g \in X$ のとき $(I_n f, g) = (f, I_n g)$ が成立することも容易にわかる．従って $f_n(t, u) = I_n f(t, I_n u)$ とおくと f_n は定理6.1の f の仮定を満足する．Λ が生成する半群を $T(t)$ と表わす．次の予備定理は第5章予備定理5.2，命題5.1の特別の場合である．

予備定理 6.6　$\varphi \in L^2(0, T; V^*)$ ならば

$$(6.31)\qquad w(t)=\int_0^t T(t-s)\varphi(s)ds$$

で定義される関数 w は

$$(L+\Lambda)w=\varphi$$

の解であり，さらに

$$(6.32)\qquad \frac{1}{2}|w(t)|^2+\int_0^t\|w(s)\|^2ds=\int_0^t(\varphi(s), w(s))ds,$$

$$(6.33)\qquad |w(t)|^2+\int_0^t\|w(s)\|^2ds\leqq\int_0^t\|\varphi(s)\|_*{}^2ds$$

を満足する．

定理 6.2 の証明 h を $L^2(0, T; V^*)$ の任意の元，$h_n\in C([0, T];X)$，$L^2(0, T; V^*)$ で $h_n\to h$ とする．初期値問題

$$du(t)/dt+\Lambda u(t)+f_n(t, u(t))-h_n(t)=0,\qquad u(0)=0$$

に定理 6.1 を適用できて

$$(6.34)\qquad u_n(t)+\int_0^t T(t-s)(f_n(s, u_n(s))-h_n(s))ds=0$$

の解 $u_n\in C([0, T];X)$ が存在する．予備定理 6.6 により

$$\begin{aligned}\frac{1}{2}|u_n(t)|^2+\int_0^t\|u_n(s)\|^2ds&=\int_0^t(h_n(s)-f_n(s, u_n(s)), u_n(s))ds\\&=\int_0^t(h_n(s), u_n(s))ds-\int_0^t(f_n(s, 0), u_n(s))ds\\&\quad-\int_0^t(f_n(s, u_n(s))-f_n(s, 0), u_n(s))ds\\&\leqq\int_0^t\|h_n(s)\|_*{}^2ds+\int_0^t\|f(s, 0)\|_*{}^2ds+\frac{1}{2}\int_0^t\|u_n(s)\|^2ds.\end{aligned}$$

故に

$$|u_n(t)|^2+\int_0^t\|u_n(s)\|^2ds\leqq 2\int_0^t\|h_n(s)\|_*{}^2ds+2\int_0^t\|f(s, 0)\|_*{}^2ds$$

となり $\{u_n\}$ は $C([0, T];X)\cap L^2(0, T; V)$ で有界である．故に $\{f_n(\cdot, u_n)\}$ は $L^2(0, T; V^*)$ で有界である．従って部分列で置き換えて $L^2(0, T; V)$ で $u_n\rightharpoonup u$，$L^2(0, T; V^*)$ で $f_n(\cdot, u_n)\rightharpoonup g$ とする．(6.34) で $n\to\infty$ として

$$(6.35)\qquad u(t)+\int_0^t T(t-s)(g(s)-h(s))ds=0$$

となるから $u\in C([0,T];X)$ である．φ を $L^2(0,T;V^*)$ の任意の元として w を (6.31) で定義された関数とする．

$$u_n(t)-w(t)=\int_0^t T(t-s)(h_n(s)-f_n(s,u_n(s))-\varphi(s))ds$$

だから (6.32) により

$$\begin{aligned}
0 &\leqq \frac{1}{2}|u_n(T)-w(T)|^2+\int_0^T \|u_n(t)-w(t)\|^2 dt \\
&= \int_0^T (h_n(t)-f_n(t,u_n(t))-\varphi(t),\, u_n(t)-w(t))dt \\
&= -\int_0^T (f(t,I_n u_n(t))-f(t,w(t)),\, I_n u_n(t)-w(t))dt \\
&\quad -\int_0^T (I_n h_n(t)-h_n(t),\, u_n(t)-w(t))dt \\
&\quad -\int_0^T (f(t,I_n u_n(t))-h_n(t),\, w(t)-I_n w(t))dt \\
&\quad -\int_0^T (f(t,w(t))-h_n(t),\, I_n u_n(t)-w(t))dt \\
&\quad -\int_0^T (\varphi(t),\, u_n(t)-w(t))dt
\end{aligned}$$

となるが右辺第1項は $\leqq 0$ である．故に $n\to\infty$ とすると

$$\int_0^T (f(t,w(t))-h(t)+\varphi(t),\, u(t)-w(t))dt \leqq 0. \tag{6.36}$$

(6.36) で φ を $h-g-n^{-1}\varphi$ で置き換えると

$$\int_0^T (f(t,u(t)-n^{-1}w(t))-g(t)+n^{-1}\varphi(t),\, w(t))dt \leqq 0$$

となるが，ここで $n\to\infty$ とすると

$$\int_0^T (f(t,u(t))-g(t),\, w(t))dt \leqq 0 \tag{6.37}$$

がすべての h に対して成立する．ただし w は (6.31) で定義される関数である．w を $w(0)=0$ を満足し $C^1([0,T];V)$ に属する任意の関数として $w'+\Lambda w=\varphi$ とおくと $\varphi\in C([0,T];V^*)$ だから w は (6.31) で表わされる．故に $\varphi\in L^2(0,T;V^*)$ によって (6.31) の形に表わされる関数 w の全体は $L^2(0,T;V)$ で稠密である．故に (6.37) により $f(t,u(t))=g(t)$ を得る．これを (6.35) に代入して

$$u(t)+\int_0^t T(t-s)(f(s,u(s))-h(s))ds=0$$

を得る．予備定理6.6により u は $(L+G+\Lambda)u=h$ の解であることがわかる．u_1, u_2 を u_{01}, u_{02} を初期値とする(6.28)の解とすると

$$|u_1(t)-u_2(t)| \leqq |u_{01}-u_{02}|$$

が容易にわかる．これで定理6.2の証明が終った．▌

定理6.2の仮定を満足する例を一つ述べる．Ω は R^n の有界領域，$n\geqq 3$，$X=L^2(\Omega)$，V は $\mathring{H}_1(\Omega)$ を含む $H_1(\Omega)$ の閉部分空間とする．第1章予備定理2.1により $p=2n/(n-2)$，$q=p/(p-1)=2n/(n+2)$ とおくと

$$V \subset L^p(\Omega) \subset L^2(\Omega) \subset L^q(\Omega) \subset V^*$$

である．$f(\lambda)$ は $-\infty<\lambda<\infty$ で定義された連続増加関数，$|\lambda|\to\infty$ のとき $|f(\lambda)|=O(|\lambda|^{(n+2)/n})$ とする．各 $u\in X=L^2(\Omega)$ に対し $f(t,u)(x)=f(u)(x)=f(u(x))$ とおくと $f(t,u)=f(u)\in L^q(\Omega)$ である．$L^p(\Omega)$ から $L^q(\Omega)$ への作用素として f が有界単調であることは明らかである．f が X から $L^q(\Omega)$ への半連続写像であることを示すために X で $u_n\to u$ とする．$\{u_n\}$ は X で有界だから $\{f(u_n)\}$ は $L^q(\Omega)$ で有界である．故に部分列 $\{u_{n_j}\}$ が存在して Ω でほとんど至る所 $u_{n_j}(x)\to u(x)$，$L^q(\Omega)$ で $f(u_{n_j})\rightharpoonup g$ となる．$f(\lambda)$ は実変数 λ の連続関数だから Ω でほとんど至る所 $f(u_{n_j}(x))\to f(u(x))$ である．故に次の予備定理により $f(u_n)\rightharpoonup f(u)$ を得る．

予備定理 6.7　$1\leqq p\leqq\infty$, $f_n\in L^p(\Omega)$, Ω でほとんど至る所 $f_n(x)\to f(x)$, $L^p(\Omega)$ で $f_n\rightharpoonup g$ ならば $f=g$ である．

証明　$L^p(\Omega)$ で $f_n\to g$ ならば $\{f_n\}$ のある部分列が g にほとんど至る所収束するから $f=g$ を得る．$f_n\rightharpoonup g$ のときは第1章予備定理1.8系3により適当な凸結合 $g_k=\sum_{n\geqq k}\lambda_n{}^k f_n$ が g に $L^p(\Omega)$ で強収束する．$f_n(x)\to f(x)$ である x に対し $g_k(x)\to f(x)$ だから $f=g$ を得る．▌

以上不完全ながら単調作用素論の一端に触れた．unilateral な問題については既に引用したものの他，J. L. Lions[111], [112], J. L. Lions–G. Stampacchia [116], F. E. Browder[41], G. Stampacchia[155]等多くの文献がある．N. Kenmochi[88], [89]には単調作用素方程式に関する新らしい結果が述べられている．S. Ouchi[141]は放物型非線型方程式の解の解析性を証明した．その他非線型方程式に関して R. W. Carroll[3], G. E. Ladas–V. Lakshmikantham[10], J. L. Lions[13]は好適な書物である．

第7章　最　適　制　御

本章では発展方程式の最適制御について述べる．この分野は A.V.Balakrishnan, J. L. Lions, A. Friedman, H. O. Fattorini 等によって広汎な研究がなされており，その全貌を述べることは不可能であるので一端を述べるに留める．詳細は J. L. Lions[12]とそこにある参考文献を御覧頂きたい．本章で考える空間はすべて実 Banach 空間であり，慣習上他の章とは異なった記号を用いる．

§1　問題の設定

実 Banach 空間 X の中の発展方程式

$$dx(t)/dt = A(t)x(t), \qquad 0 \leqq t \leqq T \tag{1.1}$$

の基本解 $S(t, s)$ が存在すると仮定する．Y をもう一つの実 Banach 空間，各 $t \in [0, T]$ に対し $B(t) \in B(Y, X)$，$B(t)$ は t に関し $B(Y, X)$ のノルムで連続とする．$u \in L^\infty(0, T; Y)$ のとき

$$x(t;u) = S(t, 0)x_0 + \int_0^t S(t, s)B(s)u(s)ds \tag{1.2}$$

を

$$dx(t)/dt = A(t)x(t) + B(t)u(t), \qquad 0 < t \leqq T, \tag{1.3}$$

$$x(0) = u_0 \tag{1.4}$$

の**解**ということにする．Y の一つの部分集合 U をとり，これを**制御集合**という．ほとんど至る所 $u(t) \in U$ を満足する $u \in L^\infty(0, T; Y)$ を**許容制御**，各許容制御 u に対し(1.2)を u に対応する**軌道**という．各許容制御 u に対し**価格関数**といわれる実数値関数 $J(u)$ が定義されているとする．$J(u)$ を最小にする許容制御，すなわち**最適制御**の存在と一意性を考えるのである．(1.2)は t の強連続

関数であることに注意.

§2 空間分布観測

Y は回帰的, U は Y の有界凸閉集合と仮定する. Z を実 Hilbert 空間, 各 t に対し $C(t)\in B(X,Z)$, $C(t)$ は t に関して $B(X,Z)$ のノルムで連続とする. y を $L^2(0,T;Z)$ の一つの元として価格関数が次で定義される場合を考える.

$$J(u)=\int_0^T \|C(t)x(t;u)-y(t)\|^2dt. \tag{2.1}$$

定理 2.1 上の仮定のもとで価格関数(2.1)に対する最適制御が存在する.

証明 $\{u_n\}$ を $\lim_{n\to\infty} J(u_n)=\inf J(u)$ を満足する許容制御の列とする. $\{u_n\}$ は $L^2(0,T;Y)$ で有界だから部分列で置き換えて $L^2(0,T;Y)$ で $u_n\to u_0$ (弱) とする. 各 $t\in[0,T]$ に対し弱位相で

$$\lim_{n\to\infty}\int_0^t S(t,s)B(s)u_n(s)ds=\int_0^t S(t,s)B(s)u_0(s)ds$$

は容易にわかるから $x(t;u_n)\to x(t;u)$ (弱) がすべての $t\in[0,T]$ に対して成立する. u_0 が許容制御であることは次のようにしてわかる. s を u_0 の Lebesgue 点(第1章定義 3.3)として各 $\varepsilon>0,n$ に対し

$$w_{\varepsilon,n}=\frac{1}{\varepsilon}\int_s^{s+\varepsilon}u_n(t)dt$$

とおく. $f\in Y^*, c\in(-\infty,\infty)$ をすべての $u\in U$ に対し $f(u)\leqq c$ であるものとすると $f(w_{\varepsilon,n})\leqq c$ である. $n\to\infty$ のとき

$$w_{\varepsilon,n}\to w_\varepsilon=\frac{1}{\varepsilon}\int_s^{s+\varepsilon}u_0(t)dt \quad (弱)$$

であるから $f(w_\varepsilon)\leqq c$. ここで $\varepsilon\to 0$ とすれば $w_\varepsilon\to u_0(s)$ だから $f(u_0(s))\leqq c$ となり第1章定理 1.8 系1より $u_0(s)\in U$ を得る. $\{Cx(\cdot\,;u_n)-y\}$ は $L^2(0,T;Z)$ で $Cx(\cdot\,;u_0)-y$ に弱収束するから

$$\inf J(u)\leqq J(u_0)\leqq \liminf_{n\to\infty} J(u_n)=\inf J(u).$$

これより u_0 が最適制御であることがわかる. ▌

注意 2.1 ほとんど至る所 $u_0(t)\in U$ であることはもっと一般な次の事実(T. Kato[82], 152頁 Lemma 8)からも結論される:X を回帰的 Banach 空間, $1<$

$p<\infty$ とする．$u_n(t)$ を $0\leqq t\leqq T$ で定義され X の値をとる一様に有界な関数，$L^p(0, T;X)$ で $u_n\to u$ (弱) とする．各 $t\in[0, T]$ に対し $V(t)$ を $\{u_n(t)\}$ の弱収束部分列の極限の全体，$\hat{V}(t)$ を $V(t)$ の閉凸包とすると $[0, T]$ でほとんど至る所 $u(t)\in\hat{V}(t)$ である．

予備定理 2.1 $u\in L^1(0, T;X)$，$0\leqq t\leqq T$ で

$$\int_0^t S(t, s)u(s)ds=0$$

ならば，ほとんどすべての $t\in[0, T]$ に対して $u(t)=0$．

証明 r を $(0, T]$ の任意の有理数とする．$0<t<r$ のとき

$$\int_0^t S(r, s)u(s)ds=S(r, t)\int_0^t S(t, s)u(s)ds=0.$$

故に $[0, r]$ に含まれる零集合 N_r があって $t\in[0, r]-N_r$ のとき $S(r, t)u(t)=0$．$N=\bigcup_r N_r$ は零集合である．$0<t<T$，$t\notin N$ とする．$t<r<T$ を満たす有理数 r をとると $t\in[0, r]-N_r$ だから $S(r, t)u(t)=0$．$r\to t$ として $u(t)=0$． ▮

定理 2.2 各 t に対し $B(t), C(t)$ が共に1対1ならば価格関数(2.1)に対する最適制御はただ一つである．

証明 $\bar{u}$ を最適制御，$\bar{x}(t)=x(t;\bar{u})$ とおく．t_0 を $\bar{u}$ の Lebesgue 点，$v\in U$，$t_0<t_0+\varepsilon<T$ として

$$u(t)=\begin{cases} v, & t_0<t<t_0+\varepsilon \\ \bar{u}(t), & \text{その他} \end{cases} \tag{2.2}$$

とおくと u は許容制御である．$x(t)=x(t;u)$ とおくと

$$x(t)-\bar{x}(t)=\begin{cases} 0, & 0\leqq t\leqq t_0, \\ \displaystyle\int_{t_0}^t S(t, s)B(s)(v-\bar{u}(s))ds, & t_0<t<t_0+\varepsilon, \\ \displaystyle\int_{t_0}^{t_0+\varepsilon} S(t, s)B(s)(v-\bar{u}(s))ds, & t_0+\varepsilon\leqq t\leqq T \end{cases} \tag{2.3}$$

であるから，ある数 C が存在して

$$\|x(t)-\bar{x}(t)\|\leqq C\varepsilon \tag{2.4}$$

が $0\leqq t\leqq T$ で成立する．

$$0 \leqq J(u)-J(\bar{u}) = 2\int_0^T (C(t)(x(t)-\bar{x}(t)), C(t)\bar{x}(t)-y(t))dt$$

(2.5)

$$+\int_0^T \|C(t)(x(t)-\bar{x}(t))\|^2 dt = \mathrm{I}+\mathrm{II}$$

と表わすと，(2.4)により

(2.6) $$\lim_{\varepsilon\to 0} \varepsilon^{-1}\mathrm{II} = 0$$

が成立する．(2.3)により

$$\mathrm{I} = 2\int_{t_0}^T (C(t)(x(t)-\bar{x}(t)), C(t)\bar{x}(t)-y(t))dt$$

$$= 2\int_{t_0}^{t_0+\varepsilon} + 2\int_{t_0+\varepsilon}^T = \mathrm{I}_1+\mathrm{I}_2$$

と表わすと，容易にわかるように

(2.7) $$\lim_{\varepsilon\to 0} \varepsilon^{-1}\mathrm{I}_1 = 0.$$

$t>t_0$，$\varepsilon\to 0$ のとき

$$\frac{1}{\varepsilon}(x(t)-\bar{x}(t)) = \frac{1}{\varepsilon}\int_{t_0}^{t_0+\varepsilon} S(t,s)B(s)(v-\bar{u}(s))ds$$

$$\to S(t,t_0)B(t_0)(v-\bar{u}(t_0)) \quad (\text{強})$$

であることと(2.4)とから

$$\frac{1}{2\varepsilon}\mathrm{I}_2 = \int_{t_0+\varepsilon}^T \left(C(t)\frac{1}{\varepsilon}(x(t)-\bar{x}(t)), C(t)\bar{x}(t)-y(t)\right)dt$$

(2.8)

$$\to \int_{t_0}^T (C(t)S(t,t_0)B(t_0)(v-\bar{u}(t_0)), C(t)\bar{x}(t)-y(t))dt.$$

(2.5)–(2.8)より

(2.9) $$\int_s^T (C(t)S(t,s)B(s)(v-\bar{u}(s)), C(t)\bar{x}(t)-y(t))dt \geqq 0$$

がすべての $v\in U$, $\bar{u}$ のすべての Lebesgue 点 s に対して成立する．従って u_1, u_2 を二つの最適制御，x_1, x_2 を対応する軌道とすると

(2.10) $$\int_s^T (C(t)S(t,s)B(s)(u_2(s)-u_1(s)), C(t)x_1(t)-y(t))dt \geqq 0,$$

(2.11) $$\int_s^T (C(t)S(t,s)B(s)(u_1(s)-u_2(s)), C(t)x_2(t)-y(t))dt \geqq 0$$

が u_1, u_2 双方に共通なすべての Lebesgue 点 s に対して成立する．(2.10)，

(2. 11)を辺々相加えて s に関し 0 から T まで積分し

$$(2.12) \qquad x_2(t)-x_1(t)=\int_0^t S(t,s)B(s)(u_2(s)-u_1(s))ds$$

に注意すると

$$\int_0^T \|C(t)(x_2(t)-x_1(t))\|^2 dt \leqq 0.$$

これと $C(t)$ が 1 対 1 であることから $x_2(t)-x_1(t)\equiv 0$ を得る．従って(2. 12)と予備定理 2. 1 よりほとんど至る所 $B(t)(u_2(t)-u_1(t))=0$．$B(t)$ が 1 対 1 であるから $u_1(t)=u_2(t)$ がほとんどすべての t に対して成立する．▌

(2. 9) より

$$(v-\bar{u}(s), B^*(s)\int_s^T S^*(t,s)C^*(t)(y(t)-C(t)\bar{x}(t))dt) \leqq 0$$

となる．従って

$$w(s)=\int_s^T S^*(t,s)C^*(t)(y(t)-C(t)\bar{x}(t))dt$$

とおくと

$$(2.13) \qquad \max_{v\in U}(v, B^*(s)w(s))=(\bar{u}(s), B^*(s)w(s))$$

が $\bar{u}$ の各 Lebesgue 点で，従ってほとんどすべての s に対して成立する．これは**最大値の原理**である．$w(s)$ は

$$dw(s)/ds=-A^*(s)w(s)+C^*(s)(y(s)-C(s)\bar{x}(s)),$$
$$w(T)=0$$

のある意味の解である．

§3 最 終 観 測

X は実 Hilbert 空間，U は Y の有界凸閉集合とする．y を X の一つの元として $x(T;u)=y$ を満足する許容制御は存在しないと仮定する．価格関数は

$$(3.1) \qquad J(u)=\|x(T;u)-y\|$$

であるとする．

定理 3. 1 上の仮定のもとで価格関数(3. 1)に対する最適制御が存在する．

証明は定理 2. 1 の証明と同様である．

定理 3.2 $\bar{u}$ を価格関数(3.1)に対する最適制御とする．$w(t)=S^*(T,t)(y-x(T;\bar{u}))$ とおくと次の意味の最大値の原理が成立する：$0\leqq t\leqq T$ ではほとんど至る所

(3.2) $$\max_{v\in U}(v, B^*(t)w(t)) = (\bar{u}(t), B^*(t)w(t)).$$

証明 t_0 を $\bar{u}$ の Lebesgue 点，$v\in U$，$t_0<t_0+\varepsilon<T$ として，u は(2.2)で定義される許容制御とする．$\bar{x}(t)=x(t;\bar{u})$，$x(t)=x(t;u)$ とおくと(2.3)により

(3.3) $$x(T)-\bar{x}(T) = \int_{t_0}^{t_0+\varepsilon} S(T,s)B(s)(v-\bar{u}(s))ds$$

が成立する．

$$0 \leqq J(u)^2-J(\bar{u})^2 = 2(x(T)-\bar{x}(T), \bar{x}(T)-y)+\|x(T)-\bar{x}(T)\|^2$$
$$= \mathrm{I}+\mathrm{II}$$

とおくと(2.4)により $\varepsilon^{-1}\mathrm{II}\to 0$，また(3.3)により

$$\frac{\mathrm{I}}{2\varepsilon} = \left(\frac{1}{\varepsilon}\int_{t_0}^{t_0+\varepsilon} S(T,s)B(s)(v-\bar{u}(s))ds, \bar{x}(T)-y\right)$$
$$\to (S(T,t_0)B(t_0)(v-\bar{u}(t_0)), \bar{x}(T)-y).$$

従って

$$(v-\bar{u}(t_0), B^*(t_0)S^*(T,t_0)(\bar{x}(T)-y)) \geqq 0.$$

これより(3.2)が $\bar{u}$ の各 Lebsgue 点で成立することがわかる．▌

$w(t)$ は次の初期値問題のある意味の解である．

$$dw(t)/dt = -A^*(t)w(t), \quad 0\leqq t\leqq T,$$
$$w(T) = y-x(T;\bar{u}).$$

定義 3.1 測度が正のある集合で 0 に等しい

(3.4) $$dx(s)/ds = -A^*(s)x(s), \quad 0\leqq s<T$$
$$x(T) = x_0$$

の解 $x(s) = S(T,s)^*x_0$ は恒等的に 0 に等しい，すなわち $x_0=0$ に限るとき方程式(3.4)は**弱い意味で過去に対する一意性をもつ**という．

例 1 (1.1)が放物型方程式で第5章§7の1の仮定または $\{M_k\}=\{k!\}$ で 2 の仮定を満足すれば(3.4)の解は解析的，従って(3.4)は弱い意味で過去に対する一意性を持つ．

例 2 V を $C_0^\infty(\Omega)$ を含む $H_m(\Omega)$ の閉部分空間，各 t に対し $a(t;u,v)$ は $V\times V$

で定義され，Gårding の不等式を満足する対称な二次型式，$A_0(t)$ を $a(t;u,v)$ により定まる $L^2(\Omega)$ での作用素，$A_1(t)$ は m 次より次数が低い微分作用素，$A_0(t), A_1(t)$ の係数は十分滑らかとする．このとき S. Mizohata[134], J. L. Lions-B. Malgrange[115], C. Bardos-L. Tartar[28] により (3.4) は過去に対する一意性を持つ．

定理 3.3 (bang-bang 原理)　方程式(3.4)が弱い意味で過去に対する一意性を持つとする．各 t に対し $B^*(t)$ が 1 対 1 写像ならば最適制御 $\bar{u}$ はほとんどすべての t に対し $\bar{u}(t)\in\partial U$ を満足する．

証明　(3.2)により，ほとんどすべての t に対して $B^*(t)w(t)\neq 0$ を示せばよい．測度正のある集合 e で $B^*(t)w(t)=0$ とすると各 $t\in e$ に対し $w(t)=0$．仮定により $0\leqq t\leqq T$ で $w(t)=0$．特に $y-x(T;\bar{u})=w(T)=0$ となって矛盾である．▌

定義 3.2　U を凸集合，$u, v\in U$，$(u+v)/2\in\partial U$ ならば $u=v$ に限るとき U は**真に凸**という．

系 1　定理の仮定のもとで U が真に凸ならば最適制御はただ一つである．

証明　u_1, u_2 を二つの最適制御，対応する軌道をそれぞれ x_1, x_2 とする．$(u_1+u_2)/2$ は許容制御，それに対応する軌道は $(x_1+x_2)/2$ であり

$$\inf J(u) \leqq \left\|\frac{1}{2}(x_1(T)+x_2(T))-y\right\|$$

$$\leqq \frac{1}{2}(\|x_1(T)-y\|+\|x_2(T)-y\|) = \inf J(u)$$

だから $(u_1+u_2)/2$ は最適制御である．従って定理 3.3 によりほとんど至る所 $(u_1(t)+u_2(t))/2\in\partial U$．これと U が真に凸であることから $u_1(t)=u_2(t)$．▌

系 2　定理 3.3 の仮定のもとで U が単位球ならばほとんど至る所

$$\bar{u}(t) = \frac{B^*(t)w(t)}{\|B^*(t)w(t)\|}. \tag{3.5}$$

証明　Hilbert 空間の中の球は明らかに真に凸である．系 1 と(3.2)により(3.5)は明らかである．▌

§4　時間最適制御

X を回帰的実 Banach 空間，$S(t,s)\ (0\leqq s\leqq t<\infty)$ を発展方程式

(4.1) $$dx(t)/dt = A(t)x(t), \quad 0 \leqq t < \infty$$

の基本解とする．さらに各 $s \geqq 0$ に対し

(4.2) $$\lim_{t \to s+0} S^*(t, s) = I \quad (\text{強})$$

と仮定する．(4.1)の共役方程式 $dx^*(s)/ds = -A^*(s)x^*(s)$ の基本解が存在すれば $S^*(t, s)$ がそれであることは第5章(4.36)の証明と同様にして示すことができるから，この場合は(4.2)は満たされる．U を X の原点を内点とする有界凸閉集合，x_0, x_1 を X の二つの元，$x_0 \neq x_1$ とする．ほとんどすべての t に対し $u(t) \in U$ を満たす強可測関数 u を許容制御として

$$x(t; u) = S(t, 0)x_0 + \int_0^t S(t, s)u(s)ds$$

が u に対応する軌道である．ある $\tau > 0$ に対し

(4.3) $$x(\tau; u) = x_1$$

を満たす許容制御 u が存在することを仮定する．このとき最も早く x_1 に到達せしめる許容制御の存在と一意性を考える．すなわち(4.3)を成立せしめる許容制御が存在するような τ の下限 τ_0 を**最短時間**と呼び，$x(\tau_0; u) = x_1$ を満足する許容制御，すなわち $\{x_0, x_1\}$ に関する**時間最適制御** u の存在と一意性を考察するのである．本節は主として H. O. Fattorini[56], [58]による．

定理 4.1 上の仮定のもとで時間最適制御が存在する．

証明 $\tau_n \to \tau_0 + 0$，u_n は許容制御，$x(\tau_n; u_n) = x_1$ とする．各 n に対して $\tau_n < T$ であるような T をとり，$t > \tau_n$ のとき $u_n(t) = 0$ とおくと $\{u_n\}$ は $L^2(0, T; X)$ で有界である．従って $\{u_n\}$ を部分列で置き換えて $L^2(0, T; X)$ で $u_n \to \bar{u}$ (弱) とすると定理2.1の証明により $\bar{u}$ は許容制御であり，各 $0 \leqq t \leqq \tau_0$ に対し

$$\int_0^t S(t, s)u_n(s)ds \to \int_0^t S(t, s)\bar{u}(s)ds \quad (\text{弱})$$

は容易にわかる．故に $0 \leqq t \leqq \tau_0$ で $x(t; u_n) \to x(t; \bar{u})$ (弱) が成立する．

(4.4) $$x_1 = S(\tau_n, 0)x_0 + \int_0^{\tau_0} S(\tau_n, s)u_n(s)ds + \int_{\tau_0}^{\tau_n} S(\tau_n, s)u_n(s)ds$$

の右辺第1項，第3項はそれぞれ $S(\tau_0, 0)x_0$，0 に強収束する．

$$y_n = \int_0^{\tau_0} S(\tau_0, s)u_n(s)ds$$

とおくと $n \to \infty$ のとき

$$y_n \to y_0 = \int_0^{\tau_0} S(\tau_0, s)\bar{u}(s)ds \quad (弱)$$

である．各 $f \in X^*$ に対し(4.2)により $S^*(\tau_n, \tau_0)f \to f$ (強)であるから

$$f\left(\int_0^{\tau_0} S(\tau_n, s)u_n(s)ds\right) = f(S(\tau_n, \tau_0)y_n)$$
$$= (S^*(\tau_n, \tau_0)f)(y_n) \to f(y_0).$$

従って(4.4)で $n\to\infty$ として $x_1 = x(\tau_0; \bar{u})$．故に $\bar{u}$ は時間最適制御である．▌

1. $A(t)\equiv A$ が t に無関係な場合

$A(t)$ が t に無関係な作用素 A であるとして A が生成する半群を $S(t)$ と表わす．許容制御 u に対する軌道は

$$x(t; u) = S(t)x_0 + \int_0^t S(t-s)u(s)ds$$

である．各 $t>0$ に対し

$$K_t = \{y\in X : y = \int_0^t S(t-s)u(s)ds,\ u\in L^\infty(0, t; X)\}$$

とおく．e を $[0, \infty)$ の可測集合とするとき

$$K_t(e) = \left\{y\in X : y = \int_0^t S(t-s)u(s)ds,\ u\in L^\infty(0, t; X),\ u \text{ の台 } \subset e\cap[0, t]\right\}$$

とおく．

予備定理 4.1 K_t は t に無関係である．

証明 $t<t'$ とする．$y = \int_0^t S(t-s)u(s)ds \in K_t$ とする．$0<s<t'-t$ のとき $\tilde{u}(s) = 0$，$t'-t<s<t'$ のとき $\tilde{u}(s) = u(s-t'+t)$ とおけば

$$y = \int_0^{t'} S(t'-s)\tilde{u}(s)ds \in K_{t'}.$$

逆に $y = \int_0^{t'} S(t'-s)u(s)ds \in K_{t'}$ とする．

$$v(s) = u(s+t'-t) + \frac{1}{t}S(s)\int_0^{t'-t} S(t'-t-r)u(r)dr$$

とおくと $y = \int_0^t S(t-s)v(s)ds \in K_t$．▌

K_t は t に無関係であることがわかったからそれを K と表わす．次の予備定理は Fattorini によって証明された重要なものである([56])．

予備定理 4.2 ほとんどすべての $t\in e$ に対して $K_t(e) = K$.

証明 e のほとんどすべての点は e の密度点だから t は e の密度点とする. $\lim_{r\to t-0}|[r,t]\cap e|/(t-r)=1$ であるから $t_1<t$ を十分 t に近くとって

$$(4.5)\qquad t_1\leqq r<t \quad のとき \quad \frac{|[r,t]\cap e|}{t-r}\geqq\frac{2}{3}$$

となるようにする. t_2 を t_1 と t の中点とし, 順次に t_{n+1} を t_n と t の中点とする. もしある n に対して $|[t_n,t_{n+1}]\cap e|<(t_{n+1}-t_n)/3$ であったとすると, $t_{n+1}-t_n=t-t_{n+1}=(t-t_n)/2$ であるから $|[t_n,t_{n+1}]\cap e|<(t-t_n)/6$, $|[t_{n+1},t]\cap e|\leqq t-t_{n+1}=(t-t_n)/2$. 従って $|[t_n,t]\cap e|<2(t-t_n)/3$. これは(4.5)と矛盾する. 故にすべての n に対し

$$(4.6)\qquad |[t_n,t_{n+1}]\cap e|\geqq(t_{n+1}-t_n)/3$$

である. 明らかに $t_1<t_2<\cdots\to t$,

$$(4.7)\qquad \frac{t_{n+1}-t_n}{t_{n+2}-t_{n+1}}=2$$

である. $y=\int_0^t S(t-r)u(r)dr\in K_t$ とする. ある n に対し $s\in[t_{n+1},t_{n+2}]\cap e$ のとき

$$w(s)=\frac{1}{|[t_{n+1},t_{n+2}]\cap e|}\int_{t_n}^{t_{n+1}}S(s-r)u(r)dr,$$

その他の $s\in[0,t]$ に対し $w(s)=0$ とおくと

$$\begin{aligned}y&=\sum_{n=1}^{\infty}\int_{t_n}^{t_{n+1}}S(t-r)u(r)dr=\sum_{n=1}^{\infty}\int_{t_{n+1}}^{t_{n+2}}S(t-s)w(s)ds\\&=\int_0^t S(t-s)w(s)ds.\end{aligned}$$

w の台は $[0,t]\cap e$ に含まれ, (4.6), (4.7)により $s\in[t_{n+1},t_{n+2}]\cap e$ のとき

$$\begin{aligned}\|w(s)\|&\leqq\frac{t_{n+1}-t_n}{|[t_{n+1},t_{n+2}]\cap e|}\operatorname*{ess.\,sup}_{0\leqq r\leqq t}\|S(s-r)u(r)\|\\&\leqq 6\operatorname*{ess.\,sup}_{0\leqq r\leqq t}\|S(s-r)u(r)\|.\end{aligned}$$

従って $w\in L^\infty(0,t;X)$ である. 故に $y\in K_t(e)$. ▌

予備定理 4.3 $\bar{u}$ は $\{x_0,x_1\}$ に関し時間最適制御, 最短時間を τ_0 とする. 各 $0<\tau_1<\tau_0$ に対し u は $\{x_0,x(\tau_1;\bar{u})\}$ に関し時間最適制御, 最短時間は τ_1 である.

証明 許容制御 w が存在し τ_1 よりも前の時刻 τ_2 で $x(\tau_2;w)=x(\tau_1;\bar{u})$ となったとする.

$$v(t)=\begin{cases} w(t), & 0\leqq t\leqq \tau_2, \\ \bar{u}(t+\tau_1-\tau_2), & \tau_2<t\leqq \tau_0-\tau_1+\tau_2 \end{cases}$$

とおくと v は許容制御である.

$$\begin{aligned} & x(\tau_0-\tau_1+\tau_2;v) \\ &= S(\tau_0-\tau_1+\tau_2)x_0+\int_0^{\tau_0-\tau_1+\tau_2} S(\tau_0-\tau_1+\tau_2-s)v(s)ds \\ &= S(\tau_0-\tau_1+\tau_2)x_0+\int_0^{\tau_2} S(\tau_0-\tau_1+\tau_2-s)w(s)ds \\ &\quad +\int_{\tau_2}^{\tau_0-\tau_1+\tau_2} S(\tau_0-\tau_1+\tau_2-s)\bar{u}(s+\tau_1-\tau_2)ds \\ &= S(\tau_0-\tau_1)x(\tau_2;w)+\int_{\tau_1}^{\tau_0} S(\tau_0-s)\bar{u}(s)ds \\ &= S(\tau_0-\tau_1)x(\tau_1;\bar{u})+\int_{\tau_1}^{\tau_0} S(\tau_0-s)\bar{u}(s)ds \\ &= x(\tau_0;\bar{u}) = x_1 \end{aligned}$$

となり τ_0 が $\{x_0, x_1\}$ に関する最短時間であることに反す. ▌

予備定理 4.4 τ_0 は $\{x_0, x_1\}$ に関する最短時間とする. u は許容制御, ほとんどすべての t に対し $\mathrm{dist}(u(t),\partial U)\geqq\varepsilon>0$, $x(\tau;u)=x_1$ とすると $\tau_0<\tau$ である.

証明 $0<\sigma<\tau$ とする. $0\leqq t\leqq\sigma$ に対し

$$\begin{aligned} v(t) &= u(\tau-\sigma+t) \\ &\quad +\frac{1}{\sigma}S(t)\left(S(\tau-\sigma)x_0-x_0+\int_0^{\tau-\sigma} S(\tau-\sigma-r)u(r)dr\right) \end{aligned}$$

とおくと $x(\sigma;v)=x_1$ である. σ が十分 τ に近ければほとんど至る所 $v(t)\in U$ となる. 故に τ は最短時間でない. ▌

定理 4.2 (bang-bang 原理) $\bar{u}$ を $\{x_0, x_1\}$ に関する時間最適制御, 最短時間を τ_0 とするとほとんどすべての $t\in[0,\tau_0]$ に対し $\bar{u}(t)\in\partial U$.

証明 $e\subset[0,\tau_0]$, $|e|>0$, $\varepsilon>0$, すべての $t\in e$ に対し $\mathrm{dist}(\bar{u}(t),\partial U)\geqq\varepsilon$ とする. 予備定理 4.2 により $s\in e$ が存在して $K_s(e)=K=K_s$. 従って $w\in L^\infty(0,\tau_0;X)$ が存在し, w の台は $[0,s]\cap e$ に含まれ

$$\int_0^s S(s-\sigma)w(\sigma)d\sigma=\int_0^s S(s-\sigma)\bar{u}(\sigma)d\sigma \tag{4.8}$$

が成立する. $0<\delta<1$ として各 $0<t<\tau_0$ に対し

$$v(t) = (1-\delta)\bar{u}(t)+\delta w(t)$$

とおく．δ が十分小さければ，ほとんどすべての $t\in[0,\tau_0]$ に対して

$$\text{(4.9)} \qquad \operatorname{dist}(v(t),\partial U) \geqq \varepsilon_1 > 0$$

となることを示す．$C=\text{ess. sup}\|w(t)-\bar{u}(t)\|$ とおく．$t\in e$ ならば各 $z\in\partial U$ に対し

$$\|v(t)-z\| = \|\bar{u}(t)-z+\delta(w(t)-\bar{u}(t))\|$$
$$\geqq \|\bar{u}(t)-z\|-\delta\|w(t)-\bar{u}(t)\| \geqq \varepsilon-C\delta.$$

故に $\operatorname{dist}(v(t),\partial U)\geqq\varepsilon-C\delta$．次に $\rho>0$ を U が原点中心半径 ρ の球を含むようにとる．$t\notin e$, z を $\|z-v(t)\|<\delta\rho$ を満足する任意の点とする．$y=(z-v(t))/\delta$ とおくと $\|y\|<\rho$ だから $y\in U$, 従って $z=\delta y+v(t)=\delta y+(1-\delta)\bar{u}(t)\in U$. 従って $\operatorname{dist}(v(t),\partial U)\geqq\delta\rho$. 故に $C\delta<\varepsilon$ となるように δ をとれば $\varepsilon_1=\min(\varepsilon-C\delta,\delta\rho)$ として(4.9)が成立する．

$$x(s;v) = S(s)x_0+\int_0^s S(s-\sigma)v(\sigma)d\sigma$$
$$= S(s)x_0+(1-\delta)\int_0^s S(s-\sigma)\bar{u}(\sigma)d\sigma+\delta\int_0^s S(s-\sigma)w(\sigma)d\sigma,$$

(4.8)により

$$= S(s)x_0+\int_0^s S(s-\sigma)\bar{u}(\sigma)d\sigma = x(s;\bar{u}).$$

これと予備定理4.3により $\bar{u}$ は $\{x_0;x(s;v)\}$ に関し時間最適制御，最短時間は s である．ところが(4.9)と予備定理4.4により s よりも早い時刻に $x(s;v)$ に到達せしめる許容制御が存在するので不合理である．▌

系 U が真に凸ならば時間最適制御はただ一つである．

証明は定理3.3系1と同様である．

2. $S(t,s)$ の有界な逆が存在する場合

各 $0\leqq s\leqq t\leqq T$ に対し $S(t,s)$ の有界な逆があり，$S(t,s)^{-1}$ も t,s に関して強連続とする．例えば(4.1)が過去に対しても未来に対すると同様に解けるような場合である．

定理4.3 (bang-bang 原理) $\bar{u}$ を $\{x_0,x_1\}$ に関する時間最適制御，最短時間を τ_0 とすると，ほとんどすべての $t\in[0,\tau_0]$ に対して $\bar{u}(t)\in\partial U$ である．

証明 定理の結論を否定すると $e\subset[0,\tau]$, $|e|>0$, $0<\tau<\tau_0$, $\delta>0$ が存在し

て各 $t\in e$ に対して $\mathrm{dist}(\bar{u}(t), \partial U) \geqq \delta > 0$ となる．$\bar{x}(t)=x(t;\bar{u})$ と書く．χ を e の定義関数，$\tau \leqq \sigma < \tau_0$ として

$$v(t) = |e|^{-1}\chi(t)S(\sigma, t)^{-1}(\bar{x}(\tau_0)-\bar{x}(\sigma))$$

とおくと

$$\begin{aligned} x_1 = \bar{x}(\tau_0) &= \bar{x}(\sigma)+(\bar{x}(\tau_0)-\bar{x}(\sigma)) \\ &= S(\sigma, 0)x_0+\int_0^\sigma S(\sigma, s)(\bar{u}(s)+v(s))ds. \end{aligned}$$

σ が τ_0 に十分近ければすべての t に対し $\|v(t)\| \leqq \delta$ となり $\bar{u}+v$ は許容制御である．これは τ_0 が最短時間であることに反す．∎

定理 4.4(最大値の原理)　$\bar{u}, \tau_0$ は前定理と同様のものとすると 0 でない $f\in X^*$ が存在しほとんどすべての $t\in[0, \tau_0]$ に対し

$$\max_{v\in U}(S^*(\tau_0, t)f)(v) = (S^*(\tau_0, t)f)(\bar{u}(t)). \tag{4.10}$$

証明　$\Omega=\left\{y : y=\int_0^{\tau_0} S(\tau_0, s)v(s)ds,\ v \text{ は許容制御}\right\}$,

(4.11)

$$\hat{\Omega} = \left\{y : y = S(\tau_0, 0)x_0+\int_0^{\tau_0} S(\tau_0, s)v(s)ds(= x(\tau_0; v)),\ v \text{ は許容制御}\right\}$$

とおく．$U\supset\{y : \|y\|<\rho\}$，$\|S(t, s)^{-1}\| \leqq M$ とする．y を $\|y\|<\tau_0\rho/M$ を満足する X の任意の元とすると，$v(t)=\tau_0{}^{-1}S(\tau_0, t)^{-1}y$ は $\|v(t)\|<\rho$ を満足するから v は許容制御である．さらに

$$y = \int_0^{\tau_0} S(\tau_0, s)v(s)ds \in \Omega$$

であるから 0 は Ω の内点である．従って $\hat{\Omega}$ も内点を含む．明らかに $x_1\in\hat{\Omega}$ であるが $x_1\in\partial\hat{\Omega}$ を次に示す．$S(\tau_0, 0)x_0=x_1$ とすると $v\equiv0$ が許容制御であることになりこれは定理 4.3 に矛盾する．故に $z=x_1-S(\tau_0, 0)x_0\neq0$ である．$\varepsilon>0$ として $x_1+\varepsilon z\in\hat{\Omega}$ であったとすると，許容制御 v が存在して

$$x_1+\varepsilon z = S(\tau_0, 0)x_0+\int_0^{\tau_0} S(\tau_0, s)v(s)ds.$$

これより

$$x_1 = S(\tau_0, 0)x_0+\int_0^{\tau_0} S(\tau_0, s)\frac{v(s)}{1+\varepsilon}ds$$

となるから$(1+\varepsilon)^{-1}v(s)$は時間最適制御であり，さらに$t\in e$のときの(4.9)の証明と同様にして$\mathrm{dist}((1+\varepsilon)^{-1}v(s), \partial U)\geqq \varepsilon\rho(1+\varepsilon)^{-1}$となりこれは定理4.3に矛盾する．これより$x_1\in\partial\hat{\Omega}$が得られる．$\hat{\Omega}$は明らかに凸集合であるから第1章定理1.9により$0\neq f\in X^*$が存在してすべての$y\in\hat{\Omega}$に対して$f(y)\leqq f(x)$．これを書き直せばすべての許容制御$v$に対して

$$f\left(\int_0^{\tau_0} S(\tau_0, s)v(s)ds\right) \leqq f\left(\int_0^{\tau_0} S(\tau_0, s)\bar{u}(s)ds\right).$$

(2.13)または(3.2)の証明と同様にしてtをuのLebesgue点，vをUの元，$t<t+\varepsilon<\tau_0$として$t<s<t+\varepsilon$で$v(s)=v$，その他のsに対し$v(s)=u(s)$ととれば(4.10)がuの各Lebesgue点で成立することが容易にわかる．▌

系 1　Uが真に凸ならば時間最適制御はただ一つである．

証明は定理3.3系1と同様である．

系 2　XはHilbert空間，Uは単位球ならばほとんどすべての$t\in[0,\tau_0]$に対して

(4.12)
$$\bar{u}(t) = \frac{S^*(\tau_0, f)f}{\|S^*(\tau_0, t)f\|}.$$

証明　仮定により$S^*(\tau_0, t)$の逆が存在するから$S^*(\tau_0, t)f\neq 0$である．(4.12)はこのことと(4.10)より直ちに得られる．▌

注意 4.1　$w(t)=S^*(\tau_0, t)f$とおくとwは

$$dw(t)/dt = -A^*(t)w(t), \qquad w(\tau_0) = f$$

のある意味の解である．

3. 標的集合に到達させる問題

これまでは1点x_1に到達せしめる場合を扱ったが今度は**標的集合**Wになるべく早く到達させる問題を考える．Wはx_0を含まない凸閉集合，その内部int Wは空でないとする．ある$\tau>0$に対し$x(\tau;u)\in W$を満足する許容制御uが存在することを仮定する．Wが内点を含まなければ許容制御とは限らない制御をもってしてもWに到達させることができない場合があるからint $W\neq\phi$は自然な仮定と考えられる．このことに関してはH. O. Fattorini[57], Y. Sakawa[146]等を参照．ある許容制御uに対し$x(\tau;u)\in W$となるτの下限τ_0が**最短時間**である．$x(\tau_0;u)\in W$を満足する許容制御，すなわち$\{x_0, W\}$に関す

る**時間最適制御** u が存在することは第1章定理1.8系2により W が弱閉であることに注意すれば定理4.1と同様にして証明できる.

定理4.5(A. Friedman[61]) $\bar{u}$ を $\{x_0, W\}$ に関する時間最適制御とすると0でない $f \in X^*$ が存在してほとんどすべての t に対して

$$\max_{v \in U}(S^*(\tau_0, t)f)(v) = (S^*(\tau_0, t)f)(\bar{u}(t)). \tag{4.13}$$

証明 $\bar{x}(t) = x(t; \bar{u})$ とおく. $\hat{\Omega}$ を(4.11)により定義される集合とする. $y \in (\mathrm{int}\ W) \cap \hat{\Omega}$ とすると許容制御 v が存在して $y = x(\tau_0; v) \in \mathrm{int}\ W$. $x(t; v)$ は t に関し連続だから $\tau_1 < \tau_0$ が存在して $x(\tau_1; v) \in W$ となり τ_0 が最短時間であることに反す. 故に $(\mathrm{int}\ W) \cap \hat{\Omega}$ は空集合である. 故に次の予備定理により $0 \neq f \in X^*$ が存在して

$$\sup_{y \in \hat{\Omega}} f(y) \leqq \inf_{y \in \mathrm{int}\ W} f(y). \tag{4.14}$$

予備定理4.5 C, K を X の二つの凸集合, $C \cap K = \phi$, $\mathrm{int}\ C \neq \phi$ とすると0でない $f \in X^*$ が存在してすべての $x \in K, y \in C$ に対して $f(x) \leqq f(y)$.

この予備定理の証明はN. Dunford–J. Schwartz[4]417頁参照. $W = \overline{\mathrm{int}\ W}$ は第1章定理1.8より容易にわかるから(4.14)により

$$\sup_{y \in \hat{\Omega}} f(y) \leqq \inf_{y \in W} f(y) \leqq f(x(\tau_0)). \tag{4.15}$$

あとは定理4.4の証明と同様である.

注意4.2 上の証明では $\mathrm{int}\ U$ が空でないことは用いなかった.

定理3.3系の証明により次の系を得る.

系 (4.1)の共役方程式が弱い意味で過去に対する一意性を持つとすると, ほとんどすべての $t \in [0, \tau_0]$ に対し $u(t) \in \partial U$. 従って U が真に凸ならば $\{x_0, W\}$ に関する時間最適制御はただ一つである. 特に X がHilbert空間, U が単位球ならば, ほとんどすべての $t \in [0, \tau_0]$ に対して

$$\bar{u}(t) = \frac{S^*(\tau_0, t)f}{\|S^*(\tau_0, t)f\|}.$$

参 考 文 献

1 単　行　本

[1] S. Agmon, Lectures on elliptic boundary value problems, D. Van Nostrand Company, Princeton, 1965.
和訳：村松寿延，楕円型境界値問題，吉岡書店，1968.

[2] H. Brezis, Opérateurs maximaux monotones et semi-groupes de contractions dans les espaces de Hilbert, North-Holland Publishing Company, Amsterdam-London, 1973.

[3] R. W. Carroll, Abstract methods in partial differential equations, Harper & Row, New York, Evanston, London, 1969.

[4] N. Dunford & J. T. Schwartz, Linear operators, Interscience Publishers, New York, Part I, 1966 ; Part II, 1963.

[5] A. Friedman, Generalized functions and partial differential equations, Prentice-Hall, Englewood Cliffs, 1963.

[6] ——, Partial differential equations, Holt, Rinehart and Winston, New York, 1969.

[7] E. Hille & R. S. Phillips, Functional analysis and semigroups, Amer. Math. Soc. Colloq. Publ., Vol. 31, Providence, 1957.

[8] T. Kato, Perturbation theory for linear operators, Springer-Verlag, Berlin, Heidelberg, New York, 1966.

[9] С. Г. Крейн, Линейные Дифференциальные уравнения в Банаховом пространстве, издательство наука, Москва, 1967.
和訳：牛島照夫・辻岡邦夫，バナッハ空間における線型微分方程式，吉岡書店，1972.

[10] G. E. Ladas & V. Lakshmikantham, Differential equations in abstract spaces, Academic Press, New York, 1972.

[11] J. L. Lions, Équations différentielles opérationnelles et problèmes aux limites, Springer-Verlag, Berlin, Göttingen, Heidelberg, 1961.

[12] ——, Contrôle optimal de systèmes gouvernés par des équations aux dérivées partielles, Dunod, Gauthier-Villars, Paris, 1968.
和訳：黒田義輝・牧野　昭，偏微分方程式と最適制御，東京図書，1973.

[13] ——, Quelques méthodes de résolution des problèmes aux limites non linéaires, Dunod, Gauthier-Villars, Paris, 1969.

[14] ——, Perturbations singulières dans les problèmes aux limites et en contrôle optimal, Springer-Verlag, Berlin, Heidelberg, New York, 1973.

[15] —— & E. Magenes, Problèmes aux limites non homogènes et applications,

Dunod, Paris, Vol. 1, 2, 1968 ; Vol. 3, 1970.
[16] S. Mandelbrojt, Séries de Fourier et classes quasi-analytiques de fonctions, Gauthier-Villars, Paris, 1935.
[17] 溝畑 茂, 偏微分方程式論, 岩波書店, 1966.
[18] K. Yosida, Functional analysis, 2nd edition, Springer-Verlag, Berlin, Heidelberg, New York, 1968.

2 論文・その他

[19] S. Agmon, On the eigenfunctions and on the eigenvalues of general elliptic boundary value problems, Comm. Pure Appl. Math. 15(1962), 119–147.
[20] —— & L. Nirenberg, Properties of solutions of ordinary differential equations in Banach space, Comm. Pure Appl. Math. 16(1963), 121–239.
[21] —— & ——, Lower bounds and uniqueness theorems for solutions of differential equations in a Hilbert space, Comm. Pure Appl. Math. 20(1967), 207–229.
[22] ——, A. Douglis & L. Nirenberg, Estimates near the boundary for solutions of elliptic partial differential equations satisfying general boundary conditions I, Comm. Pure Appl. Math. 12(1959), 623–727 : II, 17(1964), 35–92.
[23] S. Aizawa, A semigroup treatment of the Hamilton-Jacobi equation in one space variable, Hiroshima Math. J. 3(1973), 367–386.
[24] E. Asplund, Averaged norms, Israel J. Math. 5(1967), 227–233.
[25] C. Bardos, A regularity theorem for parabolic equations, J. Func. Anal. 7(1971), 311–322.
[26] —— & H. Brézis, Sur une classe de problèmes d'évolution non linéaires, J. Differential Equations 6(1969), 345–394.
[27] —— & J. M. Cooper, A non linear wave equation in a time dependent domain, J. Math. Anal. Appl. 42(1973), 29–40.
[28] —— & L. Tartar, Sur l'unicité rétrograde des équations d'évolution, C. R. Acad. Sci., Paris, Sér A-B 273(1971), A 1239–A 1241.
[29] L. E. Bobisud & J. Calvert, Energy bounds and virial theorems for abstract wave equations, Pacific J. Math. 47(1973), 27–37.
[30] H. Brézis, Équation et inéquations non linéaires dans les espaces vectoriels en dualité, Ann. Inst. Fourier 18(1968), 115–175.
[31] ——, On some degenerate nonlinear parabolic equations, Non linear Func. Anal., Proc. Symp. Pure Math. 18(Part 1)F. Browder ed. Amer. Math. Soc. (1970), 28–38.
[32] ——, Perturbations non linéaires d'opérateurs maximaux monotones, C. R. Acad. Sci. 269, Sér. A(1969), 566–569.
[33] ——, Propriétés régularisantes de certains semi groupes non linéaires, Israel J. Math. 9(1971), 513–534.
[34] ——, Problèmes unilatéraux, J. Math. Pures Appl. 51(1972), 1–168.
[35] —— & G. Stampacchia, Sur la régularité de la solution d'inéquations elliptiques, Bull. Soc. Math. France 96(1968), 153–180.
[36] F. E. Browder, On the spectral theory of elliptic differential operators I, Math.

Ann. 142(1961), 22–130.

[37] ——, On non linear wave equations, Math. Z. 80(1962), 249–264.

[38] ——, Non linear monotone operators and couvex sets in Banach spaces, Bull. Amer. Math. Soc. 71(1965), 780–785.

[39] ——, Non linear maximal monotone operators in Banach space, Math. Ann. 175(1968), 89–113.

[40] ——, Pseudo-monotone operators and the direct method of the calculus of variations, Archiv Rat. Mech. Anal. 38(1970), 268–277.

[41] ——, Recent results in non linear functional analysis and applications to partial differential equations, Actes, Congrès intern. Math. 1970, 2, 821–829.

[42] A. P. Calderon, Commutators of singular integral operators, Proc. Nat. Acad. Sci., U. S. A. 53(1965), 1092–1099.

[43] —— & A. Zygmund, Singular integral oprators and differential equations, Amer. J. Math. 79(1957), 901–921.

[44] B. Calvert, Nonlinear evolution equations in Banach lattices, Bull. Amer. Math. Soc. 76(1970), 845–850.

[45] R. W. Carroll & J. M. Cooper, Remarks on some variable domain problems in abstract evolution equations, Math. Ann. 188(1970), 143–164.

[46] —— & T. Mazumdar, Solutions of some possibly noncoercive evolution problems with regular data, Applicable Anal. 1(1972), 381–395.

[47] —— & E. State, Existence theorems for some abstract variable domain hyperbolic problems, Canad. J. Math. 23(1971), 611–626.

[48] J. M. Cooper, Evolution equations in Banach space with variable domain, J. Math. Anal. Appl. 36(1971), 151–171.

[49] ——, Two point problems for abstract evolution equations, J. Differential Equations 9(1971), 453–495.

[50] M. G. Crandall, The semigroup approach to first order quasilinear equations in several space variables, Israel J. Math. 12(1972), 108–132.

[51] —— & T. M. Liggett, Generation of semigroups of nonlinear transformations on general Banach spaces, Amer. J. Math. 93(1971), 265–298.

[52] —— & T. M. Liggett, A theorem and a counter example in the theory of semigroups of nonlinear transformations, Trans. Amer. Math. Soc. 160(1971), 263–278.

[53] —— & A. Pazy, Non linear equations in Banach spaces, Israel J. Math.11 (1972), 57–94.

[54] Ю. Л. Далецкий, Об одной задаче о дробных степенях самосопряженных операторов, Тр. семинара по функцанализу, Воронеж, вып 6(1958), 44–48.

[55] R. J. Duffin, Equipartition of energy in wave motion, J. Math. Anal. Appl. 32 (1970), 386–391.

[56] H. O. Fattorini, Time optimal control of solutions of operational differential equations, J. SIAM Control, Ser. A. 2(1964), 54–59.

[57] ——, On complete controllability of linear systems, J. Differential Equations 3(1967), 391–402.

[58] ——, An observation on a paper of A. Friedman, J. Math. Anal. Appl. 22 (1968), 382-384.

[59] A. Friedman, Optimal control in Banach spaces, J. Math. Anal. Appl. 18 (1967), 35-55.

[60] ——, Optimal control for parabolic equations, J. Math. Anal. Appl. 18 (1967), 479-491.

[61] ——, Optimal control in Banach space with fixed end point, J. Math. Anal. Appl. 24(1968), 161-181.

[62] —— & Z. Schuss, Degenerate evolution equations in Hilbert space, Trans. Amer. Math. Soc. 161(1971), 401-427.

[63] Y. Fujie & H. Tanabe, On some parabolic equations of evolution in Hilbert space, Osaka J. Math. 10(1973), 115-130.

[64] R. T. Glassy, On the asymptotic behavior of nonlinear wave equations, Trans. Amer. Math. Soc. 182(1973), 187-200.

[65] J. A. Goldstein, Time dependent hyperbolic equations, J. Func. Anal. 4 (1969), 50-70.

[66] ——, An asymptotic property of solutions of wave equations, Proc. Amer. Math. Soc. 23(1969), 359-363 ; II, J. Math. Anal. appl. 32(1970), 392-399.

[67] ——, On the growth of solutions of inhomogeneous abstract wave equations, J. Math. Anal. Appl. 37(1972), 650-654.

[68] E. Heinz, Beitrage zur Störungstheorie der Spektralzerlegung, Math. Ann. 123 (1951), 415-438.

[69] A. Inoue, Sur $\square\, u+u^3=f$ dans un domaine noncylindrique, J. Math. Anal. Appl. 46(1974), 777-819.

[70] K. Jörgens, Das Anfangswertproblem im Großen für eine Klasse nichtlinearer Wellengleichungen, Math. Z. 77(1961), 295-308.

[71] ——, Uber die nichtlinearer Wellen gleichungen der mathematischen Physik, Math. Ann. 138(1959), 179-202.

[72] T. Kato, Intergration of the equation of evolution in a Banach space, J. Math. Soc. Japan 5(1953), 208-234.

[73] ——, On linear differential equations in Banach spaces, Comm. Pure Appl. Math. 9(1956), 479-486.

[74] ——, Note on fractional powers of linear operators, Proc. Japan Acad. 36 (1960), 94-96.

[75] ——, Abstract evolution equations of parabolic type in Banach and Hilbert spaces, Nagoya Math. J. 5(1961), 93-125.

[76] ——, Fractional powers of dissipative operators, J. Math. Soc. Japan 13 (1961), 246-274.

[77] ——, Fractional powers of dissipative operators, II, J. Math. Soc. Japan 14 (1962), 242-248.

[78] ——, A generalization of the Heinz inequality, Proc. Japan Acad. 37(1961), 305-308.

[79] ——, Non linear evolution equations in Banach spaces, Proc. Symp. Appl.

Math. 17(1964), 50–67.

[80] ——, Non linear semigroups and evolution equations, J. Math. Soc. Japan, 19 (1967), 508–520.

[81] ——, Demicontinuity, hemicontinuity and monotonicity, Bull. Amer. Math. Soc. 70(1964), 548–550; 73(1967), 886–889.

[82] ——, Accretive operators and non linear evolution equations in Banach spaces, Proc. Symp. Nonlinear Functional Anal., Chicago, Amer. Math. Soc., 1968, 138–161.

[83] ——, Linear evolution equations of "hyperbolic" type, J. Fac. Sci. Univ. Tokyo, Sec. I. 17(1970), 241–258.

[84] ——, Linear evolution equations of "hyperbolic" type, II, J. Math. Soc. Japan 25(1973), 648–666.

[85] ——, The Cauchy problem for quasi-linear symmetric hyperbolic systems, to be published.

[86] —— & H. Tanabe, On the abstract evolution equation, Osaka Math. J. 14 (1962), 107–133.

[87] —— & H. Tanabe, On the analyticity of solution of evolution equations, Osaka J. Math. 4(1967), 1–4.

[88] N. Kenmochi, Existence theorems for certain nonlinear equations, Hiroshima Math. J. 1(1971), 435–443.

[89] ——, Nonlinear operators of monotone type in reflexive Banach spaces and nonlinear perturbations, Hiroshima Math. J. 4(1974), 229–263.

[90] H. Komatsu, Abstract analyticity in time and unique continuation property of solutions of a parabolic equation, J. Fac. Sci. Univ. Tokyo, Sec. 1; 9(1961), 1–11.

[91] Y. Komura, Nonlinear semigroups in Hilbert space, J. Math. Soc. Japan 19 (1967), 493–507.

[92] 高村幸男，非線型半群について，数学 25(1973), 148–160.

[93] Y. Konishi, Nonlinear semi-groups in Banach lattices, Proc. Japan Acad. 47 (1971), 24–28.

[94] ——, A remark on perturbation of m-accretive operators in Banach space, Proc. Japan Acad. 47(1971), 452–455.

[95] ——, A remark on semi-groups of local Lipschitzians in Banach space, Proc. Japan Acad. 47(1971), 970–973.

[96] ——, Une méthode de résolution d'une équation d'évolution non linéaire dégénéré, J. Fac. Sci. Univ. Tokyo, Ser IA, 19(1972), 243–255.

[97] ——, Sur un système dégénéré des équations paraboliques semi-linéaire avec les conditions aux limite non linéaire, J. Fac. Sci. Univ. Tokyo, Ser IA 19 (1972), 353–361.

[98] ——, Some examples of nonlinear semigroups in Banach lattices, J. Fac. Sci. Univ. Tokyo, Ser IA 18(1972), 537-543.

[99] ——, On the uniform convergence of a finite difference scheme for a nonlinear heat equation, Proc. Japan Acad. 48(1972), 62–66.

[100] ——, Une remarque sur la perturbation d'opérateurs m-accrétifs dans un espace de Banach, Proc. Japan Acad. 48(1972), 157–160.

[101] ——, Sur la compacité des semi-groupes non linéaires dans les espaces de Hilbert, Proc. Japan Acad. 48(1972), 278–280.

[102] ——, On $u_t=u_{xx}-F(u_x)$ and the differentiability of the non linear semigroup associated with it, Proc. Japan Acad. 48(1972), 281–286.

[103] ——, A remark on fluid flows through porous media, Proc. Japan Acad. 49 (1973), 20–23.

[104] ——, Semi-linear Poisson's equations, Proc. Japan Acad. 49(1973), 100–105.

[105] ——, Compacité des résolvantes des opérateurs maximaux cycliquement monotones, Proc. Japan Acad. 49(1973), 303–305.

[106] С. Г. Крейн & Г. И. Лаптев, Абстрактная схема рассмотрения параболических задач в нецилиндрических областях, дифференциальные уравнения 5(1969), 1458–1469.

[107] T. G. Kurtz, Convergence of sequences of semigroups of nonlinear operators with an application to gas kinetics, Trans. Amer. Math. Soc. 186(1973), 259–272.

[108] J. Lagnes, On equations of evolution and parabolic equation of higher order in *t*, J. Math. Anal. Appl. 32(1970), 15–37.

[109] J. L. Lions, Sur les semi-groupes distributions, Portugal Math. 19(1960), 141–164.

[110] ——, Espaces d'interpolation et domaines de puissances fractionaires d'opérateurs, J. Math. Soc. Japan 14(1962), 233–241.

[111] ——, Remarks on evolution inequalities, J. Math. Soc. Japan 18(1966), 331–342.

[112] ——, Inéquations variationnelles d'évolution, Actes, Congrès intern. Math. 1970, 2, 841–851.

[113] —— & E. Magenes, Espaces de fonctions et distributions du type de Gevrey et problemes aux limites paraboliques, Ann. Mat. Pura Appl. 68(1965), 341–418.

[114] —— & E. Magenes, Espaces du type de Gevrey et problèmes aux limites pour diverses classes d'équations d'évolution, Ann. Mat. Pura Appl. 72(1966), 343–394.

[115] —— & B. Malgrange, Sur l'unicité rétrograde, Math. Scand. 8(1960), 277–286.

[116] —— & G. Stampacchia, Variational inequalities, Comm. Pure Appl. Math. 20(1967), 493–519.

[117] —— & W. A. Strauss, Some non-linear evolution equations, Bull. Soc. Math. France 93(1965), 43–96.

[118] G. Lumer & R. S. Phillips, Dissipative operators in a Banach space, Pacific J. Math. 11(1961), 679–698.

[119] K. Maruo, Integral equation associated with some non-linear evolution equation, J. Math. Soc. Japan 26(1974), 433–439.

[120] —— & N. Yamada, A remark on integral equation in a Banach space, Proc. Japan Acad. 49(1973), 13–16.

[121] K. Masuda, On the holomorphic evolution operators, J. Math. Anal. Appl. 39

(1972), 706–711.

[122] S. Matsuzawa, Sur une classe d'équations paraboliques dégénérées, Ann. Sci. École. Norm. Sup. (4)4(1971), 1–19.

[123] ——, Sur les équations $-d^2u/dt^2+t^\alpha \Lambda u=f$, $\alpha \geqq 0$, Proc. Japan Acad. 46(1970), 609–613.

[124] L. A. Medeiros, Non-linear wave equations in domains with variable boundary, Archiv Rat. Mech. Anal. 47(1972), 47–58.

[125] G. Minty, On the maximal domain of a monotone function, Michigan Math. J. 3(1961), 135–137.

[126] ——, Monotone (nonlinear) operators in a Hilbert space, Duke Math. J. 29 (1962), 341–346.

[127] ——, On a monotonicity method for the solution of nonlinear equations in Banach spaces, Proc. Nat. Acad. Sci., U. S. A. 50(1963), 1038–1041.

[128] ——, On the monotonicity of the gradient of a convex function, Pacific J. Math. 14(1964), 243–247.

[129] ——, A theorem on maximal monotone sets in Hilbert space, J. Math. Anal. Appl. 11(1965), 434–439.

[130] ——, Monotone operators and certain systems of nonlinear ordinary differential equations, Proc. Symp. on System Theory, Polytechnic Inst. of Brooklyn(1965), 39–55.

[131] ——, On a generalization of the direct method of the calculus of variations, Bull. Amer. Math. Soc. 73(1967), 315–321.

[132] I. Miyadera, Some remarks on semi-groups of nonlinear operators, Tôhoku Math. J. 23(1971), 245–258.

[133] ——, S. Oharu & N. Okazawa, Generation theorems of semigroups of linear operators, Publ. RIMS, Kyoto Univ. 8(1973), 509–555.

[134] S. Mizohata, Le problème de Cauchy pour le passé pour quelque équations paraboliques, Proc. Japan Acad. 34(1958), 693–696.

[135] J. J. Moreau, Proximité et dualité dans un espace hilbertien, Bull. Soc. Math. France 93(1965), 273–299.

[136] S. Oharu, On the generation of semigroups of nonlinear contractions, J. Math. Soc. Japan 22(1970), 526–550.

[137] —— & T. Takahashi, A convergence theorem of nonlinear semigroups and its application to first order quasi linear equations, J. Math. Soc. Japan 26(1974), 124–160.

[138] N. Okazawa, Two perturbation theorems for contraction semigroups in a Hilbert space, Proc. Japan Acad. 45(1969), 850–853.

[139] ——, A perturbation theorem for linear contraction semigroups on reflexive Banach spaces, Proc. Japan Acad. 47(1971), 947–949.

[140] ——, Operator semigroups of class (D_n), Math. Japonica 18(1973), 33–51.

[141] S. Ouchi, On the analyticity in time of solutions of initial boundary value problems for semi-linear parabolic differential equations with monotone non-linearity, J. Fac. Sci. Univ. Tokyo, Ser. IA 21(1974), 19–41.

[142] A. Pazy, Asymptotic behavior of the solution of an abstract evolution equation and some applications, J. Differential Equations 4(1968), 493–509.

[143] R. S. Phillips, Dissipative operators and hyperbolic systems of partial differential equations, Trans. Amer. Math. Soc. 90(1959), 193–254.

[144] ——, Dissipative operators and parabolic partial differential equations, Comm. Pure Appl. Math. 12(1959), 249–276.

[145] В. А. Погореленко & П. Е. Соболевский, Гиперболические уравнения в гильбертовом пространстве, Сиб. матем. ж. 8(1967), 123–145.

[146] Y. Sakawa, Controllability for partial differential equations of parabolic type, to be published in SIAM J. Control.

[147] ——, Observability and related problems for partial differential equations of parabolic type, to be published.

[148] M. Schechter, Integral inequalities for partial differential operators and functions satisfying general boundary conditions, Comm. Pure Appl. Math. 12 (1959), 37–66.

[149] ——, General boundary value problems for elliptic partial differential equations, Comm. Pure Appl. Math. 12(1959), 457–486.

[150] ——, Remarks on elliptic boundary value problems, Comm. Pure Appl. Math. 12(1959), 561–578.

[151] П. Е. Соболевский, Об уравнениях параболического типа в банаховом пространстве, Труды Моск. матем. о-ва 10(1961), 297–350.

[152] ——, О дифференциальных уравнениях первого порядка в гильбертовом пространстве с переменным положительно определенным самосопряженным оператором, дробная степень которого имеет постоянную область определения, ДАН СССР 123(1958), 984–987.

[153] ——, Об уравнениях параболического типа в банаховом пространстве с неограниченным переменным оператором, дробная степень которого имеет постояннуо область определения, ДАН СССР 138(1961), 59–62.

[154] ——, О вырождающихся параболических операторах, ДАН СССР 196 (1971), 302–304.

[155] G. Stampacchia, Variational inequalities, Actes, Congrès intern. Math. 1970, 2, 877–883.

[156] W. A. Strauss, Decay and asymptotics for $\Box u=F(u)$, J. Func. Anal. 2(1968), 409–457.

[157] ——, On weak solutions of semi-linear hyperbolic equations, An. Acad. brasil. Ciênc. 42(4)(1970), 645–651.

[158] P. Suryanarayana, The higher order differentiability of solutions of abstract evolution equations, Pacific J. Math. 22(1967), 543–561.

[159] H. Tanabe, On the equations of evolution in a Banach space, Osaka Math. J. 12(1960), 363–376.

[160] ——, Convergence to a stationary state of the solution of some kind of differential equations in a Banach space, Proc. Japan Acad. 37(1961), 127–130.

[161] ——, Note on singular perturbation for abstract differential equations, Osaka

J. Math. 1(1964), 239–252.

[162] ——, On regularity of solutions of abstract differential equations of parabolic type in Banach space, J. Math. Soc. Japan 19(1967), 521–542.

[163] —— & M. Watanabe, Note on perturbation and degeneration of abstract differential equations in Banach space, Funkcialaj Ekvacioj 9(1966), 163–170.

[164] H. F. Trotter, Approximation of semi-groups of operators, Pacific J. Math. 8 (1958), 887–919.

[165] ——, On the product of semi-groups of operators, Proc. Amer. Math. Soc. 10 (1959), 545–551.

[166] T. Ushijima, Some properties of regular distribution semigroups, Proc. Japan Acad. 45(1969), 224–227.

[167] ——, On the strong continuity of distribution semigroups, J. Fac. Sci. Univ. Tokyo, Ser I 17(1970), 363–372.

[168] J. Watanabe, On certain nonlinear evolution equations, J. Math. Soc. Japan 25(1973), 446–463.

[169] G. Webb, Continuous non-linear perturbations of accretive operators in Banach spaces, J. Func. Anal. 10(1972), 191–203.

[170] K. Yosida, A perturbation theorem for semi-groups of linear operators, Proc. Japan Acad. 41(1965), 645–647.

[171] T. Burak, On semigroups generated by restrictions of elliptic operators to invariant subspaces, Israel J. Math., 12(1972), 79–93.

[172] ——, Two point problems and analyticity of solutious of abstract parabolic equations, Israel J. Math., 16(1973), 404–417.

[173] ——, Regularity properties of solutions of some abstract parabolic equations, Israel J. Math., 16(1973), 418–445.

[174] R. Seeley, The resolvent of an elliptic boundary problem, Amer. J. Math., 91(1969), 889–920.

[175] ——, Norms and domains of the complex power $A_B{}^z$, Amer. J. Math., 93 (1971), 299–309.

[176] H. Kielhöfer, Halbgruppen und semilineare Anfangs-Randwertprobeme, manuscripta math. 12 (1974), 121–152.

[177] W. von Wahl, Gebrochene Potenzen eines elliptischen Operators und parabolische Differentialgleichugen in Raumen hölderstetiger Funktionen, Nachr. Akad. Wissenschaften Göttingen II. Math. Physikalische Klasse Jahrgang 1972, Nr. 11, 231–258.

[178] E. Heinz und W. von Wahl, Zu einem Satz von F. E. Browder über nichtlineare Wellengleichungen, Math. Z. 141 (1975), 33–45.

索　引

A

安定(stable)　87
安定常数(stability constants)　87

B

Banach-Steinhausの定理　6
bang-bang原理(bang-bang principle)　219
Bochner可積(Bochner integrable)　15
Bochner積分(Bochner integral)　15
部分(part)　84

C

C^m級(locally regular of class C^m)　11
C_0群(C_0-group)　48
C_0半群(C_0-semi group)　48

D

Dirichlet系(Dirichlet set)　74

F

Fréchet微分(Fréchet differential)　172
Fréchet微分可能(Fréchet differentiable)　172

G

Gårdingの不等式　24
Gevreyクラス(Gevrey's class)　150
擬レゾルベント(pseudo-resolvent)　38
擬単調(pseudo-monotone)　184
群(group)　48
グラフ(graph)
　線型作用素の——　3
　多価写像の——　180
逆写像(inverse mapping)　181

H

半群(semi group)　48
半連続(demicontinuous)　184
反線型作用素(conjugate linear operator)　172
Hausdorff-Youngの不等式　13
閉グラフ定理(closed graph theorem)　6
閉作用素(closed operator)　3
変分問題(variational problem)　197
Hilleの方法　54
放物型半群(parabolic semi group)　63
放物型方程式(parabolic equation)　109
補間不等式(interpolation inequality)　13
補完条件(complementing condition)　72
負定符号(negative definite)　9
負値(negative)　9
標的集合(target set)　226

I

一般化されたGalerkinの方法　190
一様にC^m級(uniformly regular of class C^m)　12

一様に凸(uniformly convex) 186
一様有界性定理(uniform boundedness theorem) 6

K

可分値的(separably valued) 15
階段関数(step function) 15
回帰的(reflexive) 2
解析的半群(analytic semi group) 63
開写像定理(open mapping theorem) 6
価格関数(cost functional) 213
可換(commutative) 9
拡張(extension) 4
軌道(trajectory) 213
基本解(fundamental solution, evolution operator, propagator) 83
強微分可能(strongly differentiable)
  Banach 空間の値をとる関数の―― 14
  作用素値関数の―― 15
強楕円型(strongly elliptic) 81
狭義単調(strictly monotone) 193
強位相(strong topology) 4
強可測(strongly measurable) 15
極大線型単調 182
極大消散作用素(maximal dissipative operator) 18
極大単調作用素(maximal monotone operator) 182
極大増大作用素(maximal accretive operator) 18
局所的に C^m 級 11
強連続(strongly continuous)
  Banach 空間の値をとる関数の―― 14
  作用素値関数の―― 14
強収束(strong convergence)
  点列の―― 4
  有界作用素列の―― 6
共役境界値問題(adjoint boundary value problem) 75
共役境界条件(adjoint boundary conditions) 75
共役作用素(adjoint operator) 3
許容制御(admissible control) 213
許容的, ・―許容(admissible, ・―admissible) 84

L

Lax-Milgram の定理 25
Lebesgue 点(Lebesgue point, regular point) 16
Levi の方法 109

M

$\{M_k\}$ クラス(class $\{M_k\}$) 150
Mazur の定理 5
moment の不等式 37

N

軟化子(mollifier) 14
Neumann 級数展開(Neumann series expansion) 8
二次型式(quadratic form, sesquilinear form) 23
ノルム微分可能 14
ノルム連続 14

O

(ω, M) 型(type(ω, M)) 31

R

Rellich の定理　13
レゾルベント(resolvent)　9
レゾルベント集合(resolvent set)　8
劣微分(subdifferential)　200

S

最大値の原理(maximum principle)　217
最小閉拡張(smallest closed extension)　4
最小増大方向(ray of minimal growth)　77
最短時間(optimal time)　220, 226
最適制御(optimal control)　213
制御集合(control set)　213
正規(normal)　74
生成素(infinitesimal generator)　51
生成する(generate)　51
正則消散作用素(regularly dissipative operator)　27
正則増大作用素(regularly accretive operator)　27
正定符号(positive definite)　9
正値(positive)　9
線分上弱連続(hemicontinuous)　184
指標関数(indicatrix)　201
真に凸(strictly convex)
　空間の——　186
　集合の——　219
下に有界(bounded from below)　9
尺度関数(gauge function)　185
Соболев の埋め込み定理(Sobolev's imbedding theorem)　12
双対写像(duality mapping)　2, 186
消散拡張(dissipative extension)　18
消散作用素(dissipative operator)
　Banach 空間における——　21
　Hilbert 空間における——　18
縮小半群(contraction semi group)　58
縮小作用素(contraction)　181
スペクトル(spectrum)　8

T

対称作用素(symmetric operator)　9
対称双曲系(symmetric hyperbolic system)　67
単位の分解(resolution of the identity)　9
単調拡張(monotone extension)　182
単調作用素(monotone operator)
　Banach 空間における——　183
　Hilbert 空間における——　181
定義域(domain)
　一価写像の——　2
　多価写像の——　181
適正楕円型(properly elliptic)　71
適正(proper)　200
値域(range)
　一価写像の——　2
　多価写像の——　181
値域定理(open mapping theorem)　6
統御的(coercive)　193
凸関数(convex function)　200
凸集合(convex set)　5
直交(orthogonal)　2
中間子方程式(meson equation)　179

U

上に有界(bounded from above)　9
unilateral　201

W

w*位相(weak* topology, w* topology) 5

Y

吉田の方法 56
弱い意味で過去に対する一意性(weak backward uniqueness property) 218
有界作用素(bounded operator) 2
有界写像(bounded mapping) 188
有効領域(effective domain) 200
有向点列(directed family of points, net) 184
ユニタリ作用素(unitary operator) 10

Z

前閉作用素(closable operator, preclosed operator) 4
時間最適制御(time optimal control) 220, 227
自己共役作用素(self-adjoint operator) 9
増大拡張(accretive extension) 18
増大作用素(accretive operator)
 Banach 空間における—— 21
 Hilbert 空間における—— 18
 非線型—— 183
弱微分可能(weakly differentiable) 14
弱位相(weak topology) 4
弱解(weak solution) 122
弱可測(weakly measurable) 15
弱近傍 184
弱連続(weakly continuous) 14
弱収束(weak convergence)
 点列の—— 4
 有向点列の—— 184
準解析的(quasi analytic) 150

■岩波オンデマンドブックス■

発展方程式

1975年5月10日 第1刷発行
1989年11月1日 第2刷発行
2017年10月11日 オンデマンド版発行

著 者 田辺広城（たなべひろき）

発行者 岡本 厚

発行所 株式会社 岩波書店
〒101-8002 東京都千代田区一ツ橋 2-5-5
電話案内 03-5210-4000
http://www.iwanami.co.jp/

印刷／製本・法令印刷

ISBN 978-4-00-730682-2 Printed in Japan

ISBN978-4-00-730682-2

C3041 ¥6100E

9784007306822

定価(本体 6100 円 + 税)

1923041061009